Maria Rehberger

Welpen achtsam begleiten

Bindungs- und bedürfnisorientiert von Anfang an

Kynos

Alle Videos zu diesem Buch finden Sie hier:
www.hundebuchshop.com/Videos-zu-Welpen-achtsam-begleiten.htm
oder unter den jeweiligen QR-Codes auf den entsprechenden Seiten

Konrad-Zuse-Straße 3, D-54552 Nerdlen/Daun
Telefon: 06592 957389-0
Kontakt: info@kynos-verlag.de
www.kynos-verlag.de

Grafik & Layout: Kynos Verlag

Gedruckt in Lettland

1. Auflage 2025
ISBN 978-3-95464-342-4

Bildnachweis: Alle Bilder von Maria Rehberger, außer S. 53 inna717-Stock.adobe.com,
S. 54 reddogs-stock.adobe.com, S. 90 MAXSHOT_PL-Stock.adobe.com,
S. 79 links oben und unten Claudia Matten

Inhaltsverzeichnis

Worum geht es in diesem Buch?

Einen Welpen beim Aufwachsen zu begleiten ist wohl eine der schönsten Erfahrungen, die man als Hundemensch machen kann – und vielleicht auch eine der nervenaufreibendsten, schmerzhaftesten und anstrengendsten. Die Welpenzeit ist eine extrem kurze Zeit im Leben eines Hundes und sie ist eine extrem wichtige Zeit. Wir sprechen hier von insgesamt ungefähr zwanzig Wochen, von denen der Welpe maximal zwölf Wochen bei dir in seinem neuen Zuhause lebt.

Und um genau diese zwölf Wochen geht es in diesem Buch. Es geht ausschließlich darum, dich dabei zu unterstützen, die Weichen für das hoffentlich lange Zusammenleben mit deinem Hund von Beginn an richtig zu stellen. Es geht darum, einander kennenzulernen, zusammenzuwachsen und zusammen zu wachsen, darum Problemen vorzubeugen. Welpen zeigen unter normalen Umständen kein Problemverhalten. Ausnahmen gibt es natürlich immer (du findest dazu unter anderem im Abschnitt „Herkunft deines Hundes" etwas), aber die meisten Welpen zeigen einfach welpentypisches Verhalten. Das leider häufig als problematisch wahrgenommen wird, die frischgebackene Hundehalterin in Angst und Schrecken versetzt und am besten sofort und durch ganz viel Training dafür gesorgt werden soll, dass der eh schon problematische Welpe nicht zum richtigen Problemhund wird. Ich wünsche dir, dass du dich entspannst und die viel zu kurze Welpenzeit genießen kannst. Dieses Buch soll dir dabei helfen.

Du wirst immer wieder lesen, dass du dir im Zweifelsfall eine kompetente Verhaltensberaterin ins Boot holen sollst. Verhaltensberatung ist nichts, was „Problemhunden" vorbehalten ist. Eine Verhaltensberaterin erklärt dir das Verhalten deines Hundes, wie Hunde ticken, was Hunde brauchen, um sich wohlzufühlen und gesund zu bleiben und vor allem hilft sie dir dabei, dich deinem Welpen gegenüber richtig zu verhalten, so dass eine sichere Bindung und das gegenseitige Vertrauen zwischen dir und deinem Welpen gefördert werden. Sitz, Platz, Fuß – das, was allgemein so unter „Erziehung" verstanden wird – braucht ein Welpe nicht. Aus meiner Sicht braucht das eigentlich auch kein erwachsener Hund so wirklich. Aber wenn, dann ist dafür später noch genügend Zeit. Und wenn die Basis stimmt, dann wird es ein Leichtes sein, deinem Hund solche Verhaltensweisen auf Signal beizubringen.

Gute Hundetrainerinnen und Verhaltensberaterinnen haben in der Regel nicht morgen einen Termin für dich frei. Setze dich also im Idealfall schon einige Wochen vor dem Einzug deines Welpen mit der Trainerin oder Verhaltensberaterin in Verbindung, die dich ggf. mit deinem Welpen unterstützen soll, damit du dann, falls es nötig sein sollte auch wirklich die Unterstützung bekommst, die du brauchst.

Meine Welpen und ich

Hättest du mich vor ein paar Jahren gefragt, ob und wann bei mir mal wieder ein Welpe einzieht, ich hätte vermutlich einen hysterischen Lachanfall bekommen. Vermutlich fragst du dich, warum?

2008 zog Maya bei mir ein. Sie war mein zweiter Welpe. Ein kleiner Mischling, gerade mal zweieinhalb Kilo schwer, als wir sie im Alter von ungefähr acht Wochen bei einer Tierschutzorganisation abgeholt haben. Dieser winzige Hund hat mich in den ersten sechs Monaten mehrfach zum Heulen gebracht. Und das, obwohl ich zu diesem Zeitpunkt bereits zwei Jahre Hundetrainerausbildung hinter mir hatte und überzeugt war, ich wüsste schon, wie es läuft. Maya war schließlich ja auch nicht mein erster Welpe und ich hatte Hundeerfahrung. Bei uns lebte bereits Emma, eine damals vier Jahre alte Dalmatiner-Mischlingshündin, die ich 2004 mit achteinhalb Wochen zu mir genommen hatte. Emma war in der Rückschau der wohl unkomplizierteste Welpe aller Zeiten und ich dachte, dass Welpen eben so sind.

Falsch gedacht.

Maya war schon als Welpe eine große Herausforderung.

Emma im Alter von acht Wochen.

Maya war anstrengend. Sie hat als Welpe Sachen im Wert von ungefähr tausend Euro zerstört, sie war eine Schnappschildkröte allererster Güte (meine Arme und Hände sahen aus, als hätte ich mir regelmäßige Gefechte mit einer wildgewordenen Katze geliefert), sie hat fast acht Monate gebraucht, bis sie zuverlässig stubenrein war und sie hat gebellt, gebellt, gebellt. Hätte ich damals gewusst, was ich heute weiß – ich hätte vieles ganz anders gemacht. Denn in dem Bemühen, aus Maya eine angenehme Alltagsbegleiterin zu machen, habe ich sie oft überfordert und das, wo sie bei ihrer Herkunft und den Erlebnissen im frühen Welpenalter doch etwas ganz anderes gebraucht hätte: Stabilität, Sicherheit und eine Bezugsperson, die weiß, wie man einem Welpen das gibt. Welpen sind keine unbeschriebenen Blätter, wenn sie zu uns kommen. Sie bringen bereits ein kleines Paket mit, bestehend aus ihrer Genetik, in welchem Zustand ihre Mutter während der Trächtigkeit war und wie diese verlief, wie die Mutter sich nach der Geburt um die Welpen gekümmert hat, welchen Umweltreizen die Welpen ausgesetzt waren, welche Erfahrungen sie in den ersten Lebenswochen gemacht haben und welches Verhalten sie bei der Mutter (und ggf. anderen erwachsenen Hunden im Umfeld) beobachten konnten. Maya war der Welpe einer serbischen Straßenhündin. Sie wurde zusammen mit zwei Geschwistern und der Mutter in ein Tierheim gebracht. Dort wurden die Welpen voneinander und der Mutter getrennt und auf Pflegestellen verteilt, da die Mutter verletzt war und medizinisch versorgt werden musste.

Soweit zumindest die Geschichte, die erzählt wurde. Sobald die Welpen alt genug waren, wurden sie nach Deutschland gekarrt. In einer stundenlangen Fahrt in einem dunklen Transporter. Mit jeder Menge anderer Hunde, die Angst hatten und alle verfloht waren. Eine solche Herkunft wirkt sich auf einen Hund aus und bestimmt unter anderem, wie stressresistent er ist, wie es um seine Frustrationstoleranz bestellt ist und noch vieles mehr. Maya war also auf jeden Fall ein besonderer Welpe, der mich besonders ge- und sehr häufig überfordert hat. Ich war nach der Erfahrung mit Maya wirklich gründlich von der Idee kuriert, jemals wieder einen Welpen aufnehmen zu wollen. Aber, sag niemals nie, und so ist 2020 unsere Parson Russell Terrier Hündin Hermine mit acht Wochen bei uns eingezogen.

Hermine kommt aus besten Verhältnissen, ist das Kind entspannter Eltern und wurde die ersten acht Wochen ihres Lebens sowohl von ihrer Mutter als auch von der Züchterin liebevoll umsorgt. Hermines Welpenzeit hat jede Menge Spaß gemacht. Und nicht allein deshalb, weil sie viel bessere Startbedingungen hatte, sondern weil ich – elf Jahre nach Mayas Einzug – einfach so viel dazu gelernt hatte, so vieles besser wusste und so vieles anders gemacht habe.

Maya starb im April 2024, und da Hermine nicht alleine bleiben sollte, zog im Juli ein weiterer Parson Russell Terrier bei uns ein: Maxi. Maxi kommt ebenso wie Hermine von einer Züchterin, die fantastische Arbeit leistet. So lernten die Welpen beispielsweise schon in der Wurfkiste einen Entspannungsduft kennen. Die ersten drei Wochen stand die Wurfkiste im Schlafzimmer des Züchter-Ehepaars, dann wanderte sie hinunter in den Wohnbereich, sodass die Welpen die alltäglichen Geschehnisse eines Haushalts miterleben konnten. Es gab einen Auslauf im Garten, in dem die Welpen bei gutem Wetter herumtollen konnten, jeder einzelne Welpe wurde immer wieder mit auf die Couch genommen, es wurde gekuschelt, fremde Menschen einschließlich Kindern kamen zu Besuch, die Welpen machten erste Ausflüge und Fahrten mit dem Auto und so weiter. Eine Aufzucht, wie man sie sich wünscht und entsprechend war Maxis Einzug bei uns eine sehr entspannte Sache.

Hermine bei ihrer Ankunft zuhause.

Trotzdem war die Welpenzeit von Hermine und Maxi zwischendurch auch anstrengend. Weil Welpen nun mal anstrengend sind! Das muss man wissen und darauf muss man sich einlassen wollen.

Ja, Welpen sind niedlich. Sie wickeln uns mit einem Blick aus ihren Knopfaugen um die kleinen dicken Pfötchen und wir werden geflutet von Zuneigung und Liebhabenwollen. Und in diesem Moment der Verbindung, des Einswerdens von Mensch und Hund, das wir uns in unseren Tagträumen vorstellen – wir und unser Hund, beste Freunde, gemeinsam durch Dick und Dünn – beißt uns der kleine Sonnenschein mit Schmackes in die Nase. Der Schmerz treibt uns die Tränen in die Augen, das Blut tropft aufs weiße T-Shirt und nur einer unmenschlichen Kraftanstrengung in Sachen Selbstbeherrschung ist es zu verdanken, dass man den süßen Welpen nicht reflexartig an die Wand klatscht. Diese Geschichte ist nicht frei erfunden. Meine liebe Emma, die ich 2021 im hohen Alter von fast 17 Jahren einschläfern lassen musste, der unkomplizierteste und liebste Welpe von allen, hat genau das getan!

Maxi auf dem Nachhauseweg von der Züchterin.

Was Welpen wirklich brauchen

Welpen sind niedlich, aber sie bringen uns auch oft an unsere Grenzen – das sagt einem aber halt irgendwie niemand. In den meisten Welpenbüchern liest du, wie du deinem Plüschpopo die Stubenreinheit beibringst, wie er am schnellsten Sitz, Platz und Fuß lernt und dass du unbedingt die Sozialisierungsphase – die je nach Autorin entweder nach der 14., der 16. oder erst der 20. Woche endet – ausnutzen musst, weil sonst ... ja, was eigentlich? Ich sage dir, du darfst dich entspannen. Hunde lernen ein Leben lang. Je jünger und neugieriger sie sind, desto schneller lernen sie und es stimmt auch, dass frühe Lernerfahrungen sich besonders fest im Gehirn des Hundes verankern. Das trifft aber eben auch und vor allem auf negative Erfahrungen zu. Dazu muss der Welpe nicht von einem anderen Hund gebissen oder von einem lauten Knall zu Tode erschreckt werden – immer, wenn der Welpe sich unwohl fühlt oder Angst verspürt und aus diesem Zustand nicht zügig wieder herausfindet, ist die Erfahrung, die er gerade macht, keine gute mehr und sie wirkt sich auf seine weitere Entwicklung aus. Viele Welpen werden mit den besten Absichten heillos überfordert und dadurch wird der Entwicklung von problematischem Verhalten Tür und Tor geöffnet.

Die meisten Menschen, die sich einen Familienhund anschaffen oder anschaffen möchten, haben eine ganz bestimmte Vorstellung davon, wie das Leben mit dem Hund aussehen soll. Viele, wenn nicht die meisten, wünschen sich einen braven, wohlerzogenen Begleiter, den sie überall mit hinnehmen können. Der Hund soll sich sicher in der Stadt bewegen, brav im Auto mitfahren, er soll in Feld, Wald und Flur frei laufen können und auf Ruf sofort kommen, sich Menschen und Hunden gegenüber höflich und freundlich verhalten, sich beim Tierarzt problemlos untersuchen und zu Hause geduldig bürsten und baden lassen, er soll nichts kaputt machen, nicht bei Tisch betteln und den Mülleimer nicht ausräumen, den Garten nicht umgraben und entspannt alleine bleiben, wenn seine Bezugspersonen das Haus verlassen. Und weil jeder weiß, dass man all diese Dinge mit dem Hund am besten von Welpenbeinen an übt, werden viele Hunde zu Problemhunden.

Wie bitte? Ja, du hast richtig gelesen. In bester Absicht bereiten engagierte Menschen ihrem Welpen den Weg zu einem Hund, der im Alltag mit vielen Dingen Schwierigkeiten hat und der so gar nicht der ursprünglichen Wunschvorstellung vom gelassenen, gut erzogenen Alltagsbegleiter entspricht. Enttäuschung und Frustration sind dann oft groß und letzten Endes muss eine Verhaltensberaterin oder ein Hundetrainer hinzugezogen werden, damit das Zusammenleben von Mensch und Hund wieder Spaß macht. Geschehenes wieder auszubügeln ist oft schwierig und kostet viel Zeit, Nerven und nicht zuletzt auch Geld. Deshalb ist es wichtig, alte Zöpfe abzuschneiden, damit du die Chance hast, deinen Welpen so zu begleiten, dass Probleme gar nicht erst entstehen.

Wir brauchen nichts weniger als eine Revolution im Umgang mit Welpen. Weg von der Annahme, dass wir es mit einem defizitären Wesen zu tun haben, das geformt werden und vor allem möglichst bald funktionieren muss. Sätze wie „Das muss der aber lernen!“ und „Wenn er das jetzt nicht lernt …“ sind bei der Entwicklung eines jeden Lebewesens einfach völlig unangebracht. Sie erzeugen Druck und Stress und wirken sich so unglaublich negativ aus auf das, was wirklich wichtig ist. Die Entwicklung einer sicheren Bindung und Vertrauen. Denn darauf fußt unser ganzes Zusammenleben. Training ist gut und schön. Aber es macht den kleinsten Teil dessen aus, was ein Hund, und vor allem ein Hundekind, braucht. Natürlich kann man ein Tier und auch einen Hund trainieren, ganz ohne eine Bindung zu ihm zu haben. Das tue ich beim ersten Termin[1] mit meinen Teams ständig. Aber unser Leben mit Hund ist doch so viel mehr als eine Lehrer-Schüler-Beziehung, in der wir Menschen- und Umweltkunde unterrichten. Wir sind eine Familie, wir sind der Vertrauensmensch, die Fürsorgende, die Schutzbeauftragte unseres Hundes. Und dafür braucht es mindestens eine gute Beziehung, aber eine sichere Bindung kann wesentlich mehr.

Die Idee, dass man bereits mit dem Welpen anfängt zu trainieren, um ihn auf das Leben vorzubereiten, ist natürlich gut. Nur leider wird heutzutage dabei derart über das Ziel hinausgeschossen, dass mit all den Trainings-, Sozialisierungs- und Gewöhnungsmaßnahmen das genaue Gegenteil von dem erreicht wird, was eigentlich beabsichtigt war. Es wird tatsächlich Schaden angerichtet. Welpen werden häufig vollkommen überfordert. Sie werden viel zu früh mit viel zu vielen Reizen konfrontiert, mit denen sie noch gar nicht umgehen können. Manchmal, weil der momentane Entwicklungsstand überhaupt nicht vorsieht, dass der Welpe sich zum aktuellen Zeitpunkt mit bestimmten Dingen auseinandersetzen oder bestimmte Dinge tun muss. Und sehr oft, weil sie schlicht und ergreifend noch nicht lang genug auf der Welt sind, um die passenden Strategien gelernt haben zu können.

Was Welpen in den ersten Wochen und Monaten im neuen Zuhause vor allem brauchen, sind verlässliche Bezugspersonen, die verstehen, dass sie es mit einem Hundekind zu tun haben, das mitten in einem körperlichen und geistigen Reifeprozess

1 Auch zu meinen Kundenhunden baue ich eine Bindung auf. Man merkt es daran, dass viele Hunde, die Schwierigkeiten im Alltag haben, sich zunächst schnell mehr an mir orientieren als an ihren eigenen Menschen. Das liegt daran, dass ich den Hund gut lesen kann, ihm zuhöre und in seinen Augen die richtigen Entscheidungen treffe. Mein Job ist es, mein Wissen und meine Fähigkeiten an die Bezugspersonen so weiterzugeben, dass ich nicht mehr gebraucht werde.

steckt. Ein Welpe ist kein erwachsener Hund, und wenn wir später einen gelassenen Alltagsbegleiter an unserer Seite haben möchten, dann müssen wir in der Welpenzeit das Fundament dafür legen. Dieses Fundament besteht aber nicht aus dem Sammeln möglichst vieler Eindrücke, möglichst viel Training und möglichst vielen Sozialkontakten zu Hunden und Menschen. Es besteht aus einer vertrauensvollen Beziehung zu den Bezugspersonen, die wiederum getragen wird von einer sicheren Bindung. Eine vertrauensvolle Beziehung und eine sichere Bindung entstehen dann, wenn der Hund immer und immer wieder die Erfahrung macht, dass er sich auf seine Bezugspersonen verlassen kann. Es braucht also Zeit und es bedeutet, dass du deinen Welpen schützt, wenn er Angst empfindet und ihm hilfst, seine Ängste in seinem eigenen Tempo zu überwinden, ohne ihn zu drängen. Es bedeutet, dass du auf typisches Welpenverhalten wie das Hineinbeißen in alles und jeden, das Zerren an Vorhängen und Kleidungsstücken, das Spielen mit deinen Schuhen, das Häufchen im Flur, die Pfütze auf dem Teppich und die wilden fünf Minuten des Welpen, die durchaus auch mehrfach am Tag auftreten können, besonnen und angemessen reagierst. Zurechtweisungen und Strafen, „Korrekturmaßnahmen" (ich setze dieses Wort bewusst in Anführungszeichen, weil Korrektur einzig und allein aus menschlicher Perspektive zutreffend ist – für den Hund ist jedes Verhalten, das er zeigt, abgesehen von Verhaltensstörungen, in diesem Moment sinnvoll und richtig) jeglicher Art, erzeugen Angst, Stress, Frustration und Überforderung beim Welpen und auch bei Hunden aller anderen Altersklassen. Diese vier sind der perfekte Nährboden, die vier apokalyptischen Reiter, für die Entstehung wirklich problematischer Verhaltensweisen. Sie verhindern, dass der Aufbau einer sicheren Bindung und einer vertrauensvollen Beziehung gelingen kann. Eine verlässliche Bezugsperson für deinen Welpen zu werden bedeutet auch, dass du dich intensiv mit den Bedürfnissen von Hunden im Allgemeinen und denen deines Welpen, unter Berücksichtigung seiner körperlichen und geistigen Entwicklung, auseinandersetzt und sie so weit wie möglich erfüllst. Das bedeutet nicht, dass deine eigenen Bedürfnisse weniger wichtig sind und du dich komplett nach deinem Welpen richten musst. Aber die Welpenzeit ist kurz – und sie ist die wichtigste für euer künftiges Zusammenleben. Je mehr Verständnis, Liebe und Möglichkeiten zur Bedürfnisbefriedigung und Persönlichkeitsentfaltung du deinem Welpen in den ersten Monaten schenkst, desto entspannter wird die Welpenzeit für euch beide sein und desto mehr wird dein Welpe dir zurückgeben. Ihr werdet ein tiefes Vertrauen ineinander und eine sichere Bindung zueinander entwickeln und er wird sich auf diese Weise tatsächlich zu dem gelassenen Alltagsbegleiter entwickeln, den du dir wünschst.

Ich erkläre dir in diesem Buch, was Welpen wirklich brauchen, mit welchen Verhaltensweisen du rechnen musst, welche Verhaltensweisen entwicklungsbedingt sind und deshalb nicht durch spezielles Training verändert werden müssen bzw. können, wie du auf bestimmte Verhaltensweisen angemessen reagieren kannst und wie du von Anfang an Ruhe, Gelassenheit und Resilienz, also die psychische Widerstandskraft, bei deinem Hund fördern kannst. Ich werde dir die Ausstattungsgegenstände empfehlen, die sich meiner Erfahrung nach bewährt haben, dir erklären, welche du unbedingt anschaffen solltest und worauf du getrost verzichten kannst. Du wirst viel über Körpersprache lernen und worauf es beim bedürfnis- und bindungsorientierten Umgang und dem belohnungsbasierten Training ankommt. Du wirst erfahren, warum es viel wichtiger ist, dass dein Hund sich problemlos überall von dir anfassen lässt und wie du das erreichen kannst, als dass dein Hund „Sitz, Platz, Fuß" beherrscht. Du wirst natürlich auch einige – jedoch vergleichsweise wenige – Signale kennenlernen und wie du sie deinem Welpen beibringen kannst. Aber das Hauptaugenmerk dieses Buches liegt nicht auf Training, also der willkürlichen Erzeugung, Manipulation und Veränderung von Verhalten, das uns Menschen sinnvoll und angemessen erscheint. Dafür braucht es kein spezielles Welpenbuch, denn egal wie alt ein Hund ist: Lernen funktioniert immer gleich und du findest im Anhang einige Bücher, die sich mit Lerntheorien und Trainingslehre beschäftigen. Mir geht es darum, dir ein tiefes Verständnis für deinen Welpen zu vermitteln und dich zu befähigen, ihn auf dem Weg zu einem entspannten, erwachsenen Hund achtsam zu begleiten. Und dazu gehört so viel mehr, als zu wissen, wie du Verhalten an- oder abtrainieren kannst, eigentlich ist das sogar der kleinste Teil. Wenn die Basis stimmt, dann kannst du deinem Hund zu gegebener Zeit nahezu jedes Verhalten beibringen und du wirst kaum in die Verlegenheit kommen, ihm unerwünschtes oder problematisches Verhalten abtrainieren zu müssen, da dein Hund solches erst gar nicht groß entwickeln wird.

Ich möchte dir mit diesem Buch zu mehr Gelassenheit verhelfen.

Lass dir keine Angst machen von Aussagen wie „Das muss er aber lernen!" oder „Wenn du da jetzt nicht gleich was dagegen tust, wirst du dich noch umschauen!". Ein Welpe ist ein Hundekind. Nicht mehr und nicht weniger. Er ist kein Monster in niedlicher Verpackung, der sich zu einem seine Umwelt terrorisierenden Godzilla entwickeln wird, wenn man nicht gut genug aufpasst. Er ist ein Hundekind. Begleitet von einer vertrauenswürdigen Fürsorgenden, die ihm Geborgenheit und achtsame Führung schenkt, die ihm ein sicherer Hafen ist, wird er zum ausgeglichenen erwachsenen Hund werden, mit dem das Zusammenleben erfüllt und harmonisch ist und der dein Leben auf eine Weise bereichern wird, wie es eben nur ein Hund kann.

Natürlich wirst du in diesem Buch auch erfahren, wie du deinen Welpen stubenrein bekommst (Spoiler: dein Anteil daran ist ziemlich klein), wie du die Grundlage dafür schaffst, dass er später entspannt alleine bleiben kann und wie du ihm mit belohnungsbasiertem Training verschiedene Verhaltensweisen so vermittelst, dass sie auf Signal abrufbar sind. Hauptsächlich aber geht es darum, wie du in der Welpenzeit das richtige Fundament für das ganze restliche Leben deines Hundes legen kannst. Der Aufbau einer sicheren Bindung[2] steht im Vordergrund. Und das hat natürlich triftige Gründe: Die Forschung zeigt, dass das Eingebundensein in ein soziales Netz und gute Beziehungen zu sozialen Bindungspartnern sich als besonders wirkungsvoll gegen Stressoren erweisen. Studien zeigen außerdem, dass Lebewesen, die zusammenleben und sich mögen, einen deutlich niedrigeren Stresslevel haben als solche, die sich nicht mögen. Das wiederum hat direkte Auswirkungen auf Gesundheit und Wohlbefinden: Sie haben ein besseres Immunsystem und dauerhaft niedrigere Herzschlagraten.[3] Es geht also um nichts weniger als das ganze Leben deines Welpen.

Beziehung ist keine Einbahnstraße und eine gute, sichere Bindung entsteht vor allem durch Verständnis, achtsamen Umgang und verlässliche, souveräne Führung durch Situationen, die das Hundekind nur mit deiner Hilfe gut bewältigen kann. Dazu werde ich dir den nötigen theoretischen Hintergrund mitgeben und dir anhand des alltäglichen Umgangs mit deinem Welpen, der so ganz andere Bedürfnisse hat als du, ganz andere Dinge lustig findet (zum Beispiel knurrend an deinem Hosenbein zu zerren – „Oh, da war dein Bein dazwischen, upsi, ach egal, gleich nochmal!“), keinerlei Sinn für den Wert deiner Teppiche, Vorhänge und Möbel hat, Pfützen und Häufchen hinterlässt, wo er geht und steht (ja, auch in deinem Bett, wenn du nicht gut aufpasst …), der dich immer und immer wieder durch allerhand Schabernack in den Wahnsinn treiben wird, dem Dinge Angst und Sorgen machen, auf die du niemals kommen würdest, Wege aufzeigen, die dich diesem Ziel Schritt für Schritt näher bringen.

Das Buch ist in zwei Teile gegliedert. Im ersten Teil geht es um das Hintergrundwissen, das du brauchst, um bedürfnis- und bindungsorientiert handeln und belohnungsbasiert mit deinem Welpen trainieren zu können. Im zweiten Teil adressiere ich dann alle Themen, die für dich und deinen Welpen in seinen ersten Lebensmonaten bis zum Zahnwechsel hin wichtig sein werden. Beginnend mit dem, was du vor dem Einzug deines Welpen wissen musst, über den Tag der Abholung und die erste Autofahrt, das Entdecken seines neuen Zuhauses und der direkten Umgebung, den gemeinsamen Alltag, bis hin zum Erkunden der Welt, wo viele Herausforderungen und spannende Erlebnisse auf dich und deinen Welpen warten.

---

2 Buchempfehlung: M. Cordt, Die sichere Bindung ist die beste Erziehung, überarbeitete Neuauflage 2024

3 N. Sachser: Der Mensch im Tier, 1. Auflage 2018

Ich wünsche dir eine wunderbare Welpenzeit, viel Freude an und mit deinem Welpen und natürlich auch gute Nerven. Denn eins ist klar: Besonders süß sind sie dann, wenn sie schlafen.

Das Tüchlein mit den Totenköpfen war für Maya äußerst passend gewählt.

Teil 1

Hintergrundwissen

Warum du nicht der Chef deines Welpen sein musst

Eigentlich bin ich es so leid, dieses Thema im fortgeschrittenen 21. Jahrhundert überhaupt noch einmal aufgreifen zu müssen, aber leider ist das Märchen vom Rudelführer nicht totzukriegen. Dabei ist seit vielen Jahrzehnten (!) klar, dass Menschen und Hunde kein Rudel bilden. Daher erkläre ich es im Folgenden trotzdem noch einmal und wenn du das alles schon weißt, umso besser, dann kannst du diesen Abschnitt getrost direkt überspringen.

Mensch und Hund sind zwei verschiedene Arten. Zwei verschiedene Arten können definitionsgemäß kein Rudel bilden. Dazu kommt, dass Hunde noch nicht einmal Rudeltiere im eigentlichen Sinne sind. Ein Rudel ist in der Biologie, zum Beispiel bei Wölfen – um den oft herangezogenen Vergleich zu bemühen – ein Familienverband. Das Elternpaar lebt mit den Jungtieren aus bis zu drei Generationen zusammen, selten werden auch nicht-verwandte Tiere in dieses Sozialgefüge aufgenommen. Es kümmert sich dabei gemeinsam um die Versorgung und Aufzucht der Jungen und sobald die Jungtiere alt genug sind, beteiligen sie sich an der Jagd auf große Beutetiere. Wenn die Jungtiere geschlechtsreif werden, was bei Wölfen mit etwa drei Jahren der Fall ist, verlassen sie den Familienverband, um ein eigenes Rudel zu gründen.

Bei Hunden, die nicht in menschlicher Obhut leben, sehen wir ein deutlich anderes Verhalten: Oft leben die Hunde dauerhaft in kleinen Gruppen von nur zwei bis vier Tieren, die nicht unbedingt miteinander verwandt sein müssen. Um die Versorgung der Welpen kümmert sich die Hundemutter in der Regel alleine. Oft ist es sogar so, dass die Welpen mehrere Väter haben, denn bei freilebenden Hunden ist es normal, dass eine Hündin sich während der Läufigkeit mit mehreren Rüden paart. Wölfe dagegen leben monogam. Je nach Typ und Individuum werden Hunde bereits mit sechs Monaten geschlechtsreif und sind in der Lage, sich selbst zu versorgen. Schließlich jagen freilebende Hunde im Gegensatz zum Wolf keine großen Beutetiere, sondern ernähren sich hauptsächlich von dem, was die Menschen übriglassen oder ihnen zur Verfügung stellen: Von Essensresten, Exkrementen, Aas, und eventuell fangen sie sich auch hin und wieder eine Maus oder eine Eidechse.

Sämtliche Erziehungstipps, die auf der Rudel-, Rangordnungs- oder Dominanztheorie basieren, sind für das Zusammenleben mit dem Hund völlig irrelevant. Noch dazu ist quasi all diesen Erziehungstipps gemeinsam, dass sie auf aversiven Maßnahmen gründen, die den Hund in seinem Verhalten hemmen und es unterdrücken sollen. Auf unerwünschtes Verhalten folgen Konsequenzen, die für den Hund mindestens unangenehm bis hin zu stark ängstigend oder gar schmerzhaft sind. Wie weiter oben bereits erwähnt, führen Strafen, „Korrekturen" und sämtliche aversiven Einwirkungen aber dazu, dass bei Hunden Angst, Stress, Frustration und Überforderung ausgelöst werden. Woraus dann wiederum weitere Verhaltensprobleme entstehen. Unabhängig von dem Schaden, den dieser sogenannte strafbasierte Trainingsansatz in der Psyche des Hundes anrichtet, stellt sich die Frage, ob es uns überhaupt zusteht, ein Lebewesen, das es sich nicht ausgesucht hat bei und mit uns zu leben, so zu behandeln. Ich beantworte diese Frage mit einem ganz klaren Nein. Auch nicht bei bestimmten Rassen oder Typen und auch nicht in dieser oder jener Situation. Und beim Umgang mit dem Welpen fängt es an! Denn gerade Welpen bringen einen öfter als man denken möchte in Situationen, in denen Gewalt die einzige Lösung zu sein scheint, um dem wildgewordenen Piranha, der einem da gerade am Hosenbein hängt, Herr zu werden.

Aber das ist nicht so und ich werde dir Wege aufzeigen, wie du auch in herausfordernden Situationen gelassen bleiben, angemessen und bindungsfördernd, statt bindungsschädlich reagieren kannst. So, dass das zarte Band, das du und dein Welpe gerade erst geknüpft haben, nicht sofort wieder zerreißt und am Ende nicht mehr zu reparieren ist.

Du musst dir darüber im Klaren sein, dass dein Welpe nicht nur zu 100% von dir abhängig ist, er ist deinem Gutdünken auch vollkommen ausgeliefert. Du entscheidest, wo er schläft, was er frisst, wann er frisst, welche Mengen er zu fressen bekommt, wohin er gehen darf oder muss, wann und wo er sich lösen darf und womit oder mit wem er spielen darf oder muss. Du entscheidest, ob er medizinisch ausreichend versorgt wird, wen er trifft, mit wem er sein Leben teilen muss, welche Hobby er haben soll, wann, wie oft und wie lange er alleine bleiben muss. All das kontrollierst DU! Dass bei diesem Maß an Kontrolle auch heute noch empfohlen wird, zusätzliche Maßnahmen zu ergreifen, um dem Hund seinen Platz zuzuweisen und ihm zu zeigen, wer der Chef ist, ist vollkommen absurd. Die Alternative zu einer solchen Form des Zusammenlebens liegt klar auf der Hand: Freundschaft zum Hund und achtsame Führung. Kurz: Füreinander da sein und den eigenen Schutzauftrag gegenüber einem Wesen, für das unsere Welt nicht (mehr) gemacht ist, ernst nehmen.

Achtsam führen

Natürlich braucht dein Welpe deine Führung. Leider haben wir im Deutschen kein schönes Wort für das, was ich ausdrücken möchte. Führung, Hundeführer – das sind Begriffe, die im Deutschen keine positiven Assoziationen wecken. Im Englischen gibt es zwei Unterschiedliche Wörter für Führung. „Leadership" und „Guidance". Während „Leadership" beschreibt, was ein Chef oder Manager tut, der hierarchisch über seinen Mitarbeitern steht, beschreibt das Wort „Guidance" sehr viel besser, worum es mir geht: „Guidance" bedeutet jemanden im übertragenen und manchmal auch im Wortsinn an die Hand zu nehmen, ihn auf unbekannten Wegen zu leiten, ihn zu unterstützen, wenn er Hilfe braucht, um sich zurechtzufinden und auch mal den Übersetzer zu spielen oder Dinge für den anderen zu regeln, wenn es nötig ist. Der Vergleich mit einem Fremdenführer trifft es ganz gut. Der kennt sich aus in der fremden Kultur, weiß Bescheid über Sitten und Gebräuche, Verhalten, das als höflich oder unhöflich bewertet wird, ist die Wege schon oft gegangen, kennt gute Abkürzungen und Bereiche, die man besser großräumig umläuft, er gibt Informationen und erklärt viel, hilft einem, sich zurechtzufinden, hat viel Erfahrung und übernimmt Verantwortung für seine Reisegruppe. Dabei behandelt er sie aber stets gleichwürdig, respektvoll und auf Augenhöhe. Genau das sollten wir unserem Welpen (und natürlich auch dem Junghund, dem erwachsenen und dem alten Hund) bieten.

Gut begleitet von einer liebevollen Bezugsperson.

Er ist ein Hundekind und muss erst lernen, wie er sich in der Menschenwelt verhalten soll, damit er weder sich selbst noch andere in Schwierigkeiten bringt. Er muss lernen dürfen, welche Dinge dir im Zusammenleben mit ihm wichtig sind, damit ihr euch zusammen wohl fühlen könnt. Es ist deine Verantwortung, deinem Welpen das Leben zu zeigen und ihn alles lernen zu lassen, was dazu nötig ist. Deshalb musst du wissen, wie das geht und was zu tun ist. Das wiederum bedeutet, dass du bereit sein musst, von und mit deinem Hund zu lernen und zu wachsen. Ja, auch von deinem Hund. Denn Hunde wissen viel, was wir von ihnen lernen können, wenn wir bereit sind zuzuhören. Es geht also in keiner Weise darum, dass der Hund ein defizitäres Wesen ist, dem wir in unserer unfassbaren menschlichen Weisheit vollkommen überlegen sind. Aber wir kennen uns aus in der Menschenwelt und müssen dafür sorgen, dass die Bedürfnisse und das Wesen unseres so oder so perfekten Hundekindes genug Raum haben, ohne dass er dabei sich selbst in Gefahr bringt oder andere belästigt oder gefährdet.

Ein guter Fremdenführer zeichnet sich durch verschiedene Eigenschaften und Verhaltensweisen aus. Dazu gehört die genaue Kenntnis der Umstände, ein wertschätzender, freundlicher Umgang mit allen Beteiligten, ruhiges, planvolles und besonnenes Handeln in Krisensituationen, der Überblick über das große Ganze, die Fähigkeit zu motivieren, zu ermutigen und zu erkennen, wo Hilfe notwendig ist und wie diese aussehen sollte. All das braucht auch dein Welpe von dir. Aber er braucht noch mehr. Er braucht deine Freundschaft. Und das ist der Teil, wo aus einer Beziehung Bindung wird. Natürlich haben wir alle zu anderen Menschen Beziehungen. Zu Kollegen und zur Chefin, zum Nachbarn, zur Sportkameradin und auch zum Fremdenführer. Während diese Beziehungen mehr oder weniger oberflächlich sind, sind die Beziehungen zu engen Freunden, der Partnerin oder dem Partner, eigenen oder adoptierten Kindern und hoffentlich den Eltern oder Geschwistern von Bindung getragen. Die Bindung sorgt dafür, dass wir bestimmte Menschen vermissen, wenn sie nicht da sind, dass wir gerne Zeit mit ihnen verbringen möchten und uns wohl fühlen, wenn sie in unserer Nähe sind. Genau das ist es, was dein Welpe auch braucht. Er soll ein Familienmitglied, ein Freund, ein Schutzbefohlener sein, dessen Bedürfnisse den deinen gleichwürdig sind. Da du den Überblick über das große Ganze hast und weißt, wie es in unserer Menschenwelt läuft, ergibt sich deine Führungsrolle ganz automatisch. Sei deinem Hund also ein guter Guide, aber sei ihm vor allem Freundin und Verbündete. Für mich gilt der Grundsatz: Beziehung und Bindung vor Training. Das bedeutet, dass die Unversehrtheit des Vertrauensverhältnisses zwischen mir und meinem Hund für mich immer oberste Priorität hat und ich in entsprechenden Situationen lieber darauf verzichte, dass mein Hund sich „gut benimmt“ und ihm stattdessen bei Schwierigkeiten zur Seite stehe. Ich möchte das anhand eines Beispiels verdeutlichen: Du bekommst

Besuch von Tante Gerda und deinen 12 Wochen alten Welpen packt der Rappel. So schnell schaust du gar nicht, stürzt er sich auf Tante Gerdas Nylonstrümpfe und beginnt damit ein wildes Zerrspiel. Tante Gerda fängt an zu schreien, dass der Hund sie gebissen hat, denn natürlich hat der Zwergpiranha beim herzhaften Biss in den Nylonstrumpf auch Tante Gerdas Knöchel perforiert – Milchzähne machen es möglich. Anstatt nun hektisch nach dem Welpen zu grapschen, ihn am Nackenfell zu packen und ordentlich auszuschimpfen, fängst du ihn schnell, aber so behutsam wie möglich ein und beruhigst ihn. Dazu kann es notwendig sein, dass du Tante Gerda erst mal für einen Moment im Flur stehen lässt, mit deinem Welpen hinter ein Kindergitter gehst, ihm eventuell etwas zu kauen gibst und dich dann – mit dem Welpen in Sicherungsverwahrung – um Tante Gerda kümmerst. Ideal ist solch eine Situation nicht und durch vorausschauendes Handeln kann so etwas wunderbar vermieden werden. Aber wenn es denn nun mal passiert ist und du eingreifen musst, dann hast du immer die Wahl, ob du durch die Art deines Eingreifens das Vertrauen deines Hundes aufs Spiel setzt oder eben nicht. Es ist eine Entscheidung, die du triffst. Im weiteren Verlauf werde ich dir für verschiedene Situationen konkrete Handlungsmöglichkeiten aufzeigen.

Wenn du deinen Welpen achtsam und bindungsorientiert begleiten möchtest, dann erfordert das Empathie, Achtung und Respekt ihm und seinen Bedürfnissen gegenüber. Du musst die Bedürfnisse von Welpen kennen und danach handeln. Es geht um Zuwendung, (Selbst-)Fürsorge (denn nur, wenn du dich selbst wohlfühlst, kannst du deinem Welpen eine ausgeglichene, souveräne Bezugsperson sein), Anteilnahme und Beziehungspflege. Achtsames Führen und Begleiten erfordert Wissensdurst, Neugier, Offenheit und wertungsfreies Beobachten von Verhalten. Du musst Verantwortung übernehmen für das körperliche und psychische Wohlergehen deines Hundes auf der einen Seite und dafür, dass dein Hund sich und andere nicht gefährdet auf der anderen Seite. Diese Verantwortung liegt niemals beim Hund. Sätze wie „Das kann der eigentlich schon" retten deinem Hund nicht das Leben, wenn er auf die Straße rennt, weil du ihn nicht angeleint hast, weil du der Meinung bist, dass dein Welpe auf Zuruf sicher zu dir zurückkommt. Bei Welpen und Junghunden ist nur sicher, dass nichts sicher ist. Sie befinden sich in einem Entwicklungsprozess und was heute noch funktioniert, kann morgen wie weggeblasen sein. Mal ganz abgesehen davon, dass auch ein erwachsener, gut trainierter Hund in der Nähe von Straßen und Bahngleisen an die Leine gehört. Sorge also durch achtsames und vorausschauendes Handeln dafür, dass dein Welpe gar nicht erst in Situationen kommen kann, die brenzlig werden und in denen du selbst dann aus Angst, Schreck oder Überforderung falsch reagierst.

Überforderung vermeiden

Um eine sichere Bindung aufzubauen und dem Sicherheitsbedürfnis des Welpen gerecht zu werden ist das Allerwichtigste, dass du eine Überforderung deines Welpen unbedingt vermeidest. Deshalb wirst du in diesem Buch auch keine Checklisten finden, auf denen du abhaken kannst, womit du deinen Welpen in den ersten Wochen bei dir bereits konfrontiert hast. Ich bitte dich an dieser Stelle wirklich eindringlich: Lass dich nicht von all diesen Listen und offenen oder unterschwelligen Drohungen, die du in Welpenbüchern oder überall im Internet findest unter Druck setzen. Ich weiß, dass das schwierig ist und ich bin mit Hermine selbst auch fast in diese Falle getappt.

Als Hermine eine gute Woche bei uns war, sie war also neun Wochen alt, dachte ich mir, jetzt wird es langsam mal Zeit, dass der Hund etwas anderes sieht als unser Haus, den Garten, das Grundstück und die uns umgebenden Wälder. Wir haben zu dieser Zeit in Alleinlage gewohnt. Um das Grundstück herum, auf dem wir gemeinsam mit zwei anderen Menschen und deren Kater gelebt haben und auf dem ansonsten nur die Künstler hin und wieder anzutreffen waren, die dort ihre Ateliers hatten, war nur Wald. Die nächste öffentliche Straße war eineinhalb Kilometer entfernt, ebenso das nächste Dorf. Und die ersten beiden Wochen nach Hermines Einzug haben wir uns wirklich nur zu Hause, im Garten, auf dem Grundstück und eben im Wald aufgehalten.

Also habe ich den kleinen Hund eingepackt und bin zum Bahnhof des nächsten größeren Ortes mit ihr gefahren. An Bahnhöfen ist schließlich immer was los.

Video 1 – Hermine erkundet den Bahnhof.

Hermine im Alter von neun Wochen am Bahnhof.

Natürlich bin ich nicht mit ihr zum Münchner Hauptbahnhof gefahren, sondern zu einem wirklich winzigen Bahnhof mit nur drei Gleisen. Aber auch, wenn es an diesem Bahnhof nur drei Gleise gibt: die Umgebung drumherum ist doch was deutlich anderes als Feld, Wald und Wiese.

Hermine fand das alles recht spannend, ist an der Leine umhergelaufen und hat sich neugierig umgeschaut. Aber ihr war kalt. So kalt. Es war Anfang April und an diesem Tag hatte es nur fünf Grad und es wehte ein eisiger Wind. Dementsprechend fand Hermine unseren Ausflug schnell nicht mehr lustig, sondern sie hat angefangen, vor Kälte zu zittern. In diesem Moment habe ich mich gefragt: „Was machst du da eigentlich? Was soll dieser kleine Hund lernen, wenn er frierend an diesem Bahnhof herumläuft? Du weißt doch ganz genau, dass sowas komplett unnötig ist und sogar Schaden anrichten kann. Was also machst du hier?“ Die Antwort war: Tiefsitzenden Glaubenssätzen folgen. Und dann habe ich mir meinen frierenden Welpen geschnappt, ihn in meine Jacke gesteckt und bin noch ein bisschen mit ihm herumgelaufen, bis er aufgehört hat, zu frieren und zittern. Dann sind wir wieder nach Hause gefahren und ich habe danach auf solche Unternehmungen wegen der schlechten Witterung fürs Erste komplett verzichtet.

Die Glaubenssätze, die wir unbewusst mit uns herumtragen, sind oft sehr mächtig. Vor allem Formulierungen wie „Man muss, sonst …“ solltest du immer kritisch hinterfragen. Deshalb möchte ich dir an dieser Stelle Mut machen und dir stattdessen ein „Du darfst und kannst, weil …“ mitgeben.

Du darfst auf einen Sozialisierungs- und Gewöhnungsmarathon verzichten.

Du kannst darauf verzichten mit deinem Welpen Bus, Bahn oder U-Bahn zu fahren, in den Zoo zu gehen, die Innenstadt aufzusuchen, ein Einkaufszentrum zu besuchen, ins Restaurant, einen Biergarten oder ein Café zu gehen, an vierspurigen Straßen entlangzugehen, eine Welpenspielstunde zu besuchen, auf die Hundewiese zu gehen und so weiter.

Du darfst stattdessen deinen Welpen einfach an deinem Alltag teilhaben lassen und Aktivitäten, die du sowieso regelmäßig unternimmst, so planen, dass du sie nutzen kannst, um deinen Welpen achtsam und in seinem Tempo die Welt entdecken zu lassen. Natürlich schließt das nicht aus, dass du einige der oben aufgeführten Dinge mit deinem Welpen machst. Aber du musst nicht auf Biegen und Brechen ein gewisses Programm durchziehen.

Ich habe das mit Hermine so gemacht: Wenn ich beispielsweise sowieso zur Post oder in den Futterladen musste, dann habe ich Hermine mitgenommen. Ich bin mit ihr aus dem Auto gestiegen und habe sie den Parkplatz erkunden lassen. Ich bin ihr einfach nachgelaufen. Wenn sie stehen geblieben ist, bin ich auch stehen geblieben. Wenn sie sich Dinge angeschaut hat, habe ich sie schauen lassen und ihr vor allem dann, wenn es sich um potenziell gruselige Dinge gehandelt hat, Leckerchen angeboten. Konnte sie die Leckerchen nehmen, war klar, sie ist nicht besonders gestresst und das, was sie sich da gerade ansieht, wird durch die Leckerchen mit etwas Positivem in Verbindung gebracht. Konnte sie die Leckerchen nicht nehmen, bin ich entweder zu ihr in die Hocke gegangen, sodass sie aus der Sicherheit zwischen meinen Beinen heraus feststellen konnte, dass die Situation nicht gefährlich ist, oder ich habe sie auf den Arm genommen. Das Hochnehmen war von Anfang an und ist für Hermine immer noch etwas, das sie gerne hat. Sie fühlt sich auf dem Arm wohl und sicher. Bei Welpen größerer Rassen ist das Hochnehmen oft nicht die ideale Lösung, weil sie schnell zu schwer werden oder zu groß sind, um sie so auf dem Arm halten zu können, dass sie sich wirklich wohlfühlen. Hier ist das in die Hocke gehen und dem Welpen auf diese Art und Weise Schutz bieten meist besser geeignet. Was wir außerdem gemacht haben, war „spazieren sitzen" oder „spazieren stehen". Ich bin mit Hermine beispielsweise in Parks gegangen wo Radfahrer, Jogger, laute, rennende und spielende Kinder, Inlineskater und Skateboarder, Spaziergänger mit und ohne Hunde unterwegs waren und wir haben uns in einer gewissen Distanz einfach auf eine Wiese gestellt oder gesetzt, wo sie sich alles in Ruhe anschauen konnte.

„Spazierensitzen", die Welt bestaunen und ganz nebenbei Alltag lernen.

Dabei hat sie von mir hin und wieder einen Keks bekommen und manchmal haben wir auch miteinander gespielt. Und wir haben immer wieder Ausflüge in unser Nachbardorf gemacht. Dort gibt es ein großes Pferdegut, sprich es gibt allerlei spannende Dinge zu entdecken und gute Erfahrungen zu sammeln. So hat Hermine zum Beispiel andere Tiere (Pferde, Kaninchen, Hühner, usw.) kennengelernt und ich habe mit ihr geübt gelassen zu bleiben. Ruhiges Hinschauen habe ich gelobt, es gab ein paar Leckerchen, besonders dann, wenn sie sich von den Tieren ab- und mir zugewendet hat. Wenn die Tiere nicht mehr spannend waren, dann sind wir weitergegangen. Und genau das Gleiche haben wir mit allen möglichen anderen Dingen gemacht. Mit Treckern und anderen Landmaschinen, mit Pferdehängern, mit Menschen, die Helme auf dem Kopf hatten oder Eimer in der Hand und so weiter und so fort.

Bei Maxis Einzug, vier Jahre später, war die Situation eine andere. Hermine zog einen Tag vor Beginn des ersten Corona-Lockdowns 2020 ein. Sprich, viele Dinge waren gar nicht wirklich möglich. Direktkontakte zu Hunden sind deshalb unter anderem leider etwas zu kurz gekommen. Maxis erste zwei Wochen sahen so aus:

Wichtig: Bei allen Spaziergängen und auch der Wanderung, die wir gemacht haben, durfte Maxi so viel laufen, wie sie mochte. Sobald sie aber Anzeichen von Müdigkeit gezeigt hat, haben wir sie getragen. Manchmal auf dem Arm, manchmal in einem speziellen Känguru-Beutel zum Umhängen. Dabei ist Maxi immer eingeschlafen und das ist etwas ganz Wunderbares: Wenn der Welpe in egal welcher Umgebung so entspannen kann, dass er einschläft, dann ist alles in bester Ordnung. Und ebenso wichtig: Bei all diesen Ausflügen, Unternehmungen, Aktivitäten und auch bei denen, die in den folgenden Wochen stattfanden gab es nie Zeitdruck.

Sobald man irgendwelche Termine einhalten muss, kommt man automatisch in die Situation, dass der Welpe nicht genügend Zeit bekommt, die Reize, mit denen er konfrontiert wird, in seinem Tempo zu verarbeiten. Stress und Hektik sorgen dafür, dass der Welpe diese Erfahrungen negativ empfindet und das ist genau das, was wir vermeiden wollen.

Auch ständiges Ansprechen oder gar Signale geben ist bei Unternehmungen mit dem Welpen nicht sinnvoll und oft sogar höchst kontraproduktiv. Denn auch dabei wird die Reizverarbeitung, die dringend notwendig ist, damit der Welpe eine positive Verknüpfung herstellen kann, ständig gestört. Das führt dazu, dass der Hund keine emotionale Stabilität und Resilienz entwickeln kann. Dein Welpe wird es dir zeigen, wenn er deine Unterstützung braucht, und dann musst du sie ihm selbstverständlich geben. Aber er muss in jedem Fall die Gelegenheit bekommen, Dinge und Situationen selbstständig erkunden, bewerten und verarbeiten zu dürfen, damit er Selbstwirksamkeit und Handlungsfähigkeit erfahren und entwickeln kann. Es gilt immer die Devise: So viel Unterstützung wie nötig, so wenig wie möglich.

Es ist also wichtig, den Welpen gerade nur so weit zu fordern, dass er seine Umgebung ruhig beobachten kann, in der Lage ist zu fressen und Erkundungsverhalten zu zeigen.

Maxis Tagebuch

Die ersten Tage

Tag 0: Abholung mit knapp fünf Stunden Autofahrt, Ankunft daheim abends um 21:00 Uhr

Nach der Ankunft zuhause gibt es erst mal Abendessen.

Das neue Zuhause bietet viele neue Eindrücke.

Tag 1 bis 3: Nur zuhause im Haus und im Garten, an Tag 2 eine kurze Stippvisite unserer Nachbarin mit ihrer erwachsenen Tochter.

Im Schlaf werden die neuen Eindrücke verarbeitet.

Einzelne Besucher in den ersten Tagen sind willkommen, wenn der Welpe sich wohlfühlt und generell aufgeschlossen ist.

Tag 4: Auto fahren, Spaziergang 20 Minuten Waldweg und erster Besuch im Tierspital zum Wiegen, Spaziergang 30 Minuten Feldweg vom Haus aus

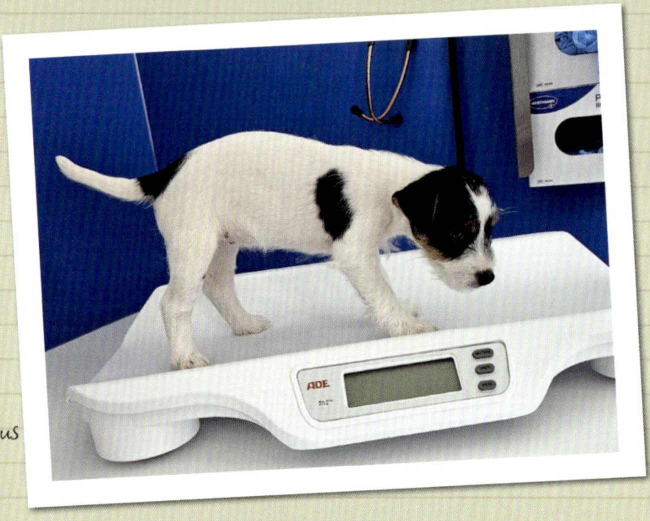

„Happy Visits" mit dem Welpen beim Tierarzt zahlen sich später aus

Tag 5: Auto fahren, 3 h am Fluss

... dann auf dem Menschen entspannt ein Nickerchen machen.

Erst ein kleines Abenteuer erleben ...

Tag 6: Nur zuhause im Haus und im Garten, erste Büro-Einheit bei einem dreistündigen Online-Termin.

Pausentage zuhause sind wichtig

Tag 7: Auto fahren, Spaziergang 30 Minuten in der näheren Umgebung, nachmittags Hunde-Besuch von einem welpenfreundlichen Lagotto-Rüden.

Der erste Fremdhundekontakt zuhause im sicheren Umfeld.

Tag 8: Auto fahren, Ausflug in einen kleinen Ort in der Nähe, Dauer 50 Minuten und anschließend Besuch im Tierspital zum Wiegen.

Angstfrei erkunden – fördern ohne zu überfordern

Tag 9: Besuch von Bekannten mit ihrer sechsjährigen Tochter.

Ruhiger Kontakt zu netten Kindern im sicheren Umfeld sorgt für gute erste Erfahrungen.

Tag 10: Gondelfahrt auf den Taubenstein, Wanderung zurück zur Talstation.

Ein neues Verkehrsmittel aus der Sicherheit des Schoßes der Bezugsperson heraus erleben.

Welpen gehen nicht wandern. Sie schlafen beim Wandern.

Tag 11: Ab Nachmittag allein mit meinem Mann, abends bringe ich meine Eltern mit nach Hause.

Entspannung, obwohl eine von zwei Bezugspersonen nicht zuhause ist.

Tag 12: Frühstück zu viert mit schlafender Maxi unterm Tisch, mittags Ausflug ins Freilichtmuseum, Gänse, Hühner, Kleinkind, Gehhilfen.

Was einem im Alltag eben so über den Weg läuft.

Tag 13: Immer noch Besuch, mittags Ausflug in die kleine Kreisstadt; Maxi wollte viel laufen; Straßenverkehr, Gegenkonditionierung Busse, Hunde gucken, Gitterböden, in Gebäude gehen, fremde Menschen begrüßen, Dreck liegen lassen / ausspucken, Polizeisirene

Mit dem Auto geht es in die Stadt.

Tag 14: Hermines Hundefreund Moppel beim Spaziergang im bekannten Gebiet kennenlernen.

Kontrollierte Kontakte zu erwachsenen Hunden sind für Welpen sinnvoller als Welpenspielstunden.

Ist der Welpe in einer Situation in den ersten ein, zwei Minuten unsicher, macht das nichts, sofern er sich beruhigen kann und sich dann wie gerade beschrieben verhält. Wenn der Welpe das aber nicht kann, er immer aufgeregter wird, anfängt herumzuspringen und zu bellen, um sich zu schnappen, zu etwas hin- oder von etwas wegzuziehen, sich verstecken oder flüchten möchte oder er in seinen Bewegungen erstarrt, dann musst du ihn unterstützen! Er soll die Erfahrung machen, dass er die Situation mit deiner Hilfe bewältigen und sich auf dich verlassen kann, dass er nicht alleine damit ist. Das kann in manchen Fällen bedeuten, dem Welpen Schutz zu bieten oder den Abstand zum Auslöser der Aufregung, des Unwohlseins oder der Angst zügig, aber fröhlich zu vergrößern, und zwar so weit, dass der Welpe sich wieder beruhigen kann. Verzichte bitte unbedingt darauf, potenziell angstauslösende Reize und Situationen mit deinem Welpen gezielt aufzusuchen, damit er „das lernt“, weil er ja „auch mal was aushalten muss“. Du programmierst das Gehirn deines Welpen auf diese Weise auf „gefährliche Umwelt“ und du legst mit den besten Absichten die Basis für einen reaktiven Hund, der Probleme damit haben wird, seinen Alltag zu bewältigen.

Exkurs: Die Herkunft deines Welpen

Wir wissen heute, dass Stress, der durch Angst und Überforderung entsteht, das Gehirn nachhaltig verändert. Das beginnt bereits im Mutterleib. Erlebt die Mutterhündin während der Trächtigkeit immer wieder Stress (Angstauslöser, hektisches Umfeld, soziale Konflikte mit Menschen, Artgenossen oder anderen Tieren, usw.), so wirkt sich das auf die noch ungeborenen Welpen aus, was deren Stressresistenz betrifft. Sie werden quasi auf eine gefährliche Umwelt programmiert, was dazu führt, dass der Hund ein Leben lang schneller und stärker auf neue und unbekannte Reize reagiert. Auch die ersten Lebenswochen spielen dahingehend eine entscheidende Rolle. Jetzt ist dein Welpe vielleicht schon da und es lässt sich nichts mehr daran ändern, woher er kommt. Trotzdem und vor allem auch für die Menschen, die sich dieses Buch gekauft haben, bevor sie einen Welpen zu sich nehmen, möchte ich hier noch weiter ausführen, warum die Herkunft deines Hundes eine wichtige Rolle spielt.

Wie die Elterntiere deines Hundes sich verhalten, was die Mutter und andere im Haushalt lebende Hunde den Welpen vorleben (insbesondere Angst- und Aggressionsverhalten gegenüber Menschen und anderen Hunden, aber auch Jagdverhalten und Mobbing untereinander) und wie die Menschen, mit denen diese Hunde zusammenleben mit ihnen umgehen, bestimmt zu großen Teilen, ob er zur Ängstlichkeit neigt oder ein Sonnenscheinchen ist, ob die Vergesellschaftung mit anderen Tieren sich einfach oder eher schwierig gestaltet, ob er Kinder positiv oder negativ wahrnimmt. Die ersten Lebenswochen beeinflussen die Gehirnentwicklung, das Sozialverhalten, die Bindungsfähigkeit, die Frustrationstoleranz und vieles mehr, was den Charakter deines Hundes entscheidend prägt.

Ein Hundewelpe, der von einer ausgebeuteten Gebärmaschine in eine furchtbare Umgebung hineingeboren wird, viel zu früh von seiner Mutter und den Geschwistern getrennt wird, um dann viel zu jung aus einem Kofferraum heraus verkauft zu werden, ein Hundewelpe aus einer Zoohandlung oder anderweitig schlechten Aufzuchtbedingungen wird neben gesundheitlichen Problemen oft auch ein Leben lang die psychischen Folgen seiner Herkunft ertragen müssen. Auf Mitleidskäufe solltest du deshalb grundsätzlich verzichten, auch dann, wenn von einer vermeintlichen Tierschutzorganisation emotionaler Druck ausgeübt wird, indem zum Beispiel im Inserat steht, dass der Hund heute noch vermittelt werden muss, weil er sonst getötet wird. Leider stecken hinter vielen solcher Vermittlungsanzeigen keine seriösen Tierschutzorganisationen, sondern Kriminelle, die auf Kosten der Tiere gutes Geld verdienen. Du glaubst, einen Hund zu retten, derweil werden in sogenannten Puppy Mills rund um die Uhr neue Welpen produziert, die seinen Platz einnehmen werden.

Du solltest entsprechend sehr genau prüfen, ob du mit dem Kauf eines Hundes wirklich den Tierschutz unterstützt oder stattdessen die mafiösen Strukturen des internationalen Welpenhandels.

Wir haben Maxi insgesamt fünf Mal bei ihrer Züchterin besucht, bevor wir sie zu uns nach Hause geholt haben.

Und ja, auch einen Hund aus dem Tierschutz kauft man in der Regel, denn auch ein seriöser Verein wird eine Schutzgebühr für den Hund verlangen. Das gern verwendete Statement „Adopt, don't shop!" impliziert, dass es moralisch fragwürdig sei, einen Hund von einem professionellen Züchter zu kaufen und für eine echte Tierfreundin nur ein Hund aus dem Tierschutz in Frage kommt. Ich finde das ist großer Unsinn und diskreditiert Menschen, die sich vor der Anschaffung eines Hundes viele Gedanken machen, welcher Hund mit welcher Herkunft wohl am besten in ihr Leben passt. Je besser die Passung ist, desto stressfreier ist das Zusammenleben, desto höher ist die Lebensqualität für den Hund. Das ist gelebter Tierschutz. Hinzu kommt: Hunde von wirklich verantwortungsvollen Züchtern landen in der Regel nicht im Tierschutz. Eine verantwortungsvolle Züchterin nimmt einen bei ihr geborenen Hund immer zurück, sollte er aus irgendwelchen Gründen nicht mehr bei seiner Familie bleiben können, egal wie alt er ist.

Auch bei sogenannten „Ups-Würfen" oder absichtlichen Verpaarungen von Hunden aus der Nachbarschaft, die keinerlei gesundheitliche Voruntersuchungen erhalten haben, geschweige denn, dass etwas über Erbkrankheiten bekannt ist, ist allergrößte Vorsicht angebracht. Welpen, die in den ersten Lebenswochen hauptsächlich oder gar ausschließlich in einer Pferde- oder Schweinebox aufwachsen, bringen in der Regel bereits Verhaltensauffälligkeiten mit. Von Würmern und anderen Parasiten einmal ganz abgesehen.

Eine gute Züchterin und die Arbeit, die sie leistet, ist den Welpenpreis allemal wert, eigentlich sogar unbezahlbar. Und hier trennt sich die Spreu vom Weizen. Gut ist eine Züchterin dann, wenn sie in Gesundheitsuntersuchungen investiert und viel Zeit und Mühe aufwendet, um gesunde, wesensfeste Hunde zu züchten. Bei der Aufzucht hat die Züchterin es in der Hand, wie die Welpen in ihr neues Leben bei ihren zukünftigen Menschen starten. Dafür ist viel Wissen notwendig. Nicht nur über Genetik und Vererbung, sondern vor allem auch im Bereich Epigenetik und der Entwicklung von Verhalten. Denn ein Welpe ist niemals ein unbeschriebenes Blatt. Welpen, die bereits beim Züchter die Erfahrung machen, dass man sich beim Fressen beeilen und durchsetzen muss, um nicht zu kurz zu kommen – weil alle Welpen aus einem einzigen großen Napf fressen müssen – zeigen später mit höherer Wahrscheinlichkeit ressourcenverteidigendes Verhalten an Futter. Welpen, die von anderen Hunden im Züchterhaushalt drangsaliert und gemobbt werden, haben ein größeres Risiko, später Probleme mit Artgenossen zu entwickeln. Und auch gut gemeint, ist nicht gleichbedeutend mit gut gemacht: Unternimmt ein Züchter viel mit den schon etwas älteren Welpen (Autofahren, fremde Orte besuchen, etc.), tut dies aber zum unpassenden Zeitpunkt, wenn alle oder einzelne Welpen gerade in einer Angstphase sind, so können Umweltreize mit Angst und Aufregung verknüpft werden, was sich nachhaltig schlecht auf die Resilienz und Stressresistenz des Hundes auswirken kann. Es ist also wichtig, auch bei der Auswahl einer passenden Züchterin sehr genau hinzuschauen. Ein Spontankauf ist bei einer guten Zuchtstätte nicht möglich. Meistens gibt es Wartezeiten, die Züchterin will dich und das Umfeld, in das sie ihren Welpen abgeben wird, vorher kennenlernen und mehrere Besuche bei den Welpen vor der Abgabe sind erwünscht.

Wenn du bei einer Zuchtstätte sofort einen Welpen mitnehmen kannst, Finger weg! Wie eine optimale Aufzucht aussehen kann, durch die der späteren Entwicklung von Problemen vorbeugt, beschreiben Carolin Böhmer und Corinna Lenz in ihrem Buch „Achtsame Welpenzeit beim Züchter", das im Easy Dogs Verlag erschienen ist.

Umgang & Training

Bedürfnisse und sichere Bindung

Um deinen Welpen achtsam begleiten zu können, ist das Wissen um seine Bedürfnisse elementar. Die Bedürfnispyramide, angelehnt an das Modell des US-amerikanischen Psychologen Abraham Maslow, fasst die wichtigsten Bedürfnisse von Hunden zusammen:

Die in der Pyramide aufgeführten Bedürfnisse werden dir im Buch an unterschiedlichen Stellen immer wieder begegnen.

Wenn du weißt, was dein Welpe braucht, kannst du dafür sorgen, dass er genau das auch bekommt. Das ist die Grundvoraussetzung dafür, dass dein Welpe eine sichere Bindung zu dir aufbauen kann. Erfüllte Bedürfnisse und der Aufbau einer vertrauensvollen Beziehung und sicheren Bindung sind die beste Vorbeugung gegen die Entwicklung problematischer Verhaltensweisen, denn positive Bindungserfahrungen im Welpenalter sind elementar für die gesunde psychische Entwicklung des Hundes. Eine sichere Bindung spielt eine elementare Rolle bei der Stress- und Emotionsregulation. Ein sicher gebundener Hund ist sehr empfänglich für die sogenannte Co-Regulation. Co-Regulation bedeutet, dem Hund dabei zu helfen, Stress und starke Emotionen selbst zu regulieren. Alles an sozialer Unterstützung, was dabei hilft, dass der Hund sich beruhigen kann, fällt unter Co-Regulation: Freundliches Zureden in ruhigem Tonfall, Körperkontakt anbieten, dem Hund durch das eigene Verhalten eine stabile soziale Referenz bieten. Problematische Verhaltensweisen stehen in der Regel immer in Zusammenhang mit Stress und starken Emotionen. Je mehr dein Hund dir vertraut, je sicherer er gebunden ist, umso entspannter geht er durchs Leben und umso leichter hast du es, wenn es darum geht, ihn zu unterstützen, wenn er schwierige Entwicklungsphasen durchläuft oder Ereignisse eintreten, die ihn aus dem Gleichgewicht bringen. Dazu gehören zum Beispiel Angstphasen während der Welpenzeit („Spooky Periods"), die Jugendentwicklung, die mit dem Zahnwechsel beginnt (die Hunde reagieren in dieser Zeit deutlich emotionaler, sind schreckhafter und reaktiver), Erlebnisse, die deinen Hund ängstigen oder ihm unangenehm sind (zum Beispiel wenn er einmal eine schmerzhafte Ohrenentzündung bekommt oder ein anderer Hund zu aufdringlich oder wild für ihn ist) und auch Veränderungen, die später im Hundeleben das Alter mit sich bringt, wie beispielsweise das Nachlassen der Hör- und Sehkraft oder beginnende Demenz.

Vielleicht scheint dir gerade letzteres noch sehr weit weg. Dein Hund ist zum jetzigen Zeitpunkt ja vielleicht noch gar nicht geboren oder erst wenige Tage oder Wochen alt und ich rede hier von Dingen, die erst irgendwann später im Leben eintreten werden, wenn überhaupt. Aber genau darum geht es mir: In diesen ersten gemeinsamen Wochen und Monaten mit deinem Welpen stellst du die Weichen dafür, wie sich die Beziehung zwischen dir und deinem Hund entwickelt und diese Beziehung ist letzten Endes die ganze Welt deines Hundes. Er hat nur dich, du bestimmst über seinen Lebensweg, seine Lebensqualität. Was du jetzt richtig machst, das kann euch niemand mehr nehmen.

Damit dein Welpe eine sichere Bindung zu dir aufbauen kann, sind folgende Dinge notwendig:

- Du musst seine Bedürfnisse (er)kennen und bestmöglich erfüllen.
- Du musst ihm Sicherheit und Schutz bieten.
- Du musst verlässlich und berechenbar für ihn sein.
- Du musst dich gut und fürsorglich um ihn kümmern.

Nimm deinen Hund so an, wie er ist, stell deine Erwartungen an ihn komplett hinten an. Dein Welpe ist nicht auf der Welt, um deine Erwartungen zu erfüllen und du solltest beim Kennenlernen deines Hundes unbedingt die Rassebrille abnehmen. Auch wenn es dein Traum ist, mit deinem Sheltie Agility zu machen oder dein Labrador ein Dummy-Profi werden soll: Es sollte nie vorrangig darum gehen, was du dir wünschst. Halte deinen Blick offen für die kleine Person, mit der du es da zu tun hast. Schau, wie dein Welpe tickt, schau, woran er Spaß hat! Ich selbst hatte beispielsweise nie groß etwas mit den gängigen Hundesportarten zu tun. Mit Emma habe ich früher ausgiebig getrailt, aber all die anderen Sachen, die es sonst so gibt, haben mich nie groß interessiert und mit Maya war die Bewältigung des Alltags in den ersten Jahren so anstrengend, dass ich gar keinen Gedanken an so etwas verschwendet habe. Als Hermine einzog, hatte ich den Plan auch mit ihr wieder ins Mantrailing einzusteigen. Aber Pläne sind ja bekanntermaßen da, um über den Haufen geworfen zu werden. Hermine hat vom ersten Tag an immerzu irgendwelche Sachen herumgetragen. Was auch immer sie erwischt hat, sie hat es stolz durch die Gegend geschleppt. Hätte ich ihr das „abgewöhnen" sollen? Nein, denn für mich war klar: „Da ist jemand ein Naturtalent im Apportieren, daran hat sie Spaß!" So hat der kleine Terrier-Welpe mich zum Dummy-Training gebracht – womit ich vorher so gar keine Berührungspunkte hatte. Mantrailing haben wir natürlich trotzdem ausprobiert. Aber da war schnell klar, dass das nicht das ist, was ihr wirklich gefällt. Die Begeisterung, mit der sie Sachen trägt und bringt, das Leuchten in den Augen, war beim Mantrailing einfach nicht da. Inzwischen haben wir eine große Sammlung verschiedener Dummies und Hermine ist nach wie vor mit Feuereifer dabei.

Belohnungsbasiertes Training

Der Bindungs- und Vertrauensaufbau wird unterstützt durch belohnungsbasiertes Training. Du wirst es in der Jugendentwicklung und später mit dem erwachsenen Hund viel leichter haben, wenn du bestimmte Dinge bereits von klein auf mit deinem Welpen trainierst.

Hier geht es allerdings nicht darum, deinem Welpen „Sitz", „Platz" und „Fuß" beizubringen. Das sind einfache Verhaltensweisen auf Signal, im Grunde genommen nichts anderes, als wenn dein Hund Pfötchen geben kann, die du deinem Hund in jedem Alter beibringen kannst, wenn die Basis stimmt. Die Basis ist ein Hund, der gelassen und angstfrei durchs Leben geht. Und das sind die Dinge, die du von Anfang an belohnungsbasiert fördern kannst.

Das Training läuft quasi nebenbei, mit dem Welpen braucht es keine speziellen Trainingseinheiten. Was du erreichen möchtest, ist ja, dass dein Hund gut im Alltag zurechtkommt, somit findet sämtliches Training auch im Alltag statt und nicht nur zu bestimmten Zeiten. Das bedeutet aber natürlich, dass du dir trotzdem Zeit für deinen Welpen nehmen musst. Nur weil das Training komplett in den normalen Alltag integriert ist, heißt das nicht, dass dein Welpe selbst nebenbei laufen sollte! Du musst genau auf deinen Welpen achten, bewusst und planvoll handeln und zeitliche Puffer einplanen, falls er für etwas einmal mehr Zeit benötigt, als du vorher geglaubt hast. Denn Hektik verbreiten und Druck machen ist im Umgang mit deinem Hund niemals sinnvoll und zielführend. Du brauchst also eine Menge Ressourcen, sowohl in zeitlicher als auch mentaler Hinsicht.

Dein Welpe lernt in jedem wachen Augenblick, er beobachtet dich, er lernt Zusammenhänge zwischen Ereignissen („Wenn es klingelt, geht mein Mensch zur Tür und da steht dann jemand davor. Das ist spannend!") und ob und wie du auf sein Verhalten reagierst, bestimmt in weiten Teilen, wie er sich künftig verhalten wird. Deshalb ist es ab dem ersten gemeinsamen Tag mit deinem Welpen deine Aufgabe, ihm positives Feedback zu geben zu allen Verhaltensweisen, die dir gefallen. Beim belohnungsbasierten Training reagierst du grundsätzlich, bevor dein Welpe ein unerwünschtes Verhalten zeigt. Denn damit lernt er gleich das Richtige und unerwünschtes Verhalten entsteht erst gar nicht.

Nichtsdestotrotz ist mir wichtig, dass du daran denkst: „Auch ein Tier ist, wie es ist. Es hat einen Charakter, eine Tierpersönlichkeit, die sich in vielen Lebenslagen zeigt und nicht beliebig verändert werden kann.“[4]

Die folgende Liste soll dir einen Eindruck davon verschaffen, wofür du deinen Welpen bestätigen musst, wenn du willst, dass er diese Verhaltensweisen öfter oder länger zeigt; denn all diese Verhaltensweisen sind aus Hundesicht per se nicht unbedingt sinnvoll:

- Dich anschauen
- Zu dir laufen
- Sachen ausspucken, die er in der Schnauze hat
- Dinge, die er draußen findet, nur anschauen, nicht in die Schnauze nehmen
- Stehen bleiben, wenn sich etwas bewegt (andere Tiere, Fahrräder, Fußgänger, etc.)
- Stehen bleiben, wenn plötzlich etwas Interessantes auftaucht und nicht einfach losrennen
- Stillhalten, wenn du ihn festhältst
- Stillhalten, wenn du seine Pfoten, Augen, Zähne, Ohren, usw. kontrollieren oder säubern möchtest
- Stillhalten, wenn du ihn bürsten oder abtrocknen willst
- Stillhalten, wenn du ihm sein Geschirr anziehen und die Leine befestigen willst
- Stillhalten, wenn du ihn auf den Arm nehmen und tragen musst
- Stillhalten und entspannt bleiben, wenn eine andere Person ihn anfassen oder untersuchen muss
- Entspannt liegen bleiben, wenn du dich bewegst
- Alle vier Pfoten auf dem Boden lassen, wenn du den Futternapf, Leckerchen oder ein Spielzeug in der Hand hast
- Sich zurücknehmen und nicht in deine Hand schnappen, wenn du nach etwas greifst, das am Boden liegt
- Beim Spielen die Zähne vorsichtig einsetzen
- Sich mit erlaubtem Spielzeug und Kausachen beschäftigen anstatt mit Möbeln, Teppichen, Vorhängen oder Haushaltsgegenständen
- Entspannt bleiben und nicht bellen, wenn ein ungewohntes Geräusch auftritt
- Entspannt bleiben und nicht bellen, wenn ein anderer Hund bellt
- An der Leine gehen, ohne hineinzubeißen oder daran zu ziehen
- Entspannt bleiben, wenn er etwas hat (Futter, Spielzeug, etwas Gefundenes) und du dich ihm annäherst

4 N. Sachser: Der Mensch im Tier, 1. Auflage 2018

Das sind ganz schön viele Dinge, die dein Welpe da lernen muss und all diese Sachen sind es, die letzten Endes darüber entscheiden, ob der Alltag mit deinem Hund Spaß macht oder nicht – und nicht, ob dein Hund sich im Alter von zehn Wochen schon auf Signal hinsetzen kann oder nicht.

Wie Training funktioniert

Kurz gesagt: Immer dann, wenn sich ein Verhalten für deinen Hund lohnt, wird er künftig mehr davon zeigen oder er wird das Verhalten länger zeigen. Das nennt man Verhalten verstärken. Ich möchte an dieser Stelle gar nicht tief in die Trainingslehre eintauchen, denn bei Welpen ist Training im Grunde genommen wirklich einfach.

Das Allerwichtigste dabei ist, dass du du selbst bist. Wenn du eher ein ruhiger Mensch bist, dann musst du nicht anfangen, völlig gegen deine Natur fröhlich herumzuquietschen, um deinen Welpen zu loben. Aber zeig ihm deine ehrliche Freude an dem, was er tut und wie er ist. Andersrum gilt: Wenn du ein eher lauter, schneller Mensch bist (so wie ich eigentlich), dann musst du nicht zur wandelnden Schlaftablette mutieren, um nur ja deinen Hund nicht aufzuregen. Aber du solltest gut auf deinen Hund und seine Reaktionen auf dich und dein Verhalten achten. Erschreckt sich dein Welpe, wenn du dich allzu sehr freust oder sehr laut jubelst, wenn er etwas toll gemacht hat oder hängt er dir als Antwort darauf direkt am Hosenbein, dann lohnt es sich sehr, darauf ein wenig Rücksicht zu nehmen und ein klitzekleines bisschen weniger du selbst zu sein. Auch hier will ich gern wieder mich selbst als Beispiel heranziehen: Ich bin ein sehr emotionaler Mensch, wenn ich mich freue, dann merkt man mir das genauso an, wie wenn ich traurig oder sauer bin (was glücklicherweise nur sehr selten vorkommt). Ich rede gern, viel und laut und ich bin von Natur aus recht flott unterwegs. Diese Kombi war im Zusammenleben mit Maya eine ziemliche Vollkatastrophe. Maya war ein Hund, der schon als Welpe diese Energie extrem stark aufgenommen hat. Bin ich hochgeschossen, ist Maya auch hochgeschossen. Dabei konnte sie doch alleine auch schon ganz gut hoch schieße ... Bei Emma war meine Natur nie ein Problem. Sie hat sich davon nie anstecken lassen. Maya und meinen Nerven zuliebe habe ich also geübt: Ruhe zu bewahren, zu atmen, leiser und in ruhigem Tonfall zu sprechen, mich langsamer zu bewegen und so weiter. Dass ich mein Verhalten kritisch hinterfragt und reflektiert habe und bereit war, es bis zu einem gewissen Grad zu verändern, hat mich zu dem Menschen gemacht, der ich heute bin. Maya war meine größte Lehrmeisterin in Sachen Gelassenheit und dafür bin ich ihr noch heute dankbar. Das heißt nicht, dass ich mein wahres Ich verleugne, ich habe einfach nur zusätzliche Fähigkeiten entwickelt. Und natürlich hat Maya auch was von mir gelernt. Wir haben uns einander angenähert, und darum sollte es im Zusammenleben mit dem Hund gehen.

Welpen haben Spaß an vielen Dingen, sie freuen sich über Aufmerksamkeit, Zuwendung, Leckerchen, Spielsachen, Streicheleinheiten, Herumalbern mit dem Menschen und und und. All diese Dinge können dafür sorgen, dass dein Hund mehr von den Verhaltensweisen zeigt, die dir gefallen, wenn du sie zum richtigen Zeitpunkt lieferst.

Wenn es um Verhaltensweisen geht, bei denen ein genaues Timing wichtig ist, dann ist die Verwendung eines Markersignals hilfreich. Ein Markersignal sagt dem Hund „Ja, genau dieses Verhalten möchte ich öfter sehen, dafür kriegst du jetzt von mir eine Belohnung!“ Der Unterschied zum Lob ist, dass der Marker ganz präzise auf ein bestimmtes Verhalten gerichtet ist und wirklich nur dann verwendet wird, wenn wir künftig mehr von diesem Verhalten sehen wollen.

Ich nutze bei Welpen einfach ein kurzes Wort, wie z. B. „Gut!“ oder „Ja!“, das ich knackig und mit freudiger Stimme ausspreche. Wichtig ist, dass danach sofort (innerhalb der nächsten Sekunde) etwas folgt, das der Hund gerne hat oder mag.

Ich picke ein paar Beispiele aus Liste von S. 40 heraus, um zu verdeutlichen, was ich meine:

- Dein Welpe läuft auf dich zu:
  → „Gut!“ wenn in dem Moment, in dem er bei dir ankommt und unmittelbar danach
    - freust du dich
    - lobst du ihn
    - gibst du ihm ein Leckerchen
    - spielst du kurz mit ihm

Du kannst das alles nacheinander machen oder auch nur ein oder zwei Dinge davon, ganz wie es dir liegt und was die Situation gerade hergibt.

- Dein Welpe hat ein Spielzeug in der Schnauze und lässt es fallen:
  → „Gut!“ genau in dem Moment, in dem er das Spielzeug fallen lässt und unmittelbar danach
    - spielst du mit dem gleichen Spielzeug direkt weiter mit deinem Welpen *oder*

- bietest du ihm ein Spiel mit einem exakt baugleichen, zweiten Spielzeug an *oder*
- bietest du ihm ein Spiel mit einem anderen Spielzeug an *oder*
- gibst du ihm erst ein Leckerchen und spielst dann mit dem gleichen oder einem anderen Spielzeug weiter

- Dein Welpe steht, sitzt oder liegt, während du sein Futter vorbereitest:
  → „Gut!" wenn alle vier Pfoten auf dem Boden sind und unmittelbar danach
    - gibst / wirfst du ein Leckerchen so, dass dein Welpe sich idealerweise nicht bewegen muss, um es zu nehmen

Das Ganze machst du in gewissen Abständen mehrfach hintereinander, bis du ihm, wenn du mit der Vorbereitung fertig bist, seinen Napf hinstellst, und zwar ohne weitere Verzögerung, während dein Welpe noch alle vier Pfoten auf dem Boden hat.

Für nichts davon brauchst du zu diesem Zeitpunkt ein Signal! Signale werden erst dann eingeführt, wenn dein Hund das Verhalten wirklich zuverlässig zeigt, sonst machst du es ihm unnötig schwer, das Signal zu verstehen.

Nehmen wir als Beispiel das dritte aus der Liste, das Ausgeben:

Wenn du jedes Mal „Aus!" sagst, noch bevor der Welpe das Spielzeug fallen gelassen hat und er lässt es dann doch nicht fallen, was lernt dann dein Hund? Sicher nicht, dass „Aus!" heißt, dass er das, was er in der Schnauze hat, fallen lässt. Noch leichter verständlich ist ein Beispiel aus dem Alltag mit Junghunden oder erwachsenen Hunden: Der Hund zieht an der Leine, die Leute sagen „Langsam!" in der Hoffnung, dass der Hund dann langsamer macht. Aber der Hund versteht die Bedeutung des Wortes ja nicht einfach so und im Prinzip könntest du auch „Käsekuchen!" sagen. Was der Hund in beiden Fällen lernt, ist, dass das Ziehen an der Leine „Langsam!" – oder eben „Käsekuchen!" – heißt. Der Hund verknüpft sein Verhalten mit seinem Tun. Wenn der Hund also lernen soll, ein bestimmtes Verhalten auf Signal hin zu zeigen, dann muss dieses Signal eine Sekunde vor dem eigentlichen Verhalten kommen, damit die richtige Verknüpfung entsteht.

Grundregel deshalb: Wenn du nicht deinen Allerwertesten darauf verwettest, dass dein Welpe gleich das tut, wofür du ein Signal einführen willst, dann sagst du das Signal nicht!

Oder noch einmal andersherum formuliert:

Ein Signal gibst du deinem Welpen nur dann, wenn du dir zu 100% sicher bist, dass er in der Sekunde danach auch wirklich das Verhalten, das du auf Signal setzen möchtest, zeigt.

Mir ist wichtig, dass dir klar wird, dass belohnungsbasiertes Training so viel mehr ist, als nur über Leckerchen zu arbeiten. Gerade für Welpen sind soziale Verstärker, wie ehrliche Freude, liebevolle Zuwendung, gemeinsames Spiel und so weiter sehr wichtig, weil sie auf einer anderen Ebene eben auch so viel für die sichere Bindung tun. Alles, was aktuelle Bedürfnisse erfüllt, kann als Verstärker im Training eingesetzt werden. Aber – und das ist mir an dieser Stelle ebenso wichtig – alle Bedürfnisse, die der Hund hat, müssen grundsätzlich auch ohne Gegenleistung erfüllt werden! Du sollst jetzt also bitte keinesfalls anfangen, deinem Welpen ausschließlich dann Zuwendung zu schenken, mit ihm zu spielen oder ihm Futter zu geben, wenn er „sich anständig benimmt". Du sollst darauf achten, es auch dann zu tun, damit dein Welpe quasi nebenbei lernt „sich anständig zu benehmen".

Vorausschauendes Handeln

Vorausschauendes Handeln ist ein elementarer Baustein, wenn es um das Begleiten von Welpen geht. Du kannst nur dann bedürfnis- und bindungsorientiert handeln und belohnungsbasiert trainieren, wenn du selbst die Voraussetzungen dafür schaffst. Dein Welpe braucht eine „Ja-Umgebung".

Wenn dein Welpe einzieht und es liegen alle möglichen Dinge herum, dann wird er sich mit diesen Dingen beschäftigen. Er wird sich Schuhe, Fernbedienungen, Handys und Handy-Ladegeräte schnappen, er wird sich den Putzlappen und deine getragene Unterwäsche holen und damit durchs Haus galoppieren. Wenn du das so handhabst, wirst du den lieben langen Tag damit beschäftigt sein, deinem Welpen hinterherzurennen und zu versuchen, ihm Dinge abzunehmen. Früher oder später wirst du unweigerlich gestresst und frustriert werden. Und damit steigt die Wahrscheinlichkeit, dass du Dinge tust, die dir nachher leidtun und die bestens dazu geeignet sind, den Vertrauens- und Bindungsaufbau zwischen dir und deinem Welpen stark zu beeinträchtigen.

Dementsprechend gilt es, eine Umwelt für deinen Welpen zu schaffen, in der sich frei entfalten kann ohne sich oder Sachen, die dir lieb und teuer sind, zu gefährden.

Räum alles weg, was dein Welpe nicht haben darf, nutze Absperrgitter oder schließe Türen, um Bereiche vor deinem Welpen zu schützen oder deinen Welpen zu schützen (Treppen müssen beispielsweise gesichert werden) und vor allem stell deinem Welpen ausreichend Dinge zur Verfügung, mit denen er sich beschäftigen darf, und zwar auf die Art und Weise, die ihm gefällt. Er braucht Sachen, die er gefahrlos zerkauen, zerreißen und benagen darf, er braucht Sachen, die er totschütteln und daran zerren darf.

Im Kapitel „Vorbereitungen" findest du Impulse, was du deinem Welpen alles zur Verfügung stellen kannst und wie du dein Zuhause welpensicher gestalten kannst.

Aber nicht nur im Haus, sondern auch draußen ist vorausschauendes Handeln elementar.

Wenn du deinen Welpen überall ungesichert frei laufen lässt, dann werden gefährliche Situationen entstehen (wenn er beispielsweise Richtung Straße läuft oder quer über den Weg läuft, obwohl gerade ein Radfahrer kommt) und entweder wirst du dir Ärger einhandeln (weil dein Welpe einfach zu jemandem mit weißer Hose hinrennt und denjenigen mit Schlammpfoten anspringt), du wirst dich über deinen Welpen ärgern (weil der nicht hört, wenn du ihn rufst) oder du wirst in Panik geraten. All das ist vollkommen unnötig und lässt sich leicht vermeiden, indem du einfach eine ganz leichte Drei-Meter-Leine am Brustgeschirr deines Welpen befestigst. Damit kannst du ihn nämlich stressfrei und ohne hektisch zu werden daran hindern, Dinge zu tun, die er lieber nicht tun sollte.

Ein Beispiel aus dem Welpenalltag mit Maxi: Als Parson Russell Terrier ist Maxi ein sehr kleiner Welpe gewesen, der gerade mal zwei Kilo wog, als er bei uns einzog. So kleine Welpen passen leicht durch Schlitze, Spalten und Öffnungen, die wir so gar nicht auf dem Schirm haben. Wir haben bei uns mehrere Gassi-Strecken, bei denen es über teilweise recht hohe Brücken geht. Bei vielen dieser Brücken sind die Brückengeländer so beschaffen, dass ein Welpe leicht durch die Zwischenräume passt und hinunterstürzen kann. Da Welpen (und auch Junghunde und viele erwachsene Hunde) überhaupt kein Gespür für die lauernde Gefahr haben, musst du deinen Hund unbedingt schützen. Entsprechend habe ich Maxi rechtzeitig vor diesen Brücken immer angeleint, auch wenn sie vorher ohne Leine gelaufen ist.

Auf vorausschauendes Handeln und Managementmaßnahmen werde ich im zweiten Teil des Buches bei den jeweiligen Themen detailliert eingehen.

KÖRPERSPRACHE LESEN LERNEN UND RICHTIG INTERPRETIEREN

Bei der Körpersprache ist es wie beim Training: Bei Welpen ist das alles noch deutlich einfacher und weniger komplex als beim Junghund oder erwachsenen Hund.

Aber: Die Körpersprache von Hunden lesen und auch korrekt interpretieren zu können ist eine Grundfähigkeit, die sich jede Hundehalterin aneignen muss, wenn das Zusammenleben mit dem Hund Spaß machen soll.

Verantwortungsbewusst handeln, ohne dabei übervorsichtig zu sein.

Ich möchte dir an dieser Stelle nur einen kurzen Überblick über die Dinge geben, die für die Welpenzeit besonders relevant sind. Da du aber über Körpersprache nie genug wissen kannst und es mit fortschreitendem Alter deines Hundes immer wichtiger wird, dass du in der Lage bist, sich anbahnende Konflikte, Stress, Angst und aufkommende Frustration rechtzeitig zu erkennen, empfehle ich dir, dir bereits jetzt das Buch „Emotionen bei Hunden sehen lernen – Eine Blickschule" von Katja Krauß und Gabi Maue, erschienen 2020 im Kynos Verlag, anzuschaffen. Dieses über 600 Seiten starke Werk wird dich dein ganzes Hundehalterinnen-Dasein begleiten und dir immer wieder gute Dienste leisten.

Mir geht es insbesondere darum, dass du auch das Verhalten anderer Hunde einschätzen kannst, die du mit deinem Welpen draußen beim Spaziergang triffst. Schlechte Erfahrungen mit anderen Hunden prägen sich beim Welpen besonders tief ein, sorgen für die Entstehung von problematischen Verhaltensweisen in Zusammenhang mit Hundebegegnungen und müssen unbedingt vermieden werden. Eine schlechte Erfahrung macht dein Welpe aber nicht erst, wenn ihn ein anderer Hund beißt. Sondern jedes Mal, wenn er sich im Kontakt mit einem anderen Hund dauerhaft unwohl fühlt, Angst hat oder überfordert wird. Es sind nicht die großen, dramatischen Ereignisse, die dafür sorgen, dass so viele Hunde Probleme im Umgang mit Artgenossen haben. Es sind die vermeintlich kleinen Dinge, wie zu wildes Spiel in der Welpenspielstunde oder mit einem größeren, schwereren, ungestümen Hund, es ist das aufdringlich Beschnuppertwerden von einem fremden Hund und die Erfahrung, dass es kein Entrinnen gibt, weil weglaufen und verstecken nicht hilft, wenn der andere einfach hinterherkommt. Auf das Thema Hundebegegnungen komme ich im zweiten Teil ausführlich zu sprechen, denn für ein entspanntes Zusammenleben mit dem Hund ist es von größter Bedeutung, hier in der Welpenzeit keine groben Fehler zu machen.

Hier nun also die wichtigsten Eckpunkte in Sachen Körpersprache:

Vorne, hinten, oben, unten und die Sache mit der Spannung

Wenn du einen Hund siehst, dann kannst du zunächst einmal darauf schauen, wie sein Körper und seine Körperteile, ausgerichtet sind: Alles, was nach vorne und / oder oben geht, weist darauf hin, dass die nächste Bewegung nach vorne gehen wird, alles, was nach hinten und / oder unten geht, weist darauf hin, dass die nächste Bewegung nach hinten gehen wird.

Vorne / oben und hinten / unten bezieht sich dabei auf alle Bereiche des Hundekörpers: Die Ohren, die Rute, die Lefzen, die Blickrichtung, die Kopfhaltung, die Körperachse, der Körperschwerpunkt. Dabei geht es nicht um eine Bewertung dieser sogenannten Intentionsbewegungen. Ein Hund, der die Ohren und den Blick nach vorne gerichtet und die Rute über die Rückenlinie angehoben hat, ist genauso wenig zwingend aggressiv gestimmt, wie ein Hund, dessen Ohren nach hinten nach hinten zeigen, der seinen Kopf abgewandt hat und dessen Rute die Analregion bedeckt, ängstlich sein muss. Es geht erst einmal nur darum, einschätzen zu können, in welche Richtung der Hund sich als nächstes bewegen wird. Und selbstverständlich gibt es auch zuhauf Situationen, in denen der Hund Signale in beide Richtungen zeigt. Zum Beispiel kann ein Hund die Rute über der Rückenlinie tragen, wenn er einen anderen Hund auftauchen sieht, den Kopf und den Blick wendet er jedoch ab. Wenn gemischte Signale am Hund erkennbar sind, dann ist das immer ein Hinweis auf einen Konflikt, und da solltest du aufmerksam werden.

Worauf du auch noch schauen kannst, ist die Körperspannung des Hundes: Je angespannter ein Hund ist, desto höher ist auch sein Erregungslevel und je höher das Erregungslevel ist, desto wahrscheinlicher werden Verhaltensweisen, die für deinen Welpen unangenehm ausgehen werden. Hunde, die in sehr schnellem Tempo, mit aufgerichteter Körperhaltung und strammem Schritt auf deinen Welpen zulaufen, werden ihn verunsichern oder ihm sogar richtig Angst machen. Sehr langsame, steife

Annäherung mit ununterbrochenem Blickkontakt oder gezeigten Konfliktzeichen, weisen darauf hin, dass der andere Hund sich in Gegenwart deines Welpen unwohl fühlt und es kann zu Abwehrverhalten kommen, wenn dein Welpe sich einem Hund, der so aussieht, weiter annähert.

Grundsätzlich gilt: Je weicher die Bewegungen eines Hundes sind, je weniger Anspannung du in seinem Körper ausmachen kannst, umso wahrscheinlicher ist es, dass die Begegnung mit diesem Hund für deinen Welpen eine angenehme Erfahrung wird.

Stress- und Konfliktreaktionen

Gerät ein Lebewesen in einen Konflikt, in dem es sich unsicher oder gar bedroht fühlt, hat es grundsätzlich verschiedene Möglichkeiten zu reagieren:

Angriff, Flucht, Erstarren und Herumkaspern sind die deutsche Übersetzung der sogenannten „4 F" aus dem englischsprachigen Raum, fight, flight, freeze und fiddle (in der Literatur auch als flirt bezeichnet). Ein fünftes „F", faint, gehört eigentlich auch noch dazu, leider wird es bisher eher selten mit aufgeführt. Es beschreibt eine Handlungsunfähigkeit, die aber im Gegensatz zum freeze, dem Erstarren, mit einem Erschlaffen der Muskulatur, einer tonischen Immobilität, einhergeht. Dieses Verhalten wird meistens in Konflikt- und Bedrohungssituationen beobachtet, die lang andauern, zum Beispiel wenn ein Hund in einem Tierheim untergebracht ist und mit den Umständen dort schlecht zurechtkommt. Faint ist häufig die Folge einer Traumatisierung und kann auch in Situationen gezeigt werden, in der ein Lebewesen sich in Todesgefahr wähnt und im wahrsten Sinne um sein Leben fürchtet. Welche Konfliktreaktion ein Hund in einer bestimmten Situation zeigt, hängt von vielen Faktoren ab. Unter anderem von seinem Wesen, der Situation selbst und den Vorerfahrungen, die er in ähnlichen Situationen bereits gemacht hat.

Erkennbar wird der Konflikt, in dem der Hund steckt, aber bereits bevor es zur Konfliktreaktion kommt, durch Stress- und Konfliktzeichen, sowie Übersprungverhalten. Folgende Zeichen, die auf Stress und Konflikt hinweisen, lassen sich bei den meisten Hunden beobachten, wobei nicht jeder Hund alles zeigen muss und es auch von Situation zu Situation variieren kann, was gezeigt wird.

Physiologische Zeichen der Stressreaktion:

- erhöhte Herzfrequenz
- körperliche Anspannung
- Hecheln
- erweiterte Pupillen
- plötzliche Schuppenbildung
- plötzliches Abhaaren
- aufgestelltes Rückenfell (Piloerektion)
- Speichelveränderung (sabbern oder schmatzen)
- Schwitzen an den Pfotenballen
- Zittern
- Erbrechen, Durchfall
- Mundgeruch / säuerlicher Körpergeruch
- mangelnde Konzentrationsfähigkeit
- häufiges Markieren / Urinieren
- bei Rüden: ausgeschachteter Penis

Konfliktzeichen:

- Licking Intention = kurzes Zungezeigen
- verlangsamte Bewegungen
- Kopf abwenden
- Körper abwenden
- häufiges Blinzeln
- Vorderpfote anheben

Übersprungverhalten:

- sich kratzen
- Gähnen, wenn es nicht zur Situation passt
- plötzliches, intensives Schnüffeln bei Auftauchen eines potenziellen Auslösers
- Aufreiten

Übersprungverhalten sind Verhaltensweisen, die im aktuellen Kontext keine passende Funktion erfüllen, meistens kommen sie aus dem Bereich der Körperpflege oder des Sexualverhaltens. Wenn ein Hund im Konflikt zwischen Angriff und Flucht steckt, kann es beispielsweise sein, dass er sich hinsetzt und sich hinter dem Ohr kratzt, anstatt auf den Auslöser zu- oder von ihm wegzulaufen. Viele Hunde, die mit Hundebegegnungen überfordert sind, reiten bei anderen Hunden auf, so als würden sie einen Deckakt vollziehen wollen. Auch deinem Welpen kann es passieren, dass ein fremder Hund aufreiten möchte und genauso kann auch schon dein Welpe versuchen, dieses Verhalten bei anderen Hunden oder auch bei Menschen zu zeigen. Viele Hundehalterinnen sind der Meinung, ihr Hund sei hypersexuell oder frühreif und weisen ihn dafür zurecht. Schaut man sich jedoch die Situationen genauer an, in denen das Verhalten auftritt, so wird meistens schnell klar, dass es sich um ein stress- und konfliktbedingtes Übersprungverhalten handelt. Hier verschlimmern Strafen und Zurechtweisungen die Situation für den betroffenen Hund nur noch weiter. Dein Welpe sollte idealerweise gar nicht in die Situation kommen, Übersprungverhalten zeigen zu müssen und dafür braucht es eben das achtsame Heranführen an all die Dinge, mit denen der Hund in seinem Leben konfrontiert sein wird und keine sinnbefreiten Sozialisierungsbemühungen auf Hundewiesen oder in schlecht geführten Welpengruppen.

Auszug aus dem Tagebuch, 26.04.2020, Hermine ist 14 Wochen alt

Mine und Emil, der Waschbär, haben eine besondere Beziehung. Er ist ihr Spiel- und Abregungsbuddy. Deshalb wird er auch zwischendurch immer mal wieder zum Aufreiten hergenommen. Was er davon hält, ist bisher nicht bekannt.

Aufreiten ist normales Hundeverhalten. Welpen zeigen es im Spiel genauso wie Verhaltensweisen aus allen anderen Funktionskreisen (z. B. Jagd oder Kampf) auch, aber es steht keine sexuelle Motivation dahinter und nein, die Mine dominiert den Emil auch nicht.

Nichtsdestotrotz lohnt es sich, das Aufreiten im Blick zu behalten. Denn viele Hunde zeigen es als Übersprungverhalten in Stress- und Konfliktsituationen. Zeigt der Hund es an Gegenständen und kommt dadurch wirklich runter, kann man es einfach laufen lassen.

Kritisch wird es aber dann, wenn es an anderen Hunden ausgeübt werden soll, denn kaum ein Hund findet es lustig, als Punching-Ball eines gestressten Artgenossen herhalten zu müssen.

Hier ist ein gutes Auge der Bezugsperson gefragt, damit diese erkennt, dass der Hund hier in eine ungute Situation gerät und rechtzeitig eingreifen und gegensteuern kann.

Kein Hund sollte auf einen anderen Hund aufreiten, denn das ist dem anderen Hund gegenüber schlicht nicht fair und kann zu ernsthaften Auseinandersetzungen führen!

Mittel der Wahl sind auch hier wie so oft, entspannende Maßnahmen, um das Erregungslevel wieder zu senken.

Und natürlich sollte man kritisch hinterfragen, was die Ursache dafür ist, dass der Hund sich so aufregen muss. Viele Hunde sind auf Hundewiesen mit vielen fremden Artgenossen schlicht und ergreifend überfordert und ich persönlich sehe keinen Grund, warum man einem Hund sowas zumuten muss, wenn er keine Freude daran hat.

Aufreiten wird aber nicht nur an Gegenständen und anderen Hunden gezeigt, auch Menschen werden immer wieder „Opfer" eines Hundes im Übersprungverhalten. Auch da gilt: Ruhe bewahren, versuchen den Hund umzulenken und durch entspannende Maßnahmen herunterfahren. Und dann prüfen, was den Hund da so in Konflikt bringt, dass er Übersprungverhalten zeigen muss.

Gehabt euch wohl, ich sprech jetzt mal mit Emil über seine Gefühle.

Emil hatte es nicht leicht mit Hermine.

Kompensationsverhalten:

Unter Stress zeigen viele Hunde vermehrt Verhaltensweisen, für die eine starke genetische und epigenetische Veranlagung besteht. Das beste Beispiel ist der Border Collie, der versucht, Autos zu hüten, indem er sie belauert. Der Border Collie weiß sehr gut, dass ein Auto kein Schaf ist. Das Verhalten tritt an Autos auf, weil entweder die Grundstresslast des Hundes zu hoch ist oder er akut in der jeweiligen Situation gestresst ist. Border Collies sind sehr reizempfindliche, sensible Hunde (das müssen sie für ihre ursprüngliche Arbeit auch sein, sie müssen auf kleinste Veränderungen in der Umwelt reagieren). Geräuschempfindlichkeit bis hin zu Geräuschängsten sind nicht selten. Kompensiert wird der Stress dann durch Hüteverhalten in unpassenden Situationen. Und so werden nicht nur Autos gehütet, sondern oft sind auch andere Bewegungsreize, wie Menschengruppen, Radfahrer und auch andere Hunde ein Thema. Bauhunde, die dazu gezüchtet werden Fuchs und Dachs aus dem Bau zu sprengen, ihn also heraus und vor die Flinte des Jägers zu treiben, tun das durch massives Nachvornegehen und lautstarkes Bellen. Rate, was viele der kleinen Terrier-Rassen unter Stress tun?! Viele Rassen / Typen, bei denen auf Zupacken selektiert wurde, tun unter Stress genau das. Sie schnappen und beißen in ihre Menschen, was schnell großes Konfliktpotential mit sich bringt. Denn zum einen tut es natürlich weh, wenn ein gestresster Malinois in den Arm oder ins Bein schnappt, zum anderen löst dieses Verhalten bei vielen Menschen schnell Angst aus und sie ordnen es als Aggressionsverhalten ein. Das ist es aber nicht. Ernst nehmen sollte man Kompensationsverhalten natürlich trotzdem, denn es zeigt, dass der Hund ein Problem hat und Unterstützung benötigt.

Rassetypische Verhaltensweisen, die unter Stress intensiviert zutage treten:

- Belauern (die meisten Hüte- und Treibhundtypen)
- Anschleichen (Hütehundtypen, Vorstehhundtypen)
- Bellen (die meisten Hundetypen, die zum Bewachen gezüchtet wurden / werden, Bauhunde)
- Buddeln (weit verbreitet unter allen Hundetypen)
- Gegenstände schreddern, knautschen („maulige“ Hundetypen, z. B. Retriever)
- Packen, festhalten, schütteln (die meisten Schäferhundtypen, Terrier)

Wichtig zu wissen: Stresszeichen signalisieren, dass im Körper eine Stressreaktion ausgelöst wurde, sie können vom Hund willentlich nicht beeinflusst werden, da sie durch das autonome Nervensystem gesteuert werden. Ein Hund macht sich also nicht bewusst groß, indem er sein Rückenfell aufstellt, um einen potenziellen Gegner zu beeindrucken. Das Aufstellen der Haare ist eine Reaktion auf die Ausschüttung von Adrenalin in den Blutkreislauf und zeigt uns, dass das Stresslevel und damit das Erregungslevel angestiegen ist.

Konfliktzeichen müssen ebenso wie Übersprungverhalten und Kompensationsverhalten immer im Kontext betrachtet werden. Ein gähnender Hund ist nicht zwingend gestresst oder im Konflikt, er kann auch einfach nur müde sein. Wobei man dann sagen könnte, er ist im Konflikt zwischen wachbleiben und schlafen. Der Hund kann bestimmte Konfliktzeichen zum Teil bewusst deeskalierend einsetzen, wie zum Beispiel das Wegdrehen des Kopfes oder des Körpers. Bei der Licking Intention, dem kurzen Zeigen der Zunge oder auch dem Kratzen aus Übersprung heraus, handelt es sich jedoch beispielsweise um unbewusste Verhaltensweisen. Ähnlich wie bei uns Menschen auch, wenn wir uns, ohne es zu merken, kurz über die Lippen lecken oder uns am Hinterkopf kratzen, weil uns eine Situation unangenehm ist.

Beim Kompensationsverhalten ist es nicht sinnvoll, hauptsächlich direkt an diesen Verhaltensweisen zu arbeiten, also zum Beispiel den lauernden Hund wieder auf seine Füße zu stellen. Stressreduktion, Co-Regulation, Bedürfnisbefriedigung, das Verstärken erwünschter Verhaltensweisen und das Erlernen von Bewältigungsstrategien für Konfliktsituationen sorgen dafür, dass das Kompensationsverhalten mit der Zeit nicht mehr auftritt.

Stressgesicht

Die Mimik des Hundes liefert uns noch einen besonders deutlichen Hinweis auf Stress: Das sogenannte Stressgesicht, das leider sehr oft mit dem „Lachen" des Hundes verwechselt wird. Beim Stressgesicht hat

Der Hund zeigt hier ein deutliches Stressgesicht. Die Augen sind mandelförmig verengt, am Ohransatz und am langezogenen Lefzenwinkel sieht man die Anspannung an der Faltenbildung.

der Hund eine langgezogene Maulspalte, wodurch es zur Faltenbildung im Gesicht kommt, die Augenpartie ist angespannt, ebenso wie die Zunge, die dabei meist im Maul liegt und deren Spitze manchmal sogar aufgerollt ist.

Ein „lachender" Hund sieht ganz anders aus: Die Augen sind rund, die Ohren locker und das Gesicht ist deutlich entspannt.

Fiddelt der noch oder spielt der schon?

Bei Welpen von besonderer Bedeutung ist das Fiddle, also das Herumkaspern. Diese Konfliktreaktion ist diejenige, die Welpen sehr oft zeigen und diejenige, die am häufigsten fehlinterpretiert wird. In Begegnungssituationen mit anderen Hunden beginnen Welpen nach der ersten oft sehr gehemmten Kontaktaufnahme, bei der viele Konfliktzeichen zu sehen sind, häufig damit, herumzukaspern. Viele Menschen erkennen diese Konfliktreaktion nicht als solche, sondern sind der Meinung, dass ihr Welpe den anderen Hund zum Spielen auffordert. Oft zeigen Welpen dieses Verhalten auch gegenüber anderen Tieren, wenn sie Kontakt zu diesen haben, wie zum Beispiel Katzen, Pferden, Kühen oder Schafen.

Spätestens dann, wenn der Welpe zum Junghund geworden ist und auf einmal ein anderes Konfliktverhalten zeigt, wie beispielsweise bellend drauf loszugehen oder mit eingeklemmter Rute wegzurennen, ist die Überraschung groß. „Das hat er ja noch nie gemacht!" Vor allem, wenn der Hund sich in Begegnungen mit Artgenossen dafür entscheidet, den anderen aggressiv zu vertreiben, sind die Bezugspersonen in der Regel so überrascht oder gar schockiert vom Verhalten ihres Hundes, dass emotionale Reaktionen des Menschen quasi vorprogrammiert sind. Es wird gebrüllt, auf die Hunde zugerannt, alles eskaliert und am Ende sind alle fix und fertig mit den Nerven. So weit muss es aber erst gar nicht kommen, wenn du das Herumkaspern als das erkennst, was es ist: Eine mögliche Verhaltensweise, die dein Welpe mit großer Wahrscheinlichkeit zeigen wird, wenn er sich in einem Kontakt nicht wirklich wohl und sicher fühlt und dementsprechend deine Unterstützung braucht.

Ob dein Welpe wirklich spielen will oder im Fiddle ist, kannst du an der Körpersprache erkennen: Beim fiddle kannst du Stress- und Konfliktzeichen entdecken, zum Beispiel dass viel Weiß in den Augen sichtbar ist, die Pupillen groß sind und die Körperspannung hoch ist. Die Ohren sind oft nach hinten gelegt, während die Rute entweder hoch aufgerichtet oder die Analregion vollständig bedeckt ist. Bei einem Hund, der echtes Spielverhalten zeigt, sieht man nichts davon. Seine Bewegungen sind locker und übertrieben großzügig, er trägt die Rute und seine Ohren so, wie er sie auch trägt, wenn er – ohne beunruhigt zu sein – einfach seines Weges geht und sein Rückenfell liegt glatt an. Hab deshalb bitte ein gutes Auge darauf, ob dein Welpe wirklich „mit jedem spielen will".

Wie du deinen Welpen in Stress- und Konfliktsituationen unterstützen kannst, das erfährst du an den entsprechenden Stellen im zweiten Teil des Buches.

Körpersprache in unterschiedlichen Verhaltenskategorien

Damit es dir leichter fällt zu lernen, worauf du bei deinem Welpen und den Hunden, denen ihr draußen begegnen werdet, achten musst, findest du im Folgenden die körpersprachlichen Merkmale, die in bestimmten Situationen besonders relevant sind.

Meide- / Angstverhalten

- Körperschwerpunkt hinten / unten
- Rute unten, die Analregion bedeckend oder sogar unter den Bauch eingezogen
- Ohren angelegt
- Blickkontakt wird vermieden
- Versuch wegzulaufen oder sich zu verstecken
- Zittern
- Stress- und Konfliktzeichen
- Übersprung- und Kompensationsverhalten

Hier braucht dein Welpe deine Unterstützung. Zahlreiche Beispiele dafür, wie diese Unterstützung aussehen kann, findest du an unterschiedlichen Stellen im Buch.

Freundliche Begrüßung

- Annäherung im Schritttempo, maximal locker trabend
- Bewegungen erscheinen locker und weich

- Rute wird locker getragen, je nach Rutenart max. halbhoch und locker in Bewegung
- Kein durchgehender Blickkontakt, sondern hinschauen und wieder wegschauen, ggf. auch am Wegrand schnuppern
- Im Kontakt gegenseitiges Beriechen der Analregion

Welpen zeigen oft Verhaltensweisen wie auf den Rücken legen und den Bauch präsentieren oder sie versuchen den anderen Hund im Schnauzenbereich anzustupsen oder abzulecken.

Begrüßungen unter Hunden kannst du durch freundliches, ruhiges Sprechen mit den Hunden prima begleiten und unterstützen. Du kannst dir hier wunderbar Stimmungsübertragung zunutze machen, damit die Hunde sich miteinander wohlfühlen. Zu markern, zu klicken und dem Welpen Signale zu geben, während er im Kontakt mit einem anderen Hund ist, ist kontraproduktiv! Du störst den Welpen dabei im Sozialverhalten und lenkst den Fokus zurück auf dich.

Spiel

Willkürliches Aneinanderreihen von angeborenen und erlernten Verhaltensweisen (z. B. Lauern, Anschleichen, Knurren, Schnappen, Zähne blecken, spielerisch beißen, Pfoten oder Kopf auflegen, etc.)

- Sehr ausgelassene Bewegungen, alles wirkt übertrieben
- Spielgesicht – Schnauze und Augen werden besonders weit aufgerissen
- Die Hunde wechseln sich stetig ab: Mal ist der eine oben, mal der andere Hund, mal ist einer Jäger, dann wieder Gejagter
- Alle Spielpartner machen freiwillig mit und haben Spaß, keiner will sich verstecken und zeigt Meide- oder Angstverhalten
- Die Hunde machen Pausen und legen sich beispielsweise zwischendurch kurz hin

Achte darauf, ob das Spiel wirklich ausgeglichen ist, sich die Hunde also abwechseln und ob du Stress- und Konfliktzeichen bei einem der Hunde erkennst. Wenn das der Fall ist, unterbrich das Spiel, indem du in langsamem Tempo zu den Hunden gehst und freundlich ihre Aufmerksamkeit auf dich lenkst. Hilf ihnen dann dabei, sich wieder zu beruhigen. Bitte die andere Hundehalterin eventuell darum, ihren Hund zu sich zu nehmen.

Jagdverhalten

- Blickfixieren
- Lauern
- Anschleichen (geduckte Körperhaltung)
- Ohren und Rute nach vorne / oben

Jagdverhalten sollte von klein auf in die richtigen Bahnen gelenkt werden, damit dein Hund auch später seinem Bedürfnis nach freier Bewegung nachgehen kann. Hier ist wie bei allem anderen aber ebenfalls ein achtsames Vorgehen gefragt. Denn wenn du deinen Hund ständig bei der Bedürfnisbefriedigung störst, ihn immerzu mit Signalen überschüttest, kann das zu Pseudojagdverhalten führen! Gerade Jagdhunde- und auch Hütehundrassen, generell alle Typen, denen ein großen Arbeitseifer nachgesagt wird und von denen es heißt, sie müssen besonders gut ausgelastet werden, werden oft von klein auf überdurchschnittlich viel trainiert, um das künftige Jagdverhalten zu kontrollieren. Oft erreicht man damit genau das Gegenteil: Der Hund wird in Feld, Wald und Wiese durch die ständige Einflussnahme des Menschen dauerhaft gestresst, das Erregungslevel steigt unweigerlich an und der Hund beginnt früher oder später damit, diesen Stress über Wegrennen und „Jagdverhalten“ kompensieren zu wollen. Dem Hund wird dann eine massive Jagdmotivation unterstellt, obwohl es sich in vielen Fällen einfach nur um hausgemachtes Kompensationsverhalten handelt.

Tapp nicht in diese Falle! Wenn du deinen Welpen wie im Kapitel „Belohnungsbasiertes Training“ beschrieben von Anfang an für Verhaltensweisen wie stehen bleiben, dich anschauen, freiwillig zu dir laufen usw. belohnst, dann schaffst du die perfekte Grundlage für weiterführendes Training zur Kontrolle von unerwünschtem Jagdverhalten. In der Literaturliste findest du außerdem passende Empfehlungen zum Weiterlesen zu diesem Thema.

Wenn dein Welpe oder ein anderer Hund jagdliche Verhaltensweisen innerhalb einer ausgeglichenen Spielsequenz zeigt, ist das in Ordnung. Allerdings solltest du trotzdem das Erregungslevel im Auge behalten und nach Stress- und Konfliktzeichen Ausschau halten. Es kann passieren, dass ein Spiel kippt und am besten schreitest du ein, bevor das passiert, indem du ruhig zu den Hunden hingehst, ihre Aufmerksamkeit freundlich auf dich lenkst und das Spiel so unterbrichst.

Wenn sich ein erwachsener Hund deinem Welpen so nähert, schreitest du sofort ein! Du gehst zu deinem Welpen, gehst in die Hocke und bietest ihm mit deinem Körper einen Schutzraum. Eventuell ist es auch sinnvoll, deinen Welpen auf den Arm zu nehmen, das kommt auf die Situation an. Die Wahrscheinlichkeit, dass dein Welpe mit einem solchen Hund eine schlechte Erfahrung macht, ist groß und du musst versuchen, ihn davor zu bewahren. Bitte fang nicht an zu schreien! Versuche Ruhe zu bewahren, sprich beruhigend mit deinem Welpen (Co-Regulation, Stimmungsübertragung) und so laut, dass auch der andere Hund es mitbekommt. So stehen die Chancen am besten, dass die Situation sich entspannt und es nicht zu einer schlechten Erfahrung kommt.

Imponierverhalten

- Körper hoch aufgerichtet, Hals steil nach oben, Kopf hoch, Schnauze waagerecht
- Ohren und Rute nach oben / vorne ausgerichtet, Blick meist abgewandt
- Steife Bewegungen
- „Bürste", aufgestelltes Rückenfell
- Imponierscharren
- Enges Umkreisen
- T-Stellung
- Kopf / Pfote auflegen

Auch Welpen zeigen anderen Welpen gegenüber manchmal schon Imponierverhalten. Tut dein Welpe das mit einem anderen Welpen außerhalb eines ausgeglichenen Spiels oder zeigt ein anderer Welpe sie deinem Hund gegenüber, unterbrich das Ganze bitte freundlich. Auch hier gehst du einfach wieder hin, lenkst die Aufmerksamkeit auf dich und sorgst dafür, dass der Imponierer den anderen in Ruhe lässt. Handelt es sich um deinen Welpen, gehst du mit deinem Welpen weg von seinem „Opfer", beruhigst ihn und gibst ihm mit einem Spielzeug oder einer kleinen Futtersuche etwas Sinnvolles zu tun. Weder das Spielzeug noch die Futtersuche verstärken hier das Imponierverhalten, weil du vorher durch Co-Regulation dafür sorgst, dass dein Welpe sich schon ein wenig beruhigen kann. Du verstärkst damit also das Herunterfahren weiter und unterstützt deinen Welpen so zusätzlich bei der Stress- und Emotionsregulation. Ist der andere Welpe der „Rüpel", rettest du deinen Welpen, indem du ihn auf den Arm nimmst und ein Stück mit ihm weg gehst.

Drohverhalten

Auch Welpen zeigen bereits Drohverhalten. Offensives Drohverhalten wird in der Regel dann gezeigt, wenn der Welpe eine Ressource hat und er Sorge hat, dass sie ihm weggenommen wird, es ist das klassische Verhalten bei Ressourcenverteidigung. Defensives Drohverhalten wird dann gezeigt, wenn der Welpe sich selbst bedroht fühlt. Bei beiden Formen des Drohverhaltens ist oft neben den aufgeführten Merkmalen auch eine „Bürste", also aufgestelltes Rückenfell zu sehen und knurren zu hören.

Offensiv

- Körperschwerpunkt vorne
- Anschleichen mit Fixieren
- Vornzähneblecken mit kurzer Maulspalte
- Schieben, Anrempeln, Herunterdrücken, Darüberstellen

Defensiv

- Körperschwerpunkt hinten
- Wegsehen
- Gebissklappern
- Abwehrschnappen
- Vollzähneblecken mit langezogener Maulspalte
- Abwehr mit gekrümmtem Hals oder auf dem Rücken

Manchmal ist es nicht so leicht, beides auseinanderzuhalten, aber das ist in der Akutsituation auch gar nicht notwendig. Da gilt es einfach nur, die Bedrohung schnellstmöglich abzustellen und dem Welpen aus der Situation zu helfen, sodass er kein Drohverhalten mehr zeigen muss. Wichtig ist dabei, dass du den Welpen nicht zusätzlich bedrohst.

Geht es also um eine Ressource, versuch die Aufmerksamkeit deines Welpen auf dich zu lenken. Fang an, in den süßesten Tönen mit ihm zu reden, zieh ein Spielzeug aus der Tasche oder supertolle Leckerchen. Ja, das ist nicht optimal, aber wie gesagt, geht es in dieser Situation erst einmal darum zu deeskalieren. Um das „Warum?", das „Wie?" und das „Was nun?" kümmerst du dich später und zwar sinnvoller Weise in Zusammenarbeit mit einer Verhaltensberaterin, um zu verhindern, dass ihr sehenden Auges in ein Problem steuert.

HINWEIS FÜR MEHRHUNDEHALTER

Im Mehrhundehaushalt ist es wichtig, dass die Hunde sich durch Knurren und abgestuftes Drohverhalten verständigen dürfen! Drohverhalten dient dazu, eine Eskalation zu verhindern. Wenn einer deiner Hunde knurrt, schau nach, worum es geht und ob du unterstützen musst oder ob die Hunde die Situation alleine friedlich regeln können.

Von dir sollte sich dein Welpe selbstverständlich niemals so sehr bedroht fühlen, dass er defensives Drohverhalten zeigen muss. Aber wenn dein Welpe schon sehr schlechte Erfahrungen mit Menschen gemacht hat, er vielleicht sogar traumatisiert ist, dann kann das vorkommen. In solchen Fällen gehst du zwei, drei Meter weg von deinem Welpen, setzt dich auf den Boden oder gehst in die Hocke und drehst dich seitlich zu ihm. Dabei kannst du beruhigend mit ihm sprechen. Dann wartest du ab, bis dein Welpe sich berappelt und von selbst wieder Kontakt zu dir aufnimmt. Danach nimmst du direkt Kontakt zu einer Verhaltensberaterin auf, denn ihr braucht ganz sicher Hilfe.

Auszug aus dem Tagebuch, 07.05.2020, Hermine ist 15 Wochen alt

Ich liebe es, wie sie anfängt zu sprechen! Sie liegt unterm Tisch, Maya kommt aus dem Garten rein und schaut unter den Tisch. Vielleicht wollte sie sich auch dahin legen oder vielleicht auch nur prüfen, ob da noch ein Schweineohr liegt …

Hermine knurrt, Maya geht.

So einfach ist das! Knurren ist Kommunikation, nicht Aggression. Im Gegenteil, Knurren dient dazu, eine Eskalation und damit Aggression zu verhindern. Je besser der Hund kommunizieren kann, desto besser lassen sich Konflikte friedlich lösen.

Zeigt dein Welpe das defensive Drohverhalten draußen im Kontakt mit einem (fremden) Hund, musst du ihm helfen. Du kannst versuchen, die Aufmerksamkeit des anderen Hundes auf dich zu lenken. Es kann ja durchaus sein, dass der andere Hund gar keine bösen Absichten hat, es deinem Welpen aber trotzdem zu viel ist. Lässt der andere Hund sich ablenken, ist das eine gute Lösung. Sprich ihn freundlich an und sobald er von deinem Welpen ablässt, hältst du ihm ein paar Leckerchen vor die Nase und wirfst sie ein Stück weg, sodass der Abstand zwischen dem Hund und deinem Welpen größer wird. Dann gehst du zu deinem Welpen und hilfst ihm durch Co-Regulation dabei, seinen Schrecken zu verarbeiten, indem du ihm Körperkontakt anbietest, ihn eventuell auch auf den Arm nimmst und ihn tröstest. Und auch hier gilt wieder: Du kannst durch liebevolle Zuwendung nichts schlimmer machen! Es ist deine Aufgabe, Sicherheit und Schutz zu bieten und Trost zu spenden, wenn für deinen Welpen etwas unangenehm und doof war. Unangenehme und doofe Erfahrungen mit anderen Hunden solltest du so gut es geht vermeiden, denn sie prägen das Verständnis deines Welpen von Hundebegegnungen. Weniger, dafür aber gute Kontakte zu sozial kompetenten erwachsenen Hunden sind nützlich und hilfreich, während willkürliche Kontakte zu Hinz und Kunz, die mal so mal so ausgehen, völlig kontraproduktiv und sogar schädlich sind. Dazu aber an anderer Stelle des Buches mehr.

WICHTIG

Niemals, wirklich niemals darfst du deinen Welpen dafür bestrafen, wenn er Drohverhalten zeigt und dich beispielsweise anknurrt. Knurren ist Kommunikation und sie zeigt, dass dein Welpe gerade ein Problem hat! Deine Aufgabe ist es, das Problem für und mit deinem Hund zu lösen und nicht ihm noch zusätzlich eines zu machen.

Realistische Erwartungen

Damit das Zusammenleben mit deinem Welpen harmonisch verläuft, ist es außerdem wichtig, dass du deine Erwartungshaltung auf den Prüfstand stellst. Wenn du mit der Einstellung „Das muss er aber bis da und da hin können." oder „Das darf er einfach nicht." an die Sache herangehst, dann wirst du weder mit deinem Hund noch mit diesem Buch als Leitfaden glücklich werden. Ein Hund ist ein Lebewesen und wie alle Lebewesen bringen auch Hundekinder bereits etwas mit. Genetische und epigenetische Einflüsse, Veranlagung, Lernerfahrungen der ersten Lebenswochen und ganz banal eben alterstypische Verhaltensweisen. Manchmal passieren unvorhergesehene Dinge und manchmal hat man mit irgendwas auch einfach Pech. So ist es einfach.

Genetik, Epigenetik, Veranlagung und Entwicklungsphasen

Genetik, Epigenetik, Veranlagung und die Entwicklungsphase, in der sich ein Lebewesen gerade befindet, haben einen ganz entscheidenden Einfluss auf das Verhalten. Zunächst einmal ist dein Welpe ein Hund. Das heißt, er wird sich immer verhalten wie ein Hund. Hunde bellen, springen Menschen an und können Ressourcen, zum Beispiel Futter, Spielzeug oder Liegeplätze, verteidigen. Sie jagen Katzen, Eichhörnchen, Rehe, Hasen und manchmal auch Jogger, Radfahrer oder sogar Autos. Hunde fressen Dinge, die sie draußen finden, gerne auch Exkremente und Aas oder sie wälzen sich darin.

Abhängig von der Rasse oder dem Typ, dem dein Welpe angehört, bringt er unterschiedliche Tendenzen im Verhalten mit. So neigen alle Rassen, die darauf selektiert wurden, auch zuzupacken (u. a. Terrier, wie z. B. der Parson Russell Terrier und der Airedale Terrier, sämtliche Schäferhundtypen vom Border Collie über den Deutschen Schäferhund bis hin zum Malinois, und auch Treibhunde, wie z. B. der Appenzeller Sennenhund) dazu, als Welpen dazu besonders „maulig" zu sein, sprich, sie „beißen" oft mehr als Welpen anderer Typen. Auch bei Retrievern, die darauf selektiert werden, mit „weichem Maul" geschossenes Wassergeflügel zu apportieren, ist das häufig so. Auf das Thema „Welpenbeißen" werde ich später noch sehr genau eingehen, denn es ist regelmäßig Thema in der Verhaltensberatung und geht mit vielen falschen Vorstellungen und Missverständnissen einher.

Welpen sehr kleiner oder zart gebauter Rassen (z. B. Chihuahuas oder Italienische Windspiele) brauchen häufig deutlich länger, um stubenrein zu werden als Hunde anderer Rassen. Es gibt immer wieder Rassevertreter, die niemals komplett stubenrein werden und sich beispielsweise bei schlechtem Wetter oder sehr kalten Temperaturen auch im Erwachsenenalter in der Wohnung lösen. Das ist nicht besonders angenehm und man muss das wissen, bevor man sich für einen solchen Hund entscheidet.

Rassen und Typen, die ursprünglich zum Bewachen von Haus, Hof und Herden (u.a. Australian Shepherd, sämtliche Spitze vom Pomeranian bis zum Groß- und Wolfsspitz, aber auch Gebrauchshunderassen wie Dobermann, Schnauzer und Rottweiler) gedacht sind, schlagen oft schon als Welpen an, wenn sie ein ungewohntes Geräusch wahrnehmen, wenn Besuch kommt oder jemand am Gartenzaun vorbei geht. Auch das muss man wissen und sich darüber im Klaren sein, dass man natürlich durch Co-Regulation, achtsames Führen und Arbeit an der grundlegenden Gelassenheit viel erreichen kann, was die Bellfreudigkeit dieser Hunde betrifft. Bellen wird aber immer ein Verhalten sein, das bei ihnen leicht auslösbar ist.

Informiere dich also gut über die Rasse oder den Typ Hund, mit dem du die nächsten 12, 14 oder mit Glück sogar noch mehr Jahre zusammenleben wirst, damit du bereits bei deinem Welpen weißt, auf welche Verhaltensweisen du ein besonderes Augenmerk legen willst. Im zweiten Teil des Buches werde ich auf viele unterschiedliche Verhaltensweisen eingehen und was du tun kannst, damit bestimmte Veranlagungen und Tendenzen sich nicht zu problematischen Verhaltensweisen entwickeln.

Dein Welpe ist aber nicht nur ein Hund, er ist zudem noch ein Hund, der vor kurzem erst das Licht der Welt erblickt hat und nun die körperliche und geistige Entwicklung zum erwachsenen Hund durchlaufen wird.

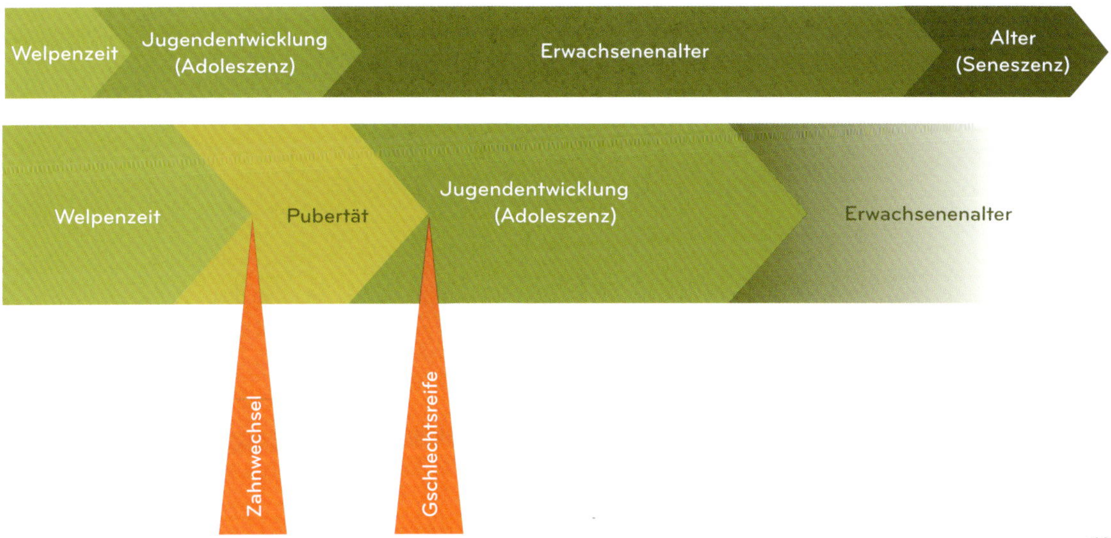

Die Welpenzeit endet mit dem Zahnwechsel. Spätestens wenn der Hund alle Milchzähne verloren hat, ist er kein Welpe mehr, sondern ein Junghund in der Pubertät. Da wir es mit einem Lebewesen zu tun haben, sind die Übergänge zwischen den Abschnitten fließend, und so kann die Pubertät auch schon beginnen, wenn noch einzelne Milchzähne da sind. Die Pubertät endet mit dem Erreichen der Geschlechtsreife. Bei der Hündin ist dieser Zeitpunkt leicht zu erkennen: Die erste Läufigkeit. Sie tritt bei klein bleibenden Hündinnen oft schon mit sechs oder sieben Monaten ein, während Hündinnen großwüchsiger Rassen schon ein Jahr oder sogar noch älter sein können, wenn sie zum ersten Mal läufig werden. Bei Rüden ist der Eintritt der Geschlechtsreife nicht ganz so einfach festzumachen, da man die Zeugungsfähigkeit nicht von außen sehen kann. Das Heben des Beins beim Urinieren ist kein sicheres Kennzeichen. So mancher junge Rüde ist schon in der Lage, eine Hündin erfolgreich zu decken, obwohl er noch mit allen vier Pfoten auf dem Boden pieselt.

Typisch Welpe

Die Welpenzeit ist wie keine andere Phase im Leben des Hundes geprägt von beinahe täglich stattfindenden Veränderungen. Das ist auch der Grund, warum du im Normalfall nicht jetzt sofort etwas gegen dieses oder jenes Verhalten tun musst. Zwei „Probleme", die vor allem Ersthundehalter gehörig in Aufregung versetzen und immer wieder für nahezu verzweifelte E-Mails und Anrufe bei Trainerinnen und Verhaltensberaterinnen sorgen, lösen sich von quasi ganz alleine in Luft auf: Dass Welpen in alles hineinbeißen – auch und manchmal besonders gern in Menschen – und die noch nicht vorhandene Stubenreinheit.

Vor Welpenzähnen ist nichts sicher …

Welpen erkunden ihre Welt vor allem mit dem Maul und dementsprechend natürlich auch mit den Zähnen. Häufig hört man auch heute noch, dass ein Welpe keinen „Besitz" haben darf, alle Ressourcen von uns verwaltet und nur begrenzt zur Verfügung gestellt werden dürfen. Das ist ein allerdings ein ganz alter Hut, der auf der Rangordnungs-Theorie basiert. Abgesehen davon, dass deine Kleidung, deine Möbel und sonstige Einrichtungsgegenstände furchtbar leiden werden, wenn du diesen Ratschlag befolgst, stellst du dadurch auch künstlich eine Mangelsituation her. Daraus wiederum kann schnell ein Problem entstehen: Der Welpe beginnt damit Dinge zu verteidigen, weil er die Schätze, die er hin und wieder bekommt behalten möchte. Deshalb ist es sehr wichtig, dass du deinem Welpen Spielzeug und Kausachen in ausreichenden

Mengen zur freien Verfügung anbietest. Ich selbst habe einen Spielzeugkorb und eine Kausachenkiste zu welchen meine Hunde stets freien Zugang haben. Auf die Themen Ressourcenverteidigung vorbeugen, Fressbares liegen lassen und Dinge hergeben gehe ich im zweiten Teil genauer ein.

Biete deinem Welpen Spielsachen aus verschiedenen Materialien und mit unterschiedlichen Texturen an, zum Beispiel Taue aus Baumwolle oder Fleece, Naturkautschukspielzeuge oder Stofftiere. Oft sind auch Sachen für deinen Welpen interessant, die eigentlich nicht als Hundespielzeug gedacht sind. Du kannst leere Papp- oder Eierkartons anbieten, die dein Welpe zerlegen darf, du kannst ihm weiche, unbehandelte Obstbaumäste zum Benagen geben (Holunder eignet sich besonders gut, weil es sehr weich ist) und auch gerne sein eigenes Paar Schuhe. Schuhe üben eine magische Anziehungskraft auf Welpen aus und du solltest deshalb alle Schuhe, die dir lieb sind, die erste Zeit gut verräumen. So wie auch alle anderen Gegenstände, die dein Welpe wirklich nicht haben soll. Wenn du deinem Welpen ein altes Paar Turnschuhe zur Verfügung stellst, dann schlägst du zwei Fliegen mit einer Klappe: Du lenkst seinen Drang, auf Schuhen herumzukauen, in die richtigen Bahnen und du hast einen wertvollen Tauschgegenstand, sollte dein Welpe sich doch einmal einen Schuh geschnappt haben, den er eigentlich nicht haben soll. Auch hier geht es wieder um die Vorbeugung von Problemen. Immer wenn du deinem Welpen etwas wegnehmen musst, lernt er etwas. In erster Linie, dass du nicht vertrauenswürdig bist. Manche Welpen lassen sich

VORSICHT IM MEHRHUNDEHAUSHALT

Wenn du mehrere Hunde hältst, dann ist hierbei besondere Achtsamkeit gefragt und es kann durchaus sein, dass du fressbare Kauartikel nicht zur freien Verfügung stellen kannst. Konflikte unter den Hunden müssen unbedingt vermieden werden und wenn du noch keine Erfahrung mit der Mehrhundehaltung und den damit verbundenen Besonderheiten hast, dann empfehle ich dir, unbedingt eine kompetente Verhaltensberaterin hinzuzuziehen, die sich mit Mehrhundehaltung gut auskennt und auch weiß, dass eine willkürlich zusammengestellte Gruppe von Hunden kein Rudel ist.

das gefallen. Andere beginnen damit, sich und ihr „Diebesgut“ in Sicherheit zu bringen, wenn du dich annäherst und wieder andere werden dir durch Knurren zu verstehen geben, dass du dich fernhalten sollst.

Was du feststellen wirst: Der Drang, alles in die Schnauze zu nehmen, darauf herumzukauen und es zu benagen, lässt mit zunehmendem Alter des Welpen nach. Meistens kommt dann nach dem Zahnwechsel noch einmal eine heiße Phase, in der das neue Werkzeug gebührend getestet werden muss, aber dein Hund wird nie wieder in so viele Sachen hineinbeißen oder durch die Gegend schleppen wie in der Welpenzeit. Je weniger Aufhebens du darum machst, desto weniger besteht die Gefahr, dass dein Hund ungünstige Verknüpfungen macht und das Beißen in oder Wegtragen von Gegenständen erst recht interessant wird. Das ist besonders im Hinblick auf die Giftköder-Problematik von Bedeutung. Denn wenn ein Welpe schon bei den banalsten Sachen lernt, dass du eine Bedrohung darstellst und ihm alles wegnimmst, was er findet, was glaubst du tut er, wenn er draußen ein mit Nägeln präpariertes Würstchen findet? Es dir vertrauensvoll zeigen? Sicher nicht. Dazu später mehr.

… auch Menschen nicht

Welpen beißen. Oft. Viel. Manchmal heftig. In alles, was sie erwischen. Und dazu gehören auch diverse Körperteile des Menschen. Der Begriff „Beißhemmung“ wird dabei in der Regel falsch verstanden. Denn das typische Welpenbeißen ist ein völlig norma-

Welpenzähne – ganz schön spitz und scharf.

les Verhalten und es sagt nichts darüber aus, ob und wie heftig ein Hund später einmal beißen wird, wenn er sich selbst oder eine Ressource bedroht sieht. Beißhemmung beschreibt den bewusst vorsichtigen Einsatz der Zähne. Und das ist etwas, was mit der körperlichen Entwicklung des Welpen in direktem Zusammenhang steht. Schau dir an, wie dein Welpe sich bewegt: Tapsig, unbeholfen, die Beine gehorchen nicht immer und genau – und das ist es ja, was Welpen in unseren Augen so niedlich erscheinen lässt. Von der Eleganz und Anmut in der Bewegung, die viele (bei weitem nicht alle) erwachsenen Hunde später zeigen, ist weit und breit nichts zu sehen. Und der Kiefer bildet keine Ausnahme! Mit zunehmendem Alter erlangen sie immer mehr Körperbeherrschung, Motorik und Feinmotorik entwickeln sich. Auch der Kiefer des Welpen unterliegt dieser Entwicklung. Ein Welpe KANN seinen Kiefer anfangs noch gar nicht so kontrollieren, dass er nicht zu fest zubeißt. Aber auch hier stellt sich mit zunehmender Entwicklung von Motorik und Feinmotorik mit der Zeit immer mehr Kontrolle ein. Deshalb ist es völlig sinnfrei, einem Welpen mit speziellen Übungen die sogenannte Beißhemmung beibringen zu wollen. Durch die fortschreitende körperliche Entwicklung wird der Welpe von alleine immer besser darin, seine Zähne vorsichtig einzusetzen. Was er jedoch lernen sollte, ist, im Kontakt mit menschlicher Haut besonders achtsam zu sein. Die Haut von Hunden ist dicker als unsere und sie ist normalerweise durch Fell zumindest ein wenig geschützt (bei sehr plüschigen Rassen sogar sehr gut).

Das Nage- und Kaubedürfnis von Welpen muss befriedigt werden.

Deshalb tut es einem anderen Hund in der Regel deutlich weniger weh, wenn ein Welpe in ihn hineinbeißt, als wenn er uns mit seinem Piranha-Gebiss malträtiert. Deshalb ist es wichtig, dass du mit deinem Welpen etwa ab der zwölften Lebenswoche nicht nur mit Spielzeug spielst, sondern auch mit den nackten Händen. Vorher ist das oft nicht sinnvoll, weil ein sehr junger Welpe meistens zu fest zubeißen wird. Und damit macht nicht nur das Spiel überhaupt keinen Spaß, blutende Wunden wären vorprogrammiert und das eigentliche Ziel kann sowieso nicht erreicht werden, eben weil die Feinmotorik noch nicht so weit ist.

AUFGEPASST IM MEHRHUNDEHAUSHALT

Auch wenn Hunde „beißfester“ sind als Menschen: Dein Welpe soll einen oder mehrere bereits im Haushalt lebende Hunde nicht ärgern, nerven oder gar drangsalieren. Wenn der vorhandene Hund über ein gutes Sozialverhalten verfügt, kann er sich mit fein abgestimmten Maßnahmen bis zu einem gewissen Grad selbst helfen. Aber auch ihm gegenüber hast du eine Verantwortung und Fürsorgepflicht. Lass es im Sinne aller beteiligten Hunde nicht darauf ankommen, dass es kracht. Das schadet dem vertrauensvollen Zusammenwachsen unter Umständen ganz beträchtlich. Vor allem Hunde mit sehr langer – aber auch die mit sehr kurzer – Zündschnur müssen sich darauf verlassen können, dass du sie vor deinem Welpen schützt, wenn es nötig ist.

Ich weiß, dass oft empfohlen wird, den Welpen immer auf ein Spielzeug umzulenken, aber ich halte das in keiner Weise für sinnvoll. Denn wie soll ein Hund sonst lernen, dass Menschenhaut mit besonderer Vorsicht zu behandeln ist?

Achte beim Spielen, egal ob mit den Händen oder mit Spielzeug, auf das Erregungslevel. Wechsle zwischen ausgelassenerem und ruhigerem Spiel. Sobald du merkst, dass dein Welpe seine Kiefer schlechter im Griff hat und immer heftiger beißt, verlangsamst du das Tempo und sorgst dafür, dass dein Welpe wieder etwas herunterfährt. Diesen Wechsel kannst du mehrmals hintereinander machen, bevor du das Spiel ruhig ausklingen lässt und zum Beispiel mit dem Suchen von ein paar Leckerchen ganz beendest. Das ist das sogenannte Surfen auf der Erregungswelle, wodurch dein Welpe spielerisch lernt, sein Erregungslevel zu regulieren und gleichzeitig vorsichtig mit Händen umzugehen. Das Surfen auf der Erregungswelle ist eines der wichtigsten Themen im Zusammenleben mit Hunden generell und du wirst im zweiten Teil des Buches immer wieder davon lesen.

Grundsätzlich ist das Welpenbeißen ähnlich einzuschätzen wie das Schreien bei Babys. Meistens steckt hinter heftigen Beißattacken, bei denen wirklich gar nichts mehr vor den besonders fiesen, weil extrem spitzen Milchzähnen des Welpen sicher ist, ein unerfülltes Bedürfnis.

Die häufigsten sind:

- Der Welpe ist müde / überdreht.
- Der Welpe ist überfordert.
- Der Welpe hat Hunger.
- Der Welpe muss pieseln oder ein Häufchen machen.
- Dem Welpen ist langweilig.

Wenn du die Situation prüfst und herausfindest, was dein Welpe gerade braucht, kannst du die Beißattacke in der Regel durch Erfüllung des aktuellen Bedürfnisses quasi augenblicklich abstellen.

Hunger ist leicht abzustellen, indem du deinen Welpen fütterst, auch wenn es aktuell vielleicht nicht die Fütterungszeit ist, die du dir ausgedacht hast. Halte dich bei der Fütterung nicht starr an bestimmte Schemata, sondern schau, was dein Welpe wann braucht. Je älter er wird, desto weniger Mahlzeiten über den Tag verteilt wird er brauchen und es ist völlig in Ordnung, wenn du deinen Welpen im Alter von acht bis zehn oder sogar elf Wochen fünf Mal am Tag fütterst. Mit der Zeit kannst du die Zahl der Mahlzeiten reduzieren, während du die Menge an Futter pro Mahlzeit gleichzeitig erhöhst: Je größer dein Hund wird, desto größer wird auch sein Magen, sodass er mehr auf einmal fressen kann und nicht mehr so viele kleine Portionen braucht. Wenn dein Hund erwachsen ist, sollte er mindestens zwei Mahlzeiten am Tag bekommen, es spricht aber auch nichts dagegen, wenn du sein Futter auf drei Mahlzeiten aufteilst. Von einer einmaligen Fütterung am Tag rate ich ab, da große Mengen Futter vor allem bei großwüchsigen Rassen mit tiefem Brustkorb das Risiko einer Magendrehung steigern können. Außerdem stellt Hunger einen nicht zu unterschätzenden Stressfaktor dar. Stress wiederum wirkt sich negativ auf die Selbstregulation und damit das Verhalten des Hundes aus. Die Fähigkeit zur Selbstbeherrschung sinkt, was sich nicht nur in unleidlichem Verhalten Artgenossen und Menschen gegenüber äußern kann, sondern auch dazu führen kann, dass der Hund draußen alles Fressbare in sich hineinschlingt, dessen er habhaft wird.

Menschenhaut ist dünner als Hundehaut, und das lernt ein Welpe am besten spielerisch.

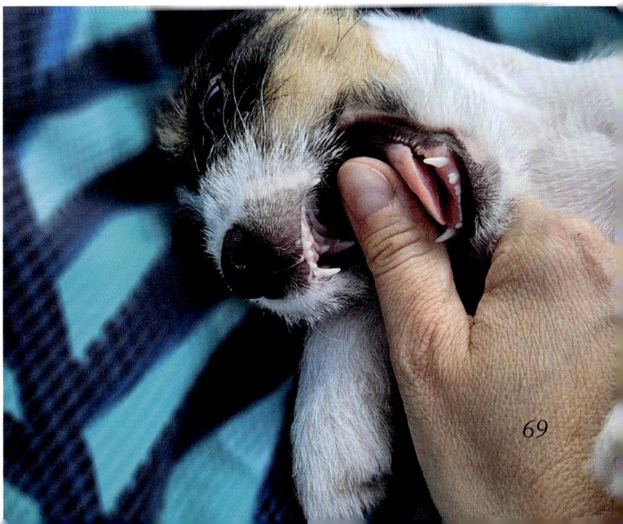

Auch das Problem, dass der Welpe sich versäubern muss, ist leicht zu lösen. Geh mit deinem Welpen nach draußen und schau, ob er sein Geschäft verrichten muss. Wenn du keinen Garten hast und auch keine Innentoilette für die ersten Wochen nutzen möchtest und deinem Welpen deshalb erst sein Brustgeschirr anlegen müsstest, damit du ihn anleinen und hinausbringen kannst, dann ist es schlau, ihm das Geschirr tagsüber gar nicht erst auszuziehen (es muss dann ein weiches sein, mit dem der Welpe schlafen kann, ohne dass ihn die Schnallen dabei drücken) oder es ihm in einer ruhigen Phase – vor der nächsten Beißattacke – zwischendurch anzulegen. Einen wildgewordenen Welpen einzufangen und ihm ein Geschirr anziehen zu wollen, steht auf der Liste von Dingen, die quasi unmöglich sind, ziemlich weit oben.

Mit dem Hinausgehen kannst du auch der Langeweile als Ursache für eine Beißattacke begegnen. Sobald du mit deinem Welpen vor die Türe gehst, werden ihn die Umwelt und all die interessanten Dinge, die sie mit sich bringt, schnell auf andere Gedanken bringen. Wenn du wieder hineingehst und dein Welpe beginnt sofort wieder mit dem Beißen, dann kannst du versuchen, ob er sich mit einem Schnüffelteppich beschäftigen möchte. Schnüffeln sorgt schnell für ein Absinken der Pulsrate und ist ein großartiger Aufmerksamkeitsteiler. Auch Schlecken und Kauen beruhigt und du kannst deinem Welpen beispielsweise einen naturbelassenen Kauartikel, eine mit Joghurt bestrichene Schleckmatte oder ein gefülltes Futterspielzeug anbieten.

In vielen Fällen treten Beißattacken besonders heftig dann auf, wenn der Welpe müde, überdreht oder überfordert ist. Die Ursachen dafür können ganz unterschiedlich sein. Welpen, die eher ängstlich sind, geraten durch zu viele Reize auf einmal oder zu viele neue Reize innerhalb kurzer Zeit schnell in die Überforderung und damit in Stress. Oft beginnen die Beißattacken deshalb bei solchen Hunden nach einem Ausflug nach draußen und der Mensch ist verwundert, weil er der Meinung ist, der Welpe müsse ja müde sein und schlafen. Müde ist der Welpe mit Sicherheit, aber er ist aufgrund seines Entwicklungsstandes noch nicht in der Lage den empfundenen Stress anders abzuschütteln, als durch wilde Raserei und hineinbeißen in alles, was ihm in die Quere kommt.

Ähnliches kann auch passieren, wenn Besuch kommt und der Welpe dadurch in große Aufregung gerät. Besonders Kinder können auf Welpen eine starke Wirkung haben, egal ob diese zu Besuch kommen oder mit im Haushalt leben. Kinder rennen, schreien und toben herum. Bei den meisten Welpen führt das dazu, dass das Erregungslevel immer weiter steigt, bis der Welpe sich irgendwann nicht mehr kontrollieren kann und nach den Hosenbeinen, Händen oder Füßen der Kinder schnappt und hineinbeißt.

Das macht der Welpe nicht, weil er böse ist oder die Kinder nicht mag. Es ist allein seiner großen Aufregung und seiner altersbedingt kaum ausgeprägten Fähigkeit zur Selbstregulation geschuldet.

Eine der wichtigsten Aufgaben, die wir als Bezugspersonen übernehmen müssen, wenn wir unseren Welpen achtsam begleiten wollen, ist es deshalb, sein Erregungslevel stets im Blick zu haben und ihm durch Co-Regulation dabei zu helfen, sich wieder abzuregen, wenn wir merken, dass er sich immer mehr aufregt. Zum Thema Erregungslevel liest du wie gesagt später noch mehr.

Auch Schleckmatten gibt es in den verschiedensten Ausführungen und wilde Welpen sind damit oft gut zu beruhigen.

Der Kauartikel sollte so weich sein, dass der Welpe nicht in Frust gerät, weil er davon nichts abbekommt, aber auch länger als 30 Sekunden Kauvergnügen bieten.

Hohlspielzeuge, die man mit Futter befüllen kann, gibt es von verschiedenen Herstellern und auch speziell für Welpen

Schnüffelteppiche gibt es in den unterschiedlichsten Varianten und man kann sie auch leicht selber basteln.

Gerätst du einmal in die Situation, dass du alle möglichen unerfüllten Bedürfnisse überprüft hast, dein Zwerg-Piranha aber mit nichts zu besänftigen ist, dann hilft nur noch eins: Bring dich in Sicherheit, bis Mr. Hyde sich wieder in Dr. Jekyll zurückverwandelt hat. Je nach Hund hast du unterschiedliche Möglichkeiten.

WICHTIG ZU WISSEN:

Die Beißattacken verschwinden mit zunehmendem Alter des Welpen von ganz alleine. Aber dein Umgang damit entscheidet darüber, wie dein Welpe dich wahrnimmt: Als vertrauenswürdige Bezugsperson, die auch in stressigen Situationen einen kühlen Kopf bewahrt oder als einen unberechenbaren Menschen, der eventuell laut oder gar grob wird.

Letzteres schädigt den Vertrauensaufbau und die Entstehung einer sicheren Bindung oder verhindert beides sogar vollkommen.

Bei sehr jungen und / oder kleinen Welpen reicht es meistens schon, wenn du dich auf die Couch oder einen Stuhl setzt und die Beine anziehst. Alternativ kannst du dich auch auf dein Bett oder einen Tisch setzen. So bist du außer Reichweite der Milchzähne deines Welpen und kannst warten, bis der Sturm vorüber ist. Bei größeren oder älteren Welpen, die schon problemlos auf die Couch oder an deine angezogenen Beine hüpfen können, empfiehlt sich der Rückzug hinter ein Absperrgitter. Solche Gitter gibt es in verschiedenen Varianten und sie sind vor allem im Zusammenleben mit Welpen Gold wert. Grundsätzlich kannst du dich natürlich auch in einen anderen Raum begeben und die Tür hinter dir schließen, sodass der Welpe dir nicht nachlaufen kann. Bei empfindlichen Welpen kann das jedoch massiv Stress auslösen (und du weißt es ja jetzt schon: Stress sorgt eventuell für noch heftigere Beißattacken bei deinem Welpen) und sich auch nachhaltig negativ auf die Fähigkeit, später entspannt alleine zu bleiben, auswirken. Aus diesem Grund empfehle ich die Anschaffung mindestens eines Absperrgitters. Hinter dem Gitter bist du vor deinem wildgewordenen Hundekind geschützt, aber es kann dich nach wie vor sehen und erlebt keinen vollkommenen Kontrollverlust. Zum Thema Alleinebleiben findest du weiter hinten im Buch ein sehr ausführliches Kapitel. Wenn du hinter das Gitter trittst, kann das bei deinem Welpen starken Frust auslösen. Es kann sein, dass er anfängt zu bellen, wild vor dem Gitter auf

Auszug aus dem Tagebuch, 22.03.2020, 5. Tag mit Hermine

Wie alle anderen Welpenbesitzer auch, haben wir eine Schnappschildkröte im Hundekostüm adoptiert …

Wenn Welpen richtig fies bissig werden, dann liegt das meistens an einem der folgenden Gründe:

- Sie sind müde. Nach müde kommt blöd.
- Sie haben Hunger.
- Sie müssen aufs Klo.

Draußen Jackentaxi …

Bei Hermine ist es am schlimmsten, wenn sie müde ist. Herumgetragen zu werden hilft ihr quasi sofort dabei, runterzukommen. Gestern Nacht, als wir schlafen wollten, selbes Spiel. Wie eine Harpyie hat sie alles attackiert, was in Reichweite war. Haare, Finger, Zehen und, ähm, auch Dinge zwischen Hals und Bauch.

Auszeiten – also runter setzen vom Bett und erst wieder hochholen, wenn sie „brav" war – haben überhaupt nichts gebracht. Eher Frust ausgelöst und vor allem überhaupt nicht das dahinterstehende Bedürfnis berücksichtigt.

Also Plan B: Aufstehen, Hund rumtragen. Nach fünf Minuten hing sie wie ein nasser Sack in meinem Arm und wir konnten schlafen gehen.

… drinnen Sicherheitsverwahrung für aufgedrehte Schnappschildkröten.

Das Bild ist vorhin entstanden. Wir waren erst Gassi, haben dann noch im Garten gespielt und ein wenig trainiert und dann wollten wir kochen. Und das geht allemal besser, wenn man keinen Terrier an den Hosenbeinen oder Füßen hängen hat. Alternativplan des Mannes, ab sofort einfach immer und überall Gummistiefel zu tragen – auch eine Ritterrüstung war bereits im Gespräch, wurde aber durch die auf dem Bild gezeigte Lösung obsolet.

und ab springt oder dass er sogar versucht, über das Gitter zu springen. Diesen – aus Sicht des Welpen völlig berechtigten und nachvollziehbaren – Wutanfall darfst du gelassen hinter dem Gitter abwarten. Du kannst auch in ruhigem Ton mit deinem Welpen sprechen („Ja, das ist alles sehr ärgerlich, aber so ist das nun mal im Leben …"). Dabei geht es weniger um das, was du sagst, sondern welche körperlichen Auswirkungen das auf dich selbst hat. Wenn du in ruhigem Tonfall sprichst, atmest du gleichmäßig ein und aus, dein Puls pendelt sich auf einem gleichbleibenden Level ein und deine Muskelspannung lässt nach. Du strahlst Gelassenheit aus, die dabei helfen kann, dass dein Welpe sich schneller beruhigt. Wenn dir das mehr liegt, kannst du dir auch dein Lieblingslied anmachen (wenn es sich nicht gerade um ein Werk der Musikrichtung Death Metal handelt) und mitsingen, vor dich hinsummen oder pfeifen. Wichtig ist einfach nur, dass du dich von der aktuellen Stimmung deines Welpen nicht mitreißen lässt und selber in Aufregung gerätst, sondern ein ruhiges, besonnenes Gegengewicht setzt.

Stubenreinheit

Wenn dein Welpe mit zehn oder zwölf Wochen noch nicht stubenrein ist, dann mach dir bitte keine Sorgen. Das ist völlig normal und in Ordnung, auch wenn es anstrengend ist, weil du gefühlt den lieben langen Tag damit beschäftigt bist, deinem Welpen hinterherzuputzen. Es ist verständlich, wenn dir Zweifel kommen, ob du denn mit dem Training zur Stubenreinheit alles richtig machst oder ob es nicht doch noch irgendwelche Tipps und Tricks gibt, um das Ganze zu beschleunigen.

Aber das Erreichen der Stubenreinheit hat im Grunde genommen nichts mit Training zu tun. Dass ein Hund lernt, sich nicht im Haus zu lösen, ist vor allem dem körperlichen Entwicklungsprozess zuzuschreiben. Du als Bezugsperson kannst diesen Prozess nur unterstützen, aber dein Welpe wird dadurch nicht schneller stubenrein werden.

Rein körperlich sind Welpen erst ab einem Alter von etwa 16 Wochen dazu in der Lage, Blase und Darm zu kontrollieren. Und auch dann passieren noch immer Missgeschicke. Vor allem wenn ein Welpe aufgeregt ist, weil er sich freut oder weil er gerade spielt, merkt er oft zu spät, dass er sich lösen muss und erledigt sein Geschäft einfach dort, wo er gerade geht und steht.

Ich erinnere mich noch gut an eine Situation mit Hermine, als sie ungefähr sechs Monate alt war: Wir waren im Wohnzimmer beim Spielen und auf einmal setzte sie sich hin. Ich hab mich gefragt, was sie da wohl tut, bevor mir ungläubig entfuhr: „Pinkelst du etwa?!“ Hermine war zu diesem Zeitpunkt eigentlich bereits stubenrein und hat zuverlässig gemeldet, wenn sie hinaus in den Garten wollte. Aber durch das Spiel war sie so abgelenkt, dass sie es – vergleichbar mit einem Kleinkind, das eigentlich schon keine Windel mehr braucht – schlicht und ergreifend zu spät gemerkt hat. Alles kein Drama. Malheur weggeputzt und das war's. Das war übrigens das letzte Mal seither, dass Hermine so etwas passiert ist.

Das Sauberwerden braucht seine Zeit. Sei deshalb geduldig mit deinem Welpen und zeig Verständnis. Hunde machen nie ins Haus, weil sie stur, dickköpfig, schwer erziehbar oder gar dominant sind oder uns eins auswischen wollen. Aus solchen Annahmen hergeleitete Maßnahmen, wie den Welpen mit der Nase in die eigenen Exkremente zu drücken, sind einfach nur widerwärtig und grausam. Welpen sind Hundekinder, die genau wie Menschenkinder einen Entwicklungsprozess durchlaufen. Kein gesunder, erwachsener Hund macht normalerweise freiwillig ins Haus. Ausnahmen gibt es natürlich, aber die sind sehr selten und erfahrungsgemäß am häufigsten bei Italienischen Windspielen und Chihuahuas zu finden. Und auch in diesen Fällen ist gezieltes Training nur begrenzt wirksam, weil diesen Hunden bei bestimmten Witterungsverhältnissen draußen einfach so unwohl ist, dass sie sich kaum lösen können.

Je nachdem, wo und wie der Welpe in den ersten Wochen aufgewachsen ist, hat er schon eine Präferenz für den Untergrund entwickelt, auf dem er sich bevorzugt löst. Hunde, die im Zwinger oder überwiegend in der Wohnung aufgewachsen sind, haben oft eine Vorliebe für Beton, Pflaster, Fliesen, Zeitung, Einstreu Optimal ist es deshalb, wenn die Welpen schon bei der Züchterin nach draußen können und in den ersten Wochen lernen, ihr Geschäft auf natürlichem Untergrund wie Erde oder Gras zu verrichten. Kennt dein Welpe noch keine natürlichen Untergründe, musst du unter Umständen noch etwas aufmerksamer sein und mehr Geduld für deinen Welpen mitbringen. Viele gute Züchter nutzen saugfähige Pipi-Matten, um den Welpenbereich leichter reinigen und sauber halten zu können. Entsprechend kann es sein, dass dein Welpe ähnliche Untergründe, beispielsweise Badvorleger oder Fußmatten besonders gerne aufsucht, um sich zu lösen. Das muss kein Nachteil sein, wenn es um das Erreichen der Stubenreinheit geht. Im Gegenteil, es kann dir sogar in die Karten spielen, dazu etwas weiter unten noch mehr.

Um deinen Welpen auf dem Weg zur Stubenreinheit bestmöglich zu unterstützen, solltest du ihn tagsüber ungefähr alle zwei Stunden nach draußen bringen, damit er sich dort lösen kann. Das gilt jedoch nur dann, wenn dein Welpe wach ist! Bitte komm nicht auf die Idee, deinen Welpen aufzuwecken, wenn er schläft, um ihn nach draußen zu bringen. Damit greifst du massiv in das Ruhe- und Schlafbedürfnis deines Welpen ein und sorgst dafür, dass er zu einem nervösen und leicht irritierbaren Junghund heranwächst.

Sobald dein Welpe sich draußen erleichtert, kannst du ihn mit ruhiger Stimme loben. Das muss unbedingt so passieren, dass der Welpe dabei nicht bei seinem Geschäft unterbrochen wird. Wenn du möchtest, kannst du dazu sagen ‚Pipi / Häufchen machen' oder du suchst dir ein witziges Code-Wort für das Verrichten des Geschäfts aus, wenn dir für die Nutzung in der Öffentlichkeit lieber ist. Ideal ist es, wenn du die Körpersprache deines Hundes so gut lesen kannst, dass du genau in der Sekunde, bevor er sich löst, dein Signal sagst. Grundsätzlich kann dein Hund die Verknüpfung aber auch machen, wenn du das Wort dazu sagst, wenn er sich bereits löst. Es braucht dann unter Umständen ein paar Wiederholungen mehr, bis du ihn damit zum Lösen animieren kannst.

Machst du das jedes Mal, wenn sich dein Hund löst, kannst du dieses Signal später nutzen, wenn er sich zügig lösen soll, beispielsweise, wenn du auf einer längeren Autofahrt nur eine kurze Pipi-Pause einlegen möchtest oder wenn draußen richtig ekliges Wetter ist und ihr nur schnell vor dem Schlafengehen nochmal zum Pieseln rausgeht. Sehr hilfreich ist so ein Pipi-Kacka-Signal auch an Orten, wo dein Hund sich normalerweise nicht lösen würde, es jetzt aber notwendig ist. Bei längeren Fährüberfahrten gibt es zum Beispiel Lösebereiche für Hunde, die keinen natürlichen Untergrund haben. Viele Hunde denken im Traum nicht daran, dort ihr Geschäft zu verrichten. Hier kann das Löse-Signal den Hund animieren, sich zu erleichtern. Selbstverständlich wird sich dein Hund auch weiterhin einfach dann lösen, wenn er muss, aber eine kleine Animation kann in bestimmten Situationen wirklich hilfreich sein.

Grundregeln zur Unterstützung der Stubenreinheit

Bring deinen Welpen nach draußen, wenn:

- er aufwacht
- er gerade gefressen oder getrunken hat
- er gespielt oder auf etwas herumgekaut hat und sich umsieht, was er jetzt noch tun könnte
- er sehr aufgeregt oder aktiver ist als üblich
- er beginnt am Boden herumzuschnüffeln und / oder sich um die eigene Achse dreht er an eine Stelle geht, an der er schon einmal sein Geschäft verrichtet hat
- er zu der Tür läuft oder schaut, durch die du ihn für gewöhnlich nach draußen bringst
- er sich mit der Absicht sich zu lösen hinsetzt

Das ständige Beobachten des Welpen kann sehr anstrengend sein. Deshalb: Entspann dich. Wenn was daneben geht, geht was daneben. Du kannst dir trotzdem sicher sein, dass auch dein Welpe stubenrein werden wird, wenn er soweit ist.

Damit sich die Sachschäden in Grenzen halten, hier noch drei Tipps:

1. Räum alle Teppiche weg, an denen du hängst und die du behalten willst. Dein Welpe wird ganz sicher draufpinkeln.

2. Hast du einen sehr empfindlichen Holzboden oder einen Dielenboden mit Ritzen, dann geh ins nächste Teppichgeschäft, hol dir dort die billigste Auslegware, die du finden kannst und davon viel. Nimm auch gleich noch ein Teppichmesser mit, dann kannst du deinen Boden mit der Auslegware schützen, vollgepieselte Stellen einfach rausschneiden und mit einem Stück neuer Auslegware, die du darunterlegst, ersetzen. Das hat den Vorteil, dass die bepieselte Stelle nicht mehr da ist und so auch nicht zum nochmal Draufpieseln animieren kann.

3. (Waschbare) Inkontinenzeinlagen oder wasserdichte Laken, mit denen du nicht komplett waschbare Hundebetten ausrüstest; dazu weiter unten noch mehr.

Hunde lernen nicht nur, draußen ihr Geschäft zu verrichten, sie lernen auch, an welchem Ort und auf welchem Untergrund es erwünscht ist. Wenn du zum Beispiel nicht willst, dass dein Hund in deinen Garten macht, solltest du das von klein auf vermeiden oder ihn stets an einer bestimmten Stelle im Grundstück oder außerhalb davon lösen lassen. Ich persönlich halte es allerdings für großen Quatsch, einem Hund beizubringen, sich nicht im eigenen Garten zu lösen. Warum? Weil es 1000 Gründe gibt, wo es absolut hilfreich und nützlich ist, wenn dein Hund es auch im Garten tun kann. Wenn er verletzt ist und nicht weit laufen kann, an Silvester und vielleicht auch den Tagen davor und danach, wenn du selber krank bist und schon die kleinste Gassirunde nicht drin ist und natürlich, wenn dein Hund alt und seine Blase schwach ist.

Dazu kommt, dass viele Welpen es in den ersten paar Wochen gar nicht schaffen, sich in größerer Entfernung vom Haus zu lösen. Welpen müssen sich sicher fühlen, um zu pieseln oder ihren Haufen zu machen. Und naturgemäß bleiben sie in ganz jungem Alter gerne in der Nähe ihrer „Höhle", damit sie sich bei drohender Gefahr schnell in Sicherheit bringen können. Deshalb kann es auch passieren, dass du gerade eben mit deinem Welpen draußen warst, er nichts gemacht hat und sobald du wieder im Haus bist, erledigt er sein Geschäft dort. Er tut das nicht, um dir eins auszuwischen. Entweder fühlt er sich noch nicht sicher genug draußen oder er ist durch die vielen Eindrücke einfach zu abgelenkt. Bleib das nächste Mal einfach ein wenig länger mit deinem Welpen vor der Tür und spiel vielleicht ein wenig mit ihm. Meistens klappt es dann doch. Und wenn nicht: Du weißt schon, kein Drama, denn er wird stubenrein werden.

Der Untergrund spielt übrigens auch eine wichtige Rolle: Wenn dein Hund immer auf Gras macht, wird er sich später auch meistens ein grünes Plätzchen suchen. Bedenken musst du, dass Winter-Welpen, die gelernt haben, sich im Schnee zu lösen, sich im Frühling erst umgewöhnen müssen und ihnen das vielleicht erst einmal schwerfällt.

Für jedes erfolgreich draußen verrichtete Geschäft kannst du deinen Welpen, wie oben beschrieben, in einem ruhigen Tonfall loben, aber bitte nicht so enthusiastisch, dass du ihn dadurch ablenkst, unterbrichst oder gar erschreckst. Bitte gib deinem Welpen für das Lösen auch nicht das Markersignal. Nochmal: Stubenreinheit hat quasi nichts mit Training zu tun, sondern etwas mit körperlicher Entwicklung und entsprechend solltest du alles bleiben lassen, was deinen Hund bei völlig normalen Prozessen stört. Bestrafen oder schimpfen darfst du ihn wirklich niemals, wenn drinnen ein Missgeschick passiert. Das Einzige, was du dadurch erreichst, ist, dass dein Welpe Angst vor dir bekommt und in Stress gerät. Der Aufbau der sicheren Bindung wird so stark beeinträchtigt und es kann sein, dass dein Hund sich zwar weiterhin im Haus

Diese Innentoilette ist mit einer Einweg-Inkontinenzunterlage ausgestattet.

Waschbare Unterlagen sind die umweltfreundlichere Alternative.

So kann eine selbstgebaute Rasentoilette aussehen.

Auszug aus dem Tagebuch vom 31.03.2020, 14. Tag mit Hermine

Sie geht inzwischen auch mal alleine in den Garten und hält sich da völlig angstfrei auf. Gestern hat sie sogar zum ersten Mal gemeldet, dass sie raus muss. Hat sie dann aber auch später nochmal wieder vergessen.

löst, aber eben dann, wenn du nicht in der Nähe bist. Wenn sich dein Welpe bereits hingesetzt hat, dann lass es gut sein, warte, bis er fertig ist und mach es weg.

Achte darauf, dass der Reiniger, den du zum Saubermachen benutzt, keinen Ammoniak enthält, wie das zum Beispiel bei Essigreiniger der Fall ist. Der Geruch des Reinigungsmittels animiert viele Welpen erst recht dazu, nochmals an dieser Stelle zu pieseln. Was für den Menschen sauber und angenehm riecht, riecht für den Welpen aufgrund des Ammoniaks noch nach Urin und er wird diesen Fleck weiterhin als Toilette nutzen. Alternativen sind Neutralreiniger auf biologischer Basis, hochprozentiger Alkohol, sofern dein Bodenbelag diese Behandlung verträgt, haushaltsübliches Flächendesinfektionsmittel oder spezielle Enzymreiniger aus dem Zoofachhandel.

Inzwischen bin ich tatsächlich auch ein Fan davon, Welpen eine Innentoilette zur Verfügung zu stellen. Vor allem dann, wenn aufgrund der Wohnsituation (Wohnung im fünften Stock) ein zügiges Hinausbringen des Welpen nicht zuverlässig gewährleistet werden kann, nimmt eine Innentoilette immens viel Stress heraus. Wenn du einen Balkon oder einen anderen sicheren und leicht oder besser noch frei zugänglichen Außenbereich hast, kannst du die Toilette dort aufstellen, ansonsten eignet sich das Badezimmer oder die Waschküche, sofern sie für den Welpen ohne lange Wege erreichbar sind.

Kennt der Welpe von der Züchterin bereits Pipi-Matten, dann kannst du diese auch für die Hundetoilette nutzen. Es gibt sowohl waschbare und damit wiederverwendbare Unterlagen als auch Wegwerfunterlagen. Letztere können über mehrere Wochen Welpenzeit eine beträchtliche Menge Müll erzeugen, weshalb ich immer die waschbare Variante nutzen würde. Eine weitere Möglichkeit sind Hundetoiletten, die mit Roll- oder Kunstrasen bestückt sind und eine auslaufsichere Bodenwanne haben. Der Rollrasen muss selbstverständlich regelmäßig gewechselt, der Kunstrasen mindestens einmal täglich in der Dusche oder der Badewanne unter fließendem Wasser gereinigt werden. Die Rasentoiletten helfen zusätzlich bei der Gewöhnung an natürliche Untergründe, was vor allem hilfreich ist, wenn du deinen Welpen im Winter bekommst und tatsächlich einmal über längere Zeit Schnee liegen sollte. Ein Nachteil an Echt- oder Kunstrasentoiletten kann sein, dass manche Welpen die Toilette zum lustigen Spielplatz umfunktionieren und beispielsweise damit beginnen auf dem Rasenstück zu buddeln oder den Rasen zu zerrupfen. In diesem Fall ist der Gebrauch der Inkontinenzunterlagen vermutlich die bessere Variante. Egal welche Ausführung du nutzt: Meistens verstehen die Welpen sehr schnell, diesen Ort aufzusuchen, anstatt wild überall dort zu machen, wo sie gerade gehen und stehen.

Selbstverständlich sollte eine Innentoilette niemals als Ersatz für Spaziergänge genutzt werden oder um den Hund über viele Stunden alleine lassen zu können. Sie dient lediglich dazu, deinem Welpen und auch dir unnötigen Stress in Bezug auf das Erreichen der Stubenreinheit zu ersparen. Und sie hat einen weiteren Vorteil: Wird dein Hund alt und schafft es vielleicht nicht mehr so gut einzuhalten, so kannst du die Innentoilette reaktivieren. Auch hier geht es wieder darum, dem Hund Stress zu ersparen und dabei größtmögliche Hygiene und Sauberkeit zu wahren.

Ein wichtiger Hinweis noch zum Thema Stubenreinheit: Viele Welpen erledigen ihr Geschäft außerordentlich gerne in den zur Verfügung stehenden Hundebetten. Das ist kein unnormales Verhalten oder gar eine Verhaltensstörung. In den ersten Lebenswochen hält die Hundemutter die Wurfkiste sauber. Zuerst muss sie den Welpen ohnehin den Bauch lecken, damit die sich lösen können. Bei dieser Gelegenheit leckt sie den Urin gleich mit weg, Kot wird gefressen. Auch wenn die Welpen sich selbstständig lösen können, säubert die Hundemutter noch eine gewisse Zeit lang den Schlafbereich. Später übernimmt ein guter Züchter diese Aufgabe. Das Hundebett ist meistens weich und saugfähig, außerdem ist es für die meisten Welpen ein sicherer Ort. Bevor du also völlig genervt bist, weil dein Welpe Tag für Tag und manchmal sogar mehrmals am Tag das teure Hundebett mit der orthopädischen Matratze einsaut, die dann viel leicht auch ab einem bestimmten Punkt nicht mehr zu retten ist, weil du sie nicht in der Maschine wachsen kannst, tu dir selber einen Gefallen und besorge dir die bereits erwähnten Inkontinenzunterlagen, die du zum Schutz des Innenlebens auf das Hundebett legst. Du kannst einen eventuell vorhandenen abzieh- und waschbaren Bezug darüber anbringen oder du legst einfach noch eine Decke darüber. Wiederverwendbare und bei 90 Grad waschbare Inkontinenzunterlagen bekommst du im Internet, in jedem Sanitätshaus und immer wieder auch mal günstig beim Discounter. Für mich waren diese Unterlagen während Maxis Welpenzeit wirklich eine enorme Erleichterung, weil ich so die bereits vorhandenen, hochwertigen Hundebetten stehen lassen konnte, ohne sie durch einsickernden Urin ruiniert sehen zu müssen.

Mit der fortschreitenden Entwicklung deines Welpen wirst du feststellen, dass die Häufigkeit, in der er Urin und Kot absetzt, abnimmt. Bei Maxi war das ungefähr mit dem Einsetzen des Zahnwechsels im Alter von gut 15 Wochen der Fall. Es passierten immer noch ein paar kleine Missgeschicke über den Tag verteilt im Haus (trotz in aller Regel offener Terrassentür), aber größere Mengen Urin wurden ab diesem Zeitpunkt immer zuverlässiger draußen erledigt. Morgens nach dem Aufstehen beispielsweise musste ich sie nicht mehr sofort hochnehmen, um zu verhindern, dass sie ihre Pipi-

Auszug aus dem Tagebuch, 08.05.2020, Hermine ist knapp 16 Wochen alt

Sie hat den ersten Milchzahn verloren! Mein Baby wird groß! Am Montag wird sie vier Monate alt.

Aber das hat natürlich auch viele Vorteile – auch wenn die Welpenzeit so schön mit ihr ist, dass ich sie genau so gern noch ein wenig länger behalten würde.

Schauen wir doch mal, was sich seit Hermines Einzug vor 7 Wochen hinsichtlich körperlicher und psychischer Reife so getan hat:

- Also, ein Zahn fehlt, hatten wir ja schon.
- Sie hat gute 1,5 kg an Gewicht zugelegt und wiegt jetzt ca. 4,2 kg.
- Sie ist 5 cm gewachsen und damit 29 cm „groß".
- Sie beißt uns kaum noch, und wenn, dann dauern diese Attacken nur noch wenige Sekunden. Sie lässt sich mit einem „Hör auf" gut auf ein Spielzeug umlenken und sucht es sich oft schon von alleine, wenn sie der Rappel packt.
- Sie käckert und pieselt nicht mehr, wo sie geht und steht und auch deutlich weniger oft. Seit zwei Tagen marschiert sie gezielt durch die offenstehende Terrassentür nach draußen, um Geschäfte zu erledigen.
- Sie sieht nicht mehr so babymäßig aus und hat nicht mehr so ein dickes kleines Welpenbäuchlein.

- Sie hat weniger oft Hunger, weil sie bei den einzelnen Mahlzeiten jetzt im Verhältnis mehr frisst .
- Sie bekommt keinen „Du bist ein Tierquäler und pööööhse“-Weinanfall mehr, wenn sie feststellt, dass sie im Auto wirklich wieder in der Box mitfahren muss .
- Sie bleibt inzwischen meistens liegen, wenn ich im Haus umherlaufe, selbst wenn ich ins Obergeschoss gehe, sie draußen im Garten ist und ich reingehe oder andersrum .
- Sie kann alleine auf die Couch, die Gartenliege und die Gartenmöbel springen und auch über Blumentöpfe .
- Sie nimmt die Umwelt bewusster wahr und reagiert auch auf weiter entfernte Reize bis ungefähr 30 Meter .
- Sie äußert vermehrt ihre Wünsche und freut sich wie verrückt, wenn sie Maya, Emma oder uns Menschen nach laaaaaaanger Abwesenheit (z. B. nach dem Schlafen) wiedersieht .
- Wenn sie etwas hat, was sie mit einem teilen möchte, versucht sie es einem in den Mund zu stecken. Wenn sie etwas hat, was sie nicht teilen möchte, rennt sie in Windeseile davon und macht dabei ein sehr lustiges Gesicht.

Ganz schön viele Sachen, oder?

Und das sind hauptsächlich einfach nur körperliche und geistige Reifeprozesse und weniger das Ergebnis gezielten Trainings.

Ich denke, das ist mit eine der wichtigsten Informationen für Welpenbesitzer: Es muss unterschieden werden, was trainiert werden kann, sollte oder muss und was einfach nur der Bereitstellung der richtigen Lernumgebung bedarf, damit der Welpe sich in unserem Sinne zum Junghund entwickeln kann. Stubenreinheit und die Beißerei zum Beispiel sind keine Trainingsaufgaben im eigentlichen Sinne, weil man das Ergebnis nicht wirklich beschleunigen kann.

Matte im Schlafzimmer nutzte oder sich einfach auf den Schlafzimmerteppich setzte, sondern wir konnten gemeinsam ins Erdgeschoss gehen, ich hatte Zeit die Terrassentüre zu öffnen und sie ging zielstrebig auf die Wiese, um sich zu lösen.

Ein zuverlässiges Melden durch Jammern und Winseln und auch Kratzen an der Tür, um anzuzeigen, dass sie hinausmuss, hat Maxi etwa im Alter von fünf Monaten gezeigt. Wenn dein Welpe also mit vier Monaten noch nicht zuverlässig stubenrein ist, mach dir bitte keine Sorgen. Bei manchen Welpen geht es schneller, andere brauchen länger und es passieren auch im Alter von fünf oder sechs Monaten manchmal noch Missgeschicke im Haus. Hast du allerdings den Verdacht, dass es gesundheitliche Gründe haben könnte, wenn es mit der Stubenreinheit nicht recht klappen will – eine Blasenentzündung könnte beispielsweise eine Ursache sein – dann geh mit deinem Welpen auf jeden Fall zum Tierarzt, um das abklären zu lassen.

Welpenzeit genießen

Die wichtigsten Grundlagen für eine schöne Welpenzeit, während der dein Welpe eine sichere Bindung und Vertrauen zu dir aufbauen kann, kennst du jetzt. Mir ist an dieser Stelle noch einmal ganz wichtig zu betonen: Hab keine Angst vor „unerwünschtem“ Verhalten und davor, dass aus deinem Welpen ein ganz schrecklicher, „ungezogener“ und unsozialer Hund wird, wenn du nicht ... Du weißt schon.

Mach dir vorher Gedanken darüber, was für dich gar nicht geht und triff entsprechende Vorkehrungen dafür. Im folgenden Teil versorge ich dich mit vielen Infos dazu, was du in deine Überlegungen mit einbeziehen kannst.

Und wenn doch einmal etwas passiert, was du nicht bedacht hast, dann bemühe dich, besonnen zu reagieren und nicht zu schimpfen. Es ist überhaupt kein Weltuntergang, wenn dein Welpe mal etwas macht, was er nicht soll, er wird dadurch nicht zum Monster und du musst ihm schon gar nicht zeigen, wo der Hammer hängt. Hol deinen Welpen ruhig und besonnen weg von da, wo er nicht sein soll, rette ihn, wenn es nötig wird und sorg dann dafür, dass das Gleiche nicht noch einmal passieren kann.

Im nun folgenden Teil wirst du diese Grundlagen in den unterschiedlichsten Kontexten wiederfinden.

Teil 2 –

Vom Einzug bis zum Beginn der Junghundezeit

Vorbereitungen

Die Tage oder Wochen vor dem Einzug des Welpen sind etwas ganz Besonderes. Die Vorfreude ist groß und die Aufregung meist auch. Ich war vor Hermines Einzug fast ein bisschen geknickt, dass ich nicht mehr Dinge kaufen musste, denn natürlich mangelt es bei uns zuhause nicht an Hundebetten, Näpfen und so weiter, weil ja zum Zeitpunkt von Hermines Einzug bereits zwei Hunde im Haus lebten. Genau so war es bei Maxis Einzug: Eigentlich war alles schon da, was wir für sie brauchten.

Grundsätzlich braucht ein Welpe nicht besonders viel. Oft ist es sinnvoll, bestimmte Sachen erst später anzuschaffen, wenn dein Welpe nicht mehr in alles hineinbeißt und alles benagt, was ihm vor die Schnauze kommt. Aus Erfahrung kann ich dir beispielsweise sagen, dass die Idee, für deinen Welpen einen schönen Weidenkorb anzuschaffen, nur so mittelgut ist. Weidenkörbe sehen zwar hübsch aus. Aber Welpen sehen in ihnen meistens nur ein wunderbares Beschäftigungsobjekt und den unbedingten Auftrag, sie möglichst schnell in möglichst kleine Teile zu zerlegen.

Was solltest du also parat haben, wenn dein Welpe einzieht?

Ausstattung für die ersten Wochen

Wasserschüssel

Die sollte relativ schwer sein, denn Welpen nutzen die Wasserschüssel ganz gerne mal zum Drinherumplantschen. Deshalb ist es auch bei kleinen Welpen sinnvoll, eine größere Schüssel mit mehr Fassungsvermögen zu nutzen, die aber nur so hoch ist, dass der Welpe gut daraus trinken kann. Schweres Material wie Steinzeug oder Keramik und ein großes Fassungsvermögen verhindern, dass der Welpe die Schüssel umwerfen kann und eine mittelschwere Überschwemmung verursacht. Und weil viele Welpen zur Plantscherei neigen, ist es schlau, wenn du ein ausreichend großes Handtuch oder die unter dem Punkt Stubenreinheit bereits erwähnten Inkontinenzunterlagen unter die Schüssel legst. Ja, auch da besteht die Gefahr, dass dein Welpe erst recht Sauerei macht, weil er die Unterlage zum Zerrspielzeug umfunktioniert – dass da die Wasserschüssel draufsteht, ist halt Pech. Einen Versuch ist es trotzdem wert oder du versuchst einfach ein anderes Material wie beispielsweise eine dünne Gummi- oder Plastikmatte, die man beispielsweise nutzt, um empfindliche Böden vor den Rollen des Schreibtischstuhls zu schützen.

Solltest du dich für eine Plastikschüssel entscheiden (ich persönlich versuche Plastik im Alltag so weit wie möglich zu vermeiden), dann verwende bitte eine, die für Lebensmittel geeignet ist. Du erkennst das an diesem Zeichen: 🍷🍴

Damit ist sichergestellt, dass sich in dem Material keine gefährlichen Weichmacher wie z. B. Bisphenol A (BPA) befinden. BPA kann das Hormonsystem beeinflussen, die Leber, die Nieren und die Brustdrüsen schädigen und wurde 2018 in die Liste der sogenannten „Besonders besorgniserregenden Stoffe" aufgenommen.

WICHTIG

Das Herumgeplantsche ist typisches Welpenverhalten. Bitte schimpf deinen Welpen nicht dafür, sondern sorge durch die passende Gestaltung des Trinkplatzes dafür, dass es kein Drama ist, wenn dein Welpe das tut. Dieses Verhalten verwächst sich normalerweise und du musst daran nicht trainieren.

Futterschüssel

Für welchen Futternapf du dich entscheidest, ist weitestgehend Geschmackssache, wobei du im Falle von Plastik bitte auch wieder darauf achtest, dass das verwendete Material lebensmittelsicher ist. Ich empfehle dir zusätzlich zu normalen Futterschüsseln auf jeden Fall die Anschaffung von Futterutensilien, die dafür sorgen, dass dein Welpe sich mit seinem Essen beschäftigen kann. Der uns allen bekannte Ausspruch „mit Essen spielt man nicht" gilt für Hunde keinesfalls. Sich Futter zu erarbeiten, es zu suchen, es irgendwo herauszufummeln oder herauszuschlecken ist etwas sehr hundgerechtes und du schlägst damit zwei Fliegen mit einer Klappe: Dein Welpe benutzt seine Schnauze und seine Zähne für etwas Sinnvolles (du befriedigst damit direkt sein Bedürfnis alles mit der Schnauze zu erkunden) und die „Arbeit" macht ihn müde. Wichtig ist dabei, dass dein Welpe zwar ge-, aber nicht überfordert wird. Zu schwer darf das Futter also nicht zu erreichen sein, denn sonst entsteht schnell Frust und das ist nicht Sinn der Sache. Gut geeignet für den Anfang sind die weiter vorne bereits erwähnten Schleckmatten oder sogenannte Antischling-Näpfe.

Schleckmatten sind ohnehin eine sinnvolle Anschaffung, weil es hier auch Modelle gibt, die man mit Saugnäpfen an der Wand befestigen kann. Das kannst du dir wunderbar zunutze machen, wenn du deinen Welpen an Körperpflegemaßnahmen wie beispielsweise Duschen oder Bürsten gewöhnen willst. Dazu später noch mehr.

Antischlingnäpfe gibt es in verschiedenen Varianten und aus unterschiedlichen Materialien.

Auch mit befüllbaren Hohlspielzeugen können Welpen schon etwas anfangen. Diese gibt es inzwischen in den unterschiedlichsten Formen und Farben (bitte auch da wieder auf Lebensmittelsicherheit achten) und du kannst sie mit allen möglichen Leckereien füllen. Vom Nassfutter über zermatschte Banane mit Quark bis hin zu Kauartikeln – es gibt unendlich viele Varianten, die du deinem Welpen anbieten kannst. Anfangs musst du vorsichtig ausprobieren, was dein Welpe verträgt, er soll ja keinen Durchfall bekommen.

Für sehr junge Welpen oft noch zu schwierig sind Futterbälle, die sie herumkullern lassen müssen, damit Futter herausfällt. Im Alter von ca. 14 bis 16 Wochen sind aber auch solche Spielzeuge für die meisten Welpen eine wunderbare Beschäftigung.

Achte beim Einsatz von Futterspielzeugen darauf, dass dein Welpe nicht zu sehr frustriert wird. Sich etwas anstrengen müssen ist ok, einen ausgewachsenen Wutanfall bekommen müssen ist unnötig.

Futter

Wenn du deinen Welpen von einem guten Züchter bekommst, wirst du bestimmt für die ersten paar Tage Futter von ihm mit nach Hause bekommen. Es ist sinnvoll, gerade die ersten Tage dabei zu bleiben, denn der Welpe hat mit dem Umzug in sein neues Zuhause schon genug zu tun, da musst du ihm nicht noch eine Futterumstellung zumuten.

Was du dann letzten Endes fütterst, ist deine Entscheidung. Ich persönlich halte keine Fütterungsform für die einzig Wahre, denn es kommt so sehr auf den Hund an, was er mag, was er verträgt und was sich für dich gut anfühlt. Ich habe ganz zu Beginn meines Hundehalterinnen-Daseins Trockenfutter gefüttert. Dann wurde Emma mit zwei Jahren schwer krank und ich bin bei BARF (**B**iologisch **A**rtgerechte **R**oh **F**ütterung) gelandet. Das war für mich der heilige Gral und jeder, der seinem Hund Fertigfutter, am besten noch Trockenfutter, vorgesetzt hat, war in meinen Augen insgeheim ein Tierquäler. Dann kam Maya. Die sich so dermaßen vor rohem Fleisch geekelt hat, dass ich der Tierquäler gewesen wäre, hätte ich nach dem Motto gehandelt „vor dem vollen Napf ist noch keiner verhungert". Maya *wäre* vor dem vollen Napf verhungert. Sie hat viele Unverträglichkeiten und Allergien und bekommt bei Stress ganz schnell Bauchweh. Über die Jahre hat sich bei mir in Sachen Fütterung also vieles relativiert. Mittlerweile sehe ich es so: Die Inhaltsstoffe müssen hochwertig sein – hochwertig heißt aber nicht, dass das Futter mit 90% Fleischanteil und ohne Getreide ein gutes ist. Ernährung ist ein weites Feld und egal für welche Futtervariante oder welche Kombination daraus du dich entscheidest: Bedarfsdeckend muss sie sein. Das heißt, dein Welpe muss nicht nur die richtige Menge an Futter bekommen, sondern in diesem Futter müssen alle Makro- (Fett, Eiweiß, Kohlenhydrate) und Mikro-Nährstoffe (Vitamine, Mineralien, Spurenelemente) in den richtigen Mengen und im richtigen Verhältnis enthalten sein. Bei Fertigfutter musst du deshalb darauf achten, dass auf der Verpackung „Alleinfuttermittel" steht. „Einzelfuttermittel" bedeutet, dass dieses Futter alleine nicht ausreichend ist, um den Nährstoffbedarf deines Welpen zu decken, sondern es mit anderen Einzelfuttermitteln ergänzt werden muss.

Ein Hund im Wachstum hat einen anderen Bedarf als ein ausgewachsener Hund und für einen gesunden Bewegungsapparat ist es von großer Bedeutung, dass der Hund langsam wächst und dafür wiederum darf der Energiegehalt des Futters nicht zu hoch sein. Deshalb solltest du auf ein spezielles Welpenfutter zurückgreifen und nach Abschluss des Zahnwechsels auf ein Futter für Junghunde umstellen. Futter für erwachsene Hunde sollte dein Hund erst bekommen, wenn er sein eigentliches Endgewicht erreicht hat. Dieser Zeitpunkt ist bei Hunden sehr individuell, deshalb lassen sich hier kaum pauschale Angaben machen. Der durchschnittliche Parson Russell Terrier beispielsweise wiegt ausgewachsen zwischen sechs und acht Kilogramm. Individuelle Abweichungen nach oben oder unten sind dabei natürlich möglich, je nachdem, ob der Hund eher zart oder stämmig gebaut ist und wie muskulös er ist. Kleine Hunde erreichen ihr Endgewicht ungefähr im Alter von einem Jahr, bei großwüchsigen Rassen kann das auch erst mit eineinhalb oder zwei Jahren der Fall sein. Bei Welpen ist es nicht so einfach festzustellen, ob der Energiegehalt des Futters passend ist, wie bei erwachsenen Hunden, weil sie durch ein gewisses Zuviel an Energie erst mal nicht dick werden, sondern einfach schneller in die Höhe wachsen. Deshalb ist es wichtig, dass du bei deinem Welpen die Wachstumskurve im Blick behältst und ihn einmal in der Woche wiegst. Lass dich dazu am besten von einer Ernährungsexpertin beraten.

Möchtest du die Mahlzeiten für deinen Welpen selbst zubereiten, dann musst du dir in jedem Fall von einer fütterungsart-unabhängigen Expertin einen entsprechenden Plan ausarbeiten lassen. Dieser muss, entsprechend der Wachstumskurve deines Hundes, regelmäßig angepasst werden. Wird die Wachstumskurve deines Welpen bei der Erstellung und Anpassung des Futterplanes nicht miteinbezogen, handelt es sich nicht um eine seriöse Ernährungsberatung und davon solltest du die Finger lassen! Da es bei Ernährungsberaterinnen leider so ist, dass im Endeffekt jede das tun kann, die einmal ein Buch über Hundeernährung gelesen hat, rate ich dir dazu, genau zu prüfen, welche Qualifikation die Ernährungsberaterin hat, mit der du zusammenarbeiten möchtest. Frag sie vorab, ob sie eine Fütterungsart bevorzugt und ob sie bei ihren Berechnungen die Wachstumskurve deines Welpen mit einbezieht. Wenn die Ernährungsberaterin ausschließlich BARF für gut und richtig hält und auch die Wachstumskurve keine Rolle spielt, dann Finger weg. Meine persönliche Empfehlung[5]: Eine Ernährungsberatung bei meiner lieben und sehr geschätzten Kollegin Dr. Lara Steinhoff. Lara ist Verhaltensmedizinerin und weiß deshalb auch gut Bescheid über den Einfluss einer passenden Ernährung auf das Verhalten – auf die Gesundheit sowieso. Lara hat Maxis gesamte Welpenzeit ernährungstechnisch mitbegleitet und so konnte ich sicher sein, dass mein Hund rundum optimal versorgt ist Du findest Laras Kontakt und noch zwei weitere Anlaufstellen für eine tierärztliche Ernährungsberatung hinten im Buch bei den weiterführenden Informationen.

5 Dass ich Lara empfehle, heißt im Umkehrschluss natürlich nicht, dass niemand sonst empfehlenswert ist. Mir ist es aber ein Anliegen, dir eine kompetente Anlaufstelle zu bieten, wenn du dich schwertust, eine passende Ernährungsberaterin für dich und deinen Welpen zu finden.

Wie handhabe ich das nun generell mit dem Futter bei Welpen? Mir ist wichtig, dass ein Welpe möglichst viele unterschiedliche Nahrungsmittel kennenlernt, denn je einseitiger ein Hund ernährt wird, desto empfindlicher reagiert der Verdauungstrakt oft auf Futterumstellungen oder wenn der Hund einmal etwas bekommt, was er sonst nicht bekommt.

Hermine hatte bei der Züchterin Trockenfutter bekommen, das habe ich ihr die ersten paar Tage weiter gefüttert und dann angefangen, andere Trockenfutter mit dazuzugeben und auch schon die ein oder andere Mahlzeit Nassfutter. Dabei habe ich darauf geachtet, neue Futterarten und -sorten nur bis spätestens um die Mittagszeit zu geben, damit wir nicht nachts mehrmals raus müssen, sollte es doch einmal Durchfall geben. Neben Hundefutter hat Hermine auch von Anfang an „Menschenessen" bekommen. Hier mal ein Stückchen Apfel, Gurke, Banane oder Karotte, da mal ein Stück Wurst oder Käse, Abschnitte von Fleisch, Nudeln, gekochte Kartoffeln und so weiter. Es hat sich gezeigt, dass Hermine ein großer Apfel-Fan ist und so kann ich auch kleine Apfelstückchen als frische Futterbelohnung nutzen. Nicht alle Nahrungsmittel, die Menschen vertragen sind allerdings für Hunde geeignet. Auf S. 94 findest du eine Liste mit Nahrungsmitteln, die du nicht füttern solltest oder auf keinen Fall füttern darfst, weil sie für Hunde tatsächlich unverträglich oder sogar giftig sind.

Maxi hat bei der Züchterin ebenfalls Trockenfutter, aber auch Mahlzeiten aus Fleisch, Hüttenkäse, Karotten etc. bekommen. Bei Maxi habe ich kurz vor ihrem Einzug meinen Termin mit Lara zur Erstellung der Wachstumskurve gehabt und sie hat mir anhand des aktuellen Gewichts dann die passenden Futtermengen berechnet. Ich wollte eine Aufteilung 50:50 von Nass- und Trockenfutter, weil ich das Trockenfutter gerne als Leckerchen nutze. Wie bei Hermine hat Maxi von Anfang an kleine Extras bekommen, vor allem Gemüse und Obst. Wegen des hohen Wasseranteils fällt das bei der Rationsberechnung nicht wirklich ins Gewicht.

Meine beiden Hunde bekommen als Hauptfutter hochwertiges Fertigfutter, das in einem kleinen mittelständischen Betrieb in Zusammenarbeit mit der Fachtierärztin für Tierernährung und Diätik Dr. Susan Kröger zusammengestellt und produziert wird.

Egal ob du Fertigfutter oder selbstzubereitete Mahlzeiten fütterst: Wichtig ist es darauf zu achten, dass du nicht zig verschiedene Fleischsorten fütterst. Das ist im Hinblick auf Allergien von Bedeutung. Drei oder vier verschiedene Fleischsorten reichen völlig aus, um dem Hund Abwechslung zu bieten.

GEFÄHRLICHE NAHRUNGSMITTEL ODER GIFTSTOFFE

Einige Nahrungsmittel sind für Hunde gefährlich:

- Schokolade: Kakao enthält Theobromin, einen Stoff, den Hunde nicht verwerten können. Je höher der Kakaoanteil in der Schokolade ist, desto gefährlicher ist die Schokolade für deinen Hund.
- Kaffee, Cola, Schwarztee und andere stark koffeinhaltige Getränke, denn während ihres Abbaus entsteht Theobromin
- Avocado, Auberginen, Macadamianüsse, Zwiebeln, Weintrauben
- Tomaten nur reif bis überreif; grüne Stellen enthalten Solanin, das dem Hund gefährlich werden kann.
- Rohe Kartoffeln
- Rohes Schweinefleisch aus nicht-deutscher Herkunft, vor allem Wildschwein, kann ggf. den Aujeszky-Virus enthalten, der für Menschen ungefährlich ist, bei Hunden eine tödlich verlaufende Viruserkrankung auslöst.
- Verdorbene Lebens- und Futtermittel können Schimmelpilze und Bakterien enthalten, besonders zu erwähnen sind hier Walnussschalen.
- Xylit: Der Zuckeraustauschstoff befindet sich in vielen Bonbons, Kaugummis und Zahnpasta, wird aber immer häufiger auch zum Süßen von Backwaren genutzt.

Auch viele Zimmer- und Gartenpflanzen können gefährlich werden, dazu gehören vor allem:

- Narzisse / Osterglocke
- Dieffenbachie
- Prachtlilie
- Weihnachtsstern
- Wüstenrose
- Adonisröschen
- Avocado
- Bocksdorn
- Buchsbaum
- Eibe
- Eisenhut
- Engelstrompete
- Fingerhut
- Germer
- Goldregen
- Herbstzeitlose
- Hundspetersilie
- Kakao
- Kirschlorbeer
- Lein
- Maiglöckchen

- Nachtschatten
- Nieswurz
- Oleander
- Pfaffenhütchen
- Rhododendron
- Rittersporn
- Rizinus
- Robinie
- Sadebaum / Stinkwacholder
- Schierling
- Seidelbast
- Stechapfel
- Stechpalme
- Tollkirsche
- Tollkraut / Glockbilsenkraut
- Tulpe
- Wandelröschen
- Wasserschierling
- Wolfsmilch
- Wurmfarn

Diese Liste erhebt keinen Anspruch auf Vollständigkeit. Es gibt noch einige weitere Pflanzen, die für Hunde giftig sind. Eine ausführliche Zusammenstellung von Giftpflanzen findest du im Internet:

www.botanikus.de/Botanik3/Tiere/Hunde/hunde.html

Wenn du vermutest, dass dein Welpe etwas Giftiges gefressen haben könnte oder bereits Symptome für eine Vergiftung zeigt, musst du mit ihm sofort zum Tierarzt!

Folgende Symptome können auf eine Vergiftung hinweisen:

- Unruhe
- Muskelzittern
- Erhöhte Atem- und Herzfrequenz, gefolgt von Krämpfen und Kollaps
- Erbrechen oder Durchfall
- Temperaturabfall
- Bewusstseinsstörungen
- Zentralnervöse Störungen oder leichte Bewegungsstörungen
- Apathisches Verhalten
- Pupillenerweiterung
- Berührungsempfindlichkeit
- Verstärkter Harnabsatz
- Futterverweigerung

Verzichte bitte komplett darauf, Pferdefleisch sowie Fleisch, Kauartikel oder Fertigfutter von Exoten an deinen Welpen zu verfüttern. Das frei verkäufliche Angebot ist inzwischen riesig und so bekommt man bei uns in Deutschland nicht nur in fast jedem Zoofachgeschäft (und online sowieso) Pferdefleisch und Produkte daraus zu kaufen, sondern auch alle möglichen anderen Fleischsorten, wie Strauß, Känguru und Wasserbüffel. Sollte dein Hund an einer Allergie leiden oder später im Leben eine entwickeln, dann musst du mit ihm eine sogenannte Ausschlussdiät machen, bei der über einen Zeitraum von mindestens sechs Wochen nur eine Proteinquelle, also eine bestimmte Sorte Fleisch, und eine Kohlenhydratquelle gefüttert werden darf. Für eine solche Ausschlussdiät sollte der Hund eine Fleischsorte bekommen, die er zuvor nie gegessen hat. Wenn du schon im Welpenalter einmal quer durchs Regal fütterst, ohne darauf zu achten, kann das im Allergiefall also ein echtes Problem darstellen.

Leckerchen

Nicht nur das Hauptfutter deines Welpen, sondern auch die Leckerchen, die du benutzt, sollten hochwertig sein und natürlich sollte dein Welpe sie gerne fressen. Ein gesunder Welpe ist in der Regel nicht wählerisch und so bleibt es im Großen und Ganzen dir überlassen, welche Leckerchen du nimmst. Du kannst dir beispielsweise ein hochwertiges Trockenfutter mit kleinen, der Größe deines Welpen angepassten Kroketten suchen. Das ist eine einfache und meistens auch sehr gute Lösung. Aber der Fachhandel hält natürlich ein breites Sortiment bereit, aus dem du wählen kannst. Grundsätzlich kommen auch Dinge aus dem Kühlschrank wie Wurst- und Käsewürfelchen in Frage, allerdings muss man hinsichtlich der Mengen den vergleichsweise hohen Fett- und Salzgehalt berücksichtigen. Die Leckerchen schlagen sich natürlich auch in der Energiebilanz nieder und beeinflussen entsprechend auch das Wachstum deines Welpen. Deshalb sollten sie in die Gesamtration mit einbezogen werden, um einen zu hohen Gesamtenergiegehalt in der Tagesration deines Welpen zu verhindern.

Dass du Leckerchen nutzen solltest, steht völlig außer Frage. Jedes erwünschte Verhalten, das dein Hund zeigt, kannst du theoretisch mit Futter verstärken und vor allem bei Welpen ist Futter meistens ein guter, sehr praktikabler Verstärker. Je älter der Hund wird, desto mehr spielt wirklich bedürfnisgerechte Belohnung eine Rolle, weil die Welt des Hundes mit zunehmendem Alter immer größer wird.

Links die Tasche von Doggone Good, in der Mitte eine mittelgroße Tasche von Nijens und rechts ein größeres Modell.

Zu Hause kannst du einfach an verschiedenen Plätzen kleine Schälchen mit Leckerchen aufstellen, sodass du quasi immer eines griffbereit hast. Zusätzlich fünf bis zehn kleine, trockene Leckerchen in die Hosentasche und du bist allzeit bereit, deinen Welpen mit mehr als nur Lob und Zuwendung zu belohnen.

Leckerchenbeutel

Für draußen empfehle ich dir einen Leckerchenbeutel. Ich persönlich nutze seit Jahren am liebsten die Taschen von Doggone Good und Nijens. Es ist wichtig, dass du nicht ewig rumfummeln musst, um an ein Futterstück zu kommen und es ist auch wichtig, dass du nicht den halben Inhalt der Tasche auf dem Boden verteilst, wenn du dich bückst, um das Häufchen deines Hundes einzusammeln. In beiden Taschen hat auch eine Rolle Kotbeutel Platz und du kannst auch noch eine kleine Packung Feuchttücher verstauen. Und glaub mir, für diesen Tipp wirst du mir irgendwann dankbar sein. Zum Beispiel, wenn einer deiner Kotbeutel mal ein Loch hat und du das erst bemerkst, wenn es schon zu spät ist oder wenn dein Hund etwas ausgesprochen Ekliges findet, in dem er sich genüsslich wälzt. Ich bin NIE ohne Feuchttücher unterwegs. Die Nijens-Taschen gibt es in unterschiedlichen Varianten und man kann sie durch Zubehör wie Extra-Täschchen für Kotbeutel oder eine kleine Wasserflasche aufrüsten. Alle Modelle bieten grundsätzlich mehr Platz als die Taschen von Doggone Good und sind deshalb eine gute Wahl, wenn du auch noch dein Handy und deinen Geldbeutel darin verstauen möchtest.

Schlafplatz

Ich persönlich kaufe mittlerweile am liebsten orthopädische Hundebetten. Diese Betten haben eine Liegefläche aus speziellem Schaumstoff, der sich dem Körper des Hundes optimal anpasst, ihn stützt und so entspannten, gesunden Schlaf ermöglicht. Für mich gibt es keinen Grund, *keine* orthopädischen Hundebetten anzuschaffen. Solche Betten gibt es in den unterschiedlichsten Ausführungen. Als dicke oder dünne Matratze mit Rand oder ohne, rund, eckig und in allen möglichen Designs, Farben und Bezugsstoffen.

Die meisten Welpen mögen gerne relativ kleine Betten, in die sie sich einkuscheln können. Deshalb ist es sinnvoll, dem Welpen zunächst ein kleineres Bett zu kaufen, in dem er sich wohl und geborgen fühlen kann und zusätzlich ein zweites, in dem er auch gut komplett ausgestreckt liegen kann und in das er auch als ausgewachsener Hund noch gut hineinpasst.

Achte beim Kauf von Hundebetten darauf, dass du den Bezug abnehmen und waschen kannst. Welpen pieseln wie bereits erwähnt durchaus auch mal in ihr eigenes Bett. Die Annahme, dass ein Welpe sein eigenes „Nest" nicht beschmutzen würde, ist falsch und ein Welpe, der das tut, ist nicht verhaltensgestört. Im Gegenteil: Das eigene Bett ist meistens ein warmer, vertrauter und damit sicherer Ort und da fällt es einem Hundekind oft viel leichter, sich zu lösen als draußen. Mit den oben genannten Inkontinenzunterlagen oder wasserdichten Laken überbrückst du die Zeit bis zum vollständigen Erreichen, ohne dich groß ärgern zu müssen.

Spielzeug

Spielsachen für deinen Welpen kannst du nicht genug haben. Im ersten Teil hast du ja bereits erfahren, warum. Ideal ist es, wenn du deinem Welpen eine Spielzeugkiste zur Verfügung stellst, aus der er sich nach Belieben selbst bedienen kann und deren Inhalt du alle paar Tage austauschst. Das heißt nicht, dass du immer neue Sachen kaufen musst (auch wenn du das sicher sowieso tun wirst, weil Hundesachen shoppen einfach immer geht ...), sondern dass du einen Teil der Spielsachen zur Verfügung stellst und einen anderen Teil außer Reichweite des Welpen aufbewahrst. So kannst du ihm immer wieder etwas „Neues" anbieten, mit dem er sich beschäftigen kann. Neben dem im Handel erhältlichen Hundespielzeug kommen auch alle möglichen anderen Dinge in Frage: Alte Socken, Hand- oder Geschirrtücher in die man einen Knoten macht, die Pappinnenteile von Toiletten- oder Küchenpapierrollen, alte Stofftiere (Plastiknasen und Augen sowie quietschende Innenteile werden bevorzugt herausoperiert – ich komme später noch darauf, ob das gefährlich ist und wie du damit umgehen kannst), ein altes Paar Schuhe, 20 bis 30 Zentimeter lange Aststücke von ungespritzten Obstbäumen (die sind weich und splittern nicht und es besteht keine Gefahr, dass dein Welpe sich einen Holzsplitter ins Zahnfleisch rammt; ideal sind Holunderzweige), leere, zerknüllte Bäckers- oder Metzgerstüten und und und.

Immer wieder gibt es Diskussionen, ob man Welpen bzw. Hunden im Allgemeinen Quietschspielzeug geben darf oder nicht. Teilweise wird das Argument angeführt, dass ein Hund, der mit Quietschspielzeugen spielt, auf diese Art und Weise regelrecht scharf gemacht und deshalb anfangen würde, kleine Tiere zu jagen und zu töten. Weil die dabei auch quieken. Das ist ziemlicher Käse. Jeder Hund hat mehr oder weniger jagdliche Motivation im Gepäck und gerade bei jagdlich sehr ambitionierten Hunden ist es wichtig, ihnen dafür einen erlaubten Kanal ganz weit aufzumachen. Ein Hund, der sein Beutefangverhalten an Gegenständen ausleben kann und dabei auch noch ein paar wichtige Dinge in Sachen Selbstbeherrschung, Gelassenheit etc. lernen darf, wird in Sachen Wild und Jagdverhalten deutlich besser kontrollierbar sein als ein Hund, der zusätzlich noch unter einem Mangel an Bedürfnisbefriedigung leidet. Also nur keine Hemmungen, was Quietschspielzeuge betrifft, sofern dich selbst das Gequietsche nicht einfach wahnsinnig nervt. Bei uns überleben Quietschspielzeuge übrigens keine zwei Minuten. Auch nicht die unzerstörbaren. Wenn irgendetwas quietscht, dann nimmt Hermine das so schnell auseinander und baut die Quietsche aus, so schnell kann ich gar nicht schauen. Quietschspielzeuge sind für meine Terrier ein absolutes Highlight und ich habe immer zwei, drei kleine davon vorrätig, um sie als besonders tolle Belohnung rauszurücken, beispielsweise für einen gelungenen Rückruf.

Für Fellspielzeuge gilt übrigens das Gleiche. Man macht einen Hund nicht wild auf Kaninchen, weil man ihm ein Spielzeug mit Kaninchenfell anbietet, sondern man kann es gezielt zur Bedürfniserfüllung und zum Training der Kontrolle unerwünschten Jagdverhaltens nutzen. Ich persönlich stelle Fellspielzeug allerdings nicht zur freien Verfügung, weil auch das geschreddert wird. Terrierhaushalt eben, und dafür ist es mir schlicht und ergreifend auch zu teuer. Wer sich mit Fellspielzeug so gar nicht anfreunden kann, weil es halt von einem echten Tier stammt, kann problemlos auf Kunstfellspielzeuge zurückgreifen.

Kauartikel

Neben der Spielzeugkiste empfehle ich dir außerdem eine Kaukiste. Ich persönlich nutze nur sogenannte Naturkauartikel. Das sind Teile von Tieren, die nur zurechtgeschnitten und getrocknet wurden. Die beliebten Kauröllchen oder Büffelhautknochen bestehen aus mehr oder weniger stark mit Chemikalien behandelter Rinderhaut, die dann in Knochen- oder Röllchenform gebracht wurde. Vor allem auf Billigprodukte unbekannter Herkunft solltest du verzichten. Viele dieser Produkte kommen aus China und sind mit Schadstoffen belastet. Bezugsquellen für naturbelassene Kauartikel aus deutscher Herstellung findest du am Ende des Buches.

Mit welchen Naturkauartikeln du die Kaukiste befüllst, hängt sehr von deinem Welpen ab. Wenn du eine kleine Raupe Nimmersatt hast, die sich ein Kauteil nach dem anderen einverleibt, dann ist es sinnvoll, hauptsächlich große und harte Kauartikel anzubieten, mit denen der Welpe sich zwar beschäftigt, die er aber mit seinen Milchzähnen noch nicht schnell zerbeißen und auffressen kann. Dazu gehören zum Beispiel große Stücke Rinderkopfhaut, große Rinder- oder Schweineohren, Rindernasen und -strossen (Strossen sind getrocknete Teile der Luftröhre und bestehen hauptsächlich aus Knorpel- und Bindegewebe).

Beschränke dich bei der Auswahl der Fleischsorten, die du verfütterst, bei den Kauartikel auf die gleichen, die du auch im Hauptfutter deines Welpen nutzt und verzichte auch hier auf Exoten, wie Känguru, Strauß etc. Zusätzlich zu den großen Kauartikeln solltest du deinem Welpen aber auch Kauartikel zur Verfügung stellen, die er wirklich fressen kann. Das Welpengebiss kann problemlos getrockneten Pansen, Stängelchen aus gedrehter Kalbsblase, Kaninchen- und Lammohren, Lungenstücke oder die so-

ACHTUNG!

Auf Schlund und Kehlkopf solltest du grundsätzlich verzichten, denn an diesen Kauartikeln ist oft Schilddrüsengewebe vorhanden. Darin sind Schilddrüsenhormone enthalten, die sich direkt auf die Schilddrüsenhormone deines Welpen auswirken. Bekommt ein Hund Schilddrüsengewebe anderer Säugetiere zu fressen, steigen seine eigenen Schilddrüsenwerte an und es können ernährungsbedingten Symptome einer Schilddrüsenüberfunktion, wie Nervosität und schlecht zur Ruhe kommen, entstehen.

genannten Hundespaghetti aus getrocknetem Schweinedarm vernichten. Auch nicht-tierische Produkte werden gern genommen, Karotten sind zum Beispiel auch prima zum Knabbern.

Unsere Kaukiste: Bestückt mit unterschiedlichen Kauartikeln, an denen sich Mine und Maxi als Welpen jederzeit bedienen konnten.

Der große Vorteil an frei zur Verfügung stehenden Kauartikeln – neben der Tatsache, dass die Wahrscheinlichkeit steigt, dass dein Welpe sich damit befasst, anstatt mit deinen Einrichtungsgegenständen – ist, dass du dadurch von Anfang an dafür sorgen kannst, dass dein Hund nicht alles, was fressbar ist, in Windeseile in sich hineinschlingt. Damit beugst du der Ressourcenverteidigung vor und das ist nicht nur zu Hause wichtig, sondern vor allem draußen, wenn es darum geht, nicht einfach alles zu fressen, was man auf dem Boden findet.

Auf dem Bild siehst du unsere Kaukiste.Diese Kiste ist jederzeit für meine Hunde zugänglich und es sind immer unterschiedliche Kauartikel zur Auswahl. Das geht deshalb, weil diese Kiste mit ihrem Inhalt von Anfang an zur Verfügung stand und Kauartikel deshalb nichts Besonderes und dadurch auch nichts Verteidigenswertes sind. Die Hunde holen sich dann etwas, wenn sie Lust darauf haben. Manchmal nehmen sie sich zwei Sachen am Tag, manchmal nur eine und an manchen Tagen kauen sie gar nichts. Trau dich ruhig, das auszuprobieren. Du wirst sehen, dein Welpe wird sich nicht vollfressen, bis er platzt, wenn du die Zusammenstellung der Kauartikel so handhabst, wie ich es oben beschrieben habe.

VORSICHT IM MEHRHUNDEHAUSHALT

Wenn du mehrere Hunde hast und das Risiko von Streitigkeiten besteht, dann verzichtest du bitte erst mal auf eine Kaukiste und lässt dich von einer Verhaltensberaterin unterstützen, damit die Hunde einen guten Umgang mit Ressourcen erlernen können.

Brustgeschirr

Bitte verwende von Anfang an ein Brustgeschirr für deinen Welpen anstelle eines Halsbands. Welpen können noch nicht an der Leine laufen, sie sind impulsiv und springen herum. Wenn du die Leine am Halsband befestigst, dann bekommt dein Welpe nicht nur immer wieder keine Luft, sondern auch sein Kehlkopf, seine Speiseröhre, seine Schilddrüse, sein Zungenbein und seine Halswirbelsäule werden jedes Mal, wenn Zug auf die Leine kommt, in Mitleidenschaft gezogen. Hier geht es um das körperliche Grundbedürfnis der Schmerzfreiheit. Das passende Brustgeschirr wählst du nach Größe und Gewicht deines Welpen aus. Die Gurte müssen so breit sein, dass sie nicht einschneiden, dürfen aber nicht so breit sein, dass sie den Bewegungsablauf deines Welpen beeinträchtigen. Grundsätzlich nicht geeignet sind deshalb Sattelgeschirre. Sie schränken den Bewegungsablauf des Hundes komplett ein und Fehlentwicklungen sind vorprogrammiert.

WICHTIG ZU WISSEN:

Später, wenn dein Hund ausgewachsen ist, lohnt sich die Anschaffung eines maßgefertigten Doppel-X-Geschirrs. Sowohl der Brust- als auch der Rückensteg sind geteilt, und der Ring zur Befestigung der Leine ist beweglich. Durch diese besondere Art der Fertigung passen diese Geschirre richtig gut und verrutschen auch bei der Nutzung einer Schleppleine quasi nicht. Im Handel sind diese Geschirre bislang nicht erhältlich, aber eine Bezugsquelle dafür findest du am Ende des Buchs.

Hermine trug als Welpe ein verstellbares Y-Geschirr.

Unschlagbar in der Passform und deshalb meine absoluten Favoriten unter den Brustgeschirren: Doppel-X-Geschirre.

Da Welpen schnell wachsen, ist es gut, wenn das Geschirr verstellbar ist. Wichtig ist auch, dass das Geschirr gut sitzt und nirgends drückt oder scheuert. Am besten geeignet sind H- oder Y-Geschirre, die es von unterschiedlichen Herstellern in unterschiedlichen Ausführungen gibt.

Die Leine sollte auf das Gewicht des Welpen abgestimmt sein. Ist sie zu schwer oder der Karabiner unverhältnismäßig groß, kann das den Welpen stören.

Leine

Eine ganz einfache, drei Meter lange, leichte Leine ohne Ringe genügt vollkommen. Für Welpen nutze ich gerne Leinen aus Biothane, da es dieses Material auch in einer leichten und ultra-leichten Variante gibt und die Leine so gut der Größe und dem Gewicht des Welpen angepasst werden kann. Biothane ist ein absolut reißfestes Kunststoffmaterial, das extrem einfach sauberzuhalten ist. Einmal durch einen feuchten Lappen gezogen und die Leine ist so gut wie neu. Biothane hat den Nachteil, dass es relativ rutschig ist, sobald es nass wird. Aber bei Welpen spielt das normalerweise keine große Rolle, weil sie noch nicht so viel wiegen und in der Regel auch nicht so reaktiv sind, dass es schwierig wird, sie sicher zu halten. Wenn du einen Welpen einer sehr großen Rasse oder einen sehr ängstlichen Welpen zu dir nimmst, kann eine gummierte Leine allerdings die bessere Wahl sein.

Eine kürzere Leine empfehle ich grundsätzlich nicht, weil damit vorprogrammiert ist, dass dein Welpe an der Leine zieht und du so gar nicht erst die Möglichkeit bekommst, ihm belohnungsbasiert beizubringen, an lockerer Leine zu gehen. Dazu später mehr. Eine längere Leine (Schleppleine mit fünf oder mehr Metern) kann sinnvoll sein, wird aber meistens erst dann gebraucht, wenn der Welpe schon zwölf Wochen oder älter ist, weil dann der Erkundungsradius langsam größer wird und es nicht immer und überall gefahrlos möglich ist, den Welpen frei oder mit hinterherschleppender Drei-Meter-Leine laufen zu lassen. Auch die Schleppleine sollte an Größe und Gewicht des Hundes angepasst sein und auch hier sind Leinen aus Biothane oder gummierte Leinen meine erste Wahl. Eine Bezugsquelle, wo du dir Leinen nach deinen Wünschen anfertigen lassen kannst, findest du im Anhang.

Pfeife

Für das Rückruftraining brauchst du eine Pfeife. Warum ich von Beginn an mit der Pfeife trainiere, erkläre ich dir weiter hinten im Buch, im Kapitel „Die Welt entdecken". Ich benutze am liebsten die Pfeifen von ACME oder Munkees. Die haben einen guten Ton und tragen weit, auch wenn der Wind ungünstig steht.

Pflegeutensilien

Um deinen Welpen zu pflegen und vor allem auch, um ihn auf künftige Körperpflegemaßnahmen sowie medizinische Behandlungen vorzubereiten, brauchst du einige Dinge:

- Eine Zeckenzange oder einen Zeckenhaken, je nachdem, womit du besser zurechtkommst.
- Eine weiche Bürste oder einen Gummi- / Silikonstriegel, je nachdem, ob dein Hund ganz kurzes oder längeres Fell hat.
- Wischtücher (normales Küchentuch oder Taschentücher sind ausreichend), Lappen (z. B. aus Mikrofaser, mit denen du deinen Hund auch nass abwischen kannst) und Handtücher, um deinen Hund abzutrocknen.
- Fingerlinge oder eine spezielle Hundezahnbürste für die Zahnpflege.
- (Leere) Fläschchen und Tuben, um die Anwendung von Ohrentropfen und Augensalbe zu simulieren.
- Eine Krallenschere / -zange.
- Eventuell eine Schere mit abgerundeter Spitze und eine günstige Schermaschine, sofern das Fell deines Hundes später regelmäßig geschnitten oder geschoren werden muss.
- Für Hunde mit rauem oder drahtigem Fell, die getrimmt werden müssen, einen Bimsstein.
- Ein passendes Hundeshampoo oder eine spezielle Hundeseife. Produkte für Menschen sind ungeeignet, weil der pH-Wert des Schutzmantels der Haut beim Hund höher liegt als beim Menschen.

Sicherung fürs Auto

Du musst deinen Welpen im Auto sichern. Dafür gibt es grundsätzlich drei unterschiedliche Möglichkeiten:

1. Transportbox auf dem Beifahrersitz oder der Rückbank
2. Im speziellen Hundeautositz auf dem Beifahrersitz oder auf der Rückbank
3. Angeschnallt auf der Rückbank

Ich persönlich habe es bei Hermine und Maxi so gehandhabt, dass sie anfangs gesichert auf dem Beifahrersitz mitgefahren sind. Weil das kein Problem war, habe ich nach einigen Fahrten die Transportbox auf den Beifahrersitz gestellt und als auch das kein Problem war, ist die Transportbox auf die Rückbank gewandert. Für mich persönlich ist die Box mittig auf der Rückbank die sicherste Lösung, denn dort hat man bei einem Unfall die größte Knautschzone drumherum.

Auf gar keinen Fall gehört ein Welpe alleine und am besten noch ungesichert in den Kofferraum. Du kriegst nicht mit, wenn er Stress hat, außer er hat so riesigen Stress, dass er sich gleich lautstark bemerkbar macht.

Weiter hinten im Buch findest du mehr Infos zum Thema Autofahren.

Absperrgitter

Ich empfehle, mindestens ein mobiles Absperrgitter parat zu haben, damit du Bereiche, in die der Welpe aus Sicherheitsgründen nicht gelangen soll, sichern kannst. Bei den Gittern gibt es unzählige Varianten. Man kann Trenngitter zum Beispiel an Treppen oder an Türstöcken auch fest installieren und das ist in manchen Fällen bestimmt auch sinnvoll. Es kommt einfach auch auf die Bedingungen bei dir zu Hause an. Ein mobiles Gitter hat den Vorteil, dass du es flexibel immer genau dort einsetzen kannst, wo du es gerade brauchst, wenn du kurzfristig Management betreiben musst oder möchtest. Mobile Absperrgitter bekommst du im Tierbedarfshandel. Wenn du es lieber etwas stylischer magst, leisten Kaminabsperrgitter gute Dienste.

Der Treppenabgang ist mit einem Gitter geschützt, um die Absturzgefahr für den Welpen zu bannen.

Wagen

Eine Sache, auf die ich nie wieder verzichten möchte, wenn ich einen Welpen habe, ist ein Wagen. Es gibt unterschiedliche Modelle, ich persönlich bevorzuge die Variante, die ein Fahrradanhänger ist, der aber auch wie ein Kinderwagen geschoben werden kann. Diesen Wagen hatte ich bei Maxi von Anfang an bei unseren Ausflügen dabei und er hat sich als unfassbar hilfreich herausgestellt. Ich habe meine Welpen schon immer auf die Spaziergänge mit den älteren Hunden mitgenommen. Nun kann und soll so ein Welpe aber natürlich keine Stunde oder gar noch länger spazieren gehen müssen, sondern nur so viel, wie sie sich freiwillig zumuten. Bei sehr jungen Welpen reichen oft bereits zehn bis fünfzehn Minuten Herumlaufen und sie werden müde. Das zeigen sie an, in dem sie sich hinsetzen oder -legen oder dich anspringen, weil sie gerne auf den Arm genommen werden möchten. Ist dein Welpe erst acht, neun Wochen alt, dann geht das natürlich auch noch mit Welpen größerer Rassen, aber bald schon wird es sehr mühsam und je nach Größe des Hundes auch echt ungemütlich für den Hund und für den Menschen. Hast du eine fahrbare Ruhezone dabei, so ist das Gold wert. Und auch ein anderer Aspekt spielt eine Rolle: Die meisten Welpen fürchten sich zunächst beispielsweise vor fremden Hunden oder finden manche Umweltreize gruselig. Der Wagen kann als mobile Sicherheitszone dienen und damit hast du in Sachen Selbstwirksamkeit, Handlungsfähigkeit und Selbstbestimmung für deinen Welpen einen unschätzbaren Vorteil. Maxi hat sehr schnell gelernt, dass sie immer in diesen Wagen gehen kann, wenn sie möchte. Das hat lange Spaziergänge in ruhiger Umgebung für mich möglich gemacht, weil sie darin schlafen konnte, Entdeckungstouren in aufregenderen Umgebungen waren für sie nie überfordernd, weil sie immer, wenn sie sich etwas unsicher war, einfach einsteigen und sich alles aus der Sicherheit des Wagens heraus anschauen konnte. Hat sie dann festgestellt, dass die Situation offensichtlich ungefährlich war, ist sie wieder aus dem Wagen geklettert und hat Erkundungs- und Neugierverhal-

Das Maxi-Taxi hat uns vor allem in den ersten Wochen super Dienste auf unseren Erkundungstouren geleistet.

ten zeigen können. Insbesondere in Bezug auf fremde Hunde hat der Wagen uns allerbeste Dienste geleistet. Anstatt den Welpen auf dem Arm in Sicherheit zu bringen, was unter Umständen bei manchen Hunden Hochspringen auslösen kann, kann er in seinem Wagen ohne körperliche Einschränkung sitzen und wir können den fremden Hund leicht daran hindern, seinen Kopf in die Öffnung zu stecken, indem wir sie mit unserem Körper abschirmen.

Genialer Nebeneffekt: Auf diese Art und Weise macht dein Welpe von Anfang an positive Erfahrungen mit dem Gefährt. Eine spätere Gewöhnung an einen Fahrradanhänger fällt somit komplett weg, es muss lediglich noch das Fahren eventuell ein wenig geübt werden. Und auch im Hinblick auf mögliche Verletzungen oder den später alten Hund gibt es nur Vorteile, wenn schon der Welpe einen Wagen als mobile Sicherheits- und Ruhezone kennengelernt hat.

Die Wohnung welpensicher machen

Da Welpen alles mit der Schnauze und den Zähnen erkunden, musst du dafür sorgen, dass alles, was dein Familienzuwachs keinesfalls in die Fänge bekommen darf, sicher verräumt ist. Nicht nur, weil dein Welpe Dinge kaputt machen wird, sondern vor allem wegen der Vorbeugung von Ressourcenverteidigung, wie weiter vorne schon erwähnt. Was du tun kannst, wenn dein Welpe doch einmal etwas erwischt hat, was er nicht haben soll, dazu später mehr. Im Sinne des bindungsorientierten Umgangs und des belohnungsbasierten Trainings ist es allerdings wirklich von größter Bedeutung, dass du gutes Management betreibst, sodass Situationen, in denen der Welpe unerwünschtes Verhalten zeigen kann, am besten gar nicht erst entstehen.

Was genau solltest du also auf dem Schirm haben, bevor dein Welpe einzieht?

- Sichere Treppen durch Absperrgitter o. Ä.; dein Welpe soll und darf Treppen erkunden, wenn er bereit dazu ist, aber nur unter deiner Aufsicht. Da Welpen noch nicht über eine gute Körperbeherrschung verfügen und tollpatschig sind, ist die Gefahr groß, dass sie die Treppe herunterfallen, sich dabei verletzen oder zumindest Angst vor Treppen entwickeln.
- Solltest du einen Gartenteich oder einen Pool haben, musst du diesen unbedingt sichern und dafür sorgen, dass dein Welpe keinesfalls unbeaufsichtigt im Garten ist. So schnell schaut man manchmal gar nicht und der Welpe fällt hinein. Abgesehen davon, dass er damit eine erste hässliche Erfahrung mit Wasser macht, be-

steht tatsächlich die Gefahr, dass er ertrinkt. Eine günstige, sowie einfach auf und wieder abbaubare Lösung ist Sechseckgeflecht aus Draht, dass du in unterschiedlichen Stärken und Höhen kaufen kannst. Bedarfsgerecht an ein paar Holzpfosten getackert, die du dann entweder in die Erde schlägst oder mit einem Standfuß versiehst, kannst du dir so schnell eine passende Absperrung basteln, die nicht die Welt kostet, auch wenn es um größere Bereiche geht, die du absichern musst.

- Stell zerbrechliche und / oder wertvolle Gegenstände außer Reichweite des Welpen; so verhinderst du, dass du dich ärgerst und natürlich auch, dass dein Welpe sich ggf. an Scherben verletzt.
- Räum Tischdecken und teure Teppiche vorerst weg; an Tischdecken kann man hervorragend ziehen und damit den ganzen Tisch abräumen, Teppiche saugen Pipi besonders gut auf und werden deshalb gern als Löseplatz genutzt.
- Sichere Kabel so, dass dein Welpe nicht drankommt, z. B. durch Kabelröhren oder das geschickte Platzieren von Möbelstücken.
- Zimmerpflanzen müssen unbedingt so aufgestellt werden, dass sie vor deinem Welpen sicher sind und er vor ihnen: Erstens sind viele Zimmerpflanzen giftig für Hunde (eine entsprechende Liste findest du auf S. 94) und dein Welpe wird hineinbeißen, zweitens lädt Erde zum Graben ein - und dein Welpe *wird* graben.
- Wenn du einen Balkon hast: Stell sicher, dass nirgends ein Spalt ist, durch den der Welpe sich hindurchquetschen kann, da er ansonsten entweder steckenbleiben oder vom Balkon fallen kann.
- Das Gleiche gilt natürlich für den Gartenzaun: Es ist ganz erstaunlich, wo Welpen durchpassen oder eben nicht und steckenbleiben. Kontrolliere also vor Einzug des Welpen den Zaun auf etwaige Gefahrenstellen.
- Putzmittel und andere gefährliche Substanzen müssen so unter Verschluss sein, dass der Welpe nicht drankommt.
- Essbares, auch wenn es noch originalverpackt ist, muss so verstaut werden, dass der Welpe sich nicht alleine Zugang dazu verschaffen kann. Vieles, was für Menschen gut verträglich ist, ist für Hunde nichts oder es ist sogar gefährlich. Hinten im Buch findest du auch hierfür eine Liste.
- Prüfe im gesamten Haushalt, ob sich darin Dinge befinden, die Xylit enthalten. Xylit ist ein Zucker-Ersatzstoff, auch Xylitol, Pentanpentol oder Birkenzucker genannt und dieser Stoff ist für Hunde extrem gefährlich. Er kann auch in geringen Mengen eine tödliche Unterzuckerung bei Hunden auslösen. Leider steckt der Stoff in vielen Produkten, die man gar nicht auf dem Schirm hat, beispielsweise in Kinderzahnpasta, den meisten (Zahnpflege-)Kaugummis, Backzutaten und sogar in manchen Handcremes. Xylit selbst und sämtliche Produkte, in denen es enthalten ist, sollten aus Sicherheitsgründen in keinem Hundehaushalt vorkommen.

Die Sache mit dem Treppensteigen

Immer wieder liest oder hört man, dass Welpen keinesfalls Treppen steigen dürfen und dass man sie – da unterscheiden sich die Angaben – mindestens bis zu einem Alter von sechs oder gar zwölf Monaten tragen soll.

Für den fachlichen Hintergrund möchte ich hier Prof. Dr. Martin Fischer zitieren:

„Leider gibt es keine einzige Studie, welche den Einfluss des Treppensteigens bzw. Treppentragens auf die spätere Entwicklung des Bewegungsapparates des Hundes untersucht hat, wir können also den vielen Meinungen kein gesichertes Wissen entgegenhalten, aber umgekehrt beruhen auch die Meinungen nicht auf irgendeinem haltbaren Befund. Es kann also jeder selber entscheiden, wie er es mit dem Treppentragen seines Hundes hält, aber andere belehren darf er nicht – und es gibt auch die ‚fürsorgliche Belagerung' (Heinrich Böll). Mit anderen Worten, Fürsorge ist in Ordnung, man kann sie aber auch trefflich übertreiben!"[6]

Bisher hat sich daran leider nichts geändert, aber seit 2021 läuft unter der Leitung von Prof. Dr. Fischer eine Langzeitstudie[7], in der unter anderem auch das Thema Treppensteigen Berücksichtigung findet.

Wie sehe ich also die Sache mit dem Treppensteigen?

Eigentlich ganz einfach: Welpen müssen sich für eine gute körperliche und geistige Entwicklung bewegen, rennen, spielen und herumturnen. Und zwar so, wie sie es möchten. Ich kenne keinen einzigen Welpen, der im Alter von acht, neun Wochen freiwillig eine Treppe in den dritten Stock hinauflaufen würde, geschweige denn hinunter. In diesem Alter versucht der Welpe vielleicht gerade mal ein, zwei Stufen zu erklimmen und mit großer Wahrscheinlichkeit traut er sich dann alleine nicht mal diese beiden Stufen wieder herunter.

Je älter der Welpe wird, desto mehr wird er sich trauen und irgendwann auch mehrere Stufen oder eine ganze Treppe laufen wollen. Bis er sich die gleiche Treppe auch herunter traut, wird es etwas länger dauern. Hermine ist die offene Treppe in unserem damaligen Haus zum ersten Mal alleine mit elf Wochen hinaufgelaufen. Zu die-

6 Prof. Dr. Martin S. Fischer in gkf Info 36: 27-29, 2012
7 www.gangwerkentwicklung.uni-jena.de

sem Zeitpunkt war sie seit drei Wochen bei uns. Maxi war etwas schneller, allerdings waren bei ihr die Bedingungen auch anders. Wir sind in der Zwischenzeit umgezogen und im neuen Haus handelte es sich um eine geschlossene Treppe, die wir noch dazu mit Stufenmatten rutschsicher ausgestattet hatten. Maxi war zehn Wochen alt, als sie die Treppe das erste Mal alleine hinaufgegangen ist. Vier Tage später hat sie sich dann auch alleine hinunterzugehen getraut.

Ich handhabe es selbst so, dass ich meine Welpen Treppen erkunden lasse und sie dabei unterstütze. Unterstützen heißt, ich sichere, so dass der Welpe nicht abstürzen kann. Was ich definitiv nicht tue ist, den Hund mit Leckerchen die Stufen hoch oder runter zu locken. Denn so beeinflusse ich das freiwillig gezeigte Verhalten des Welpen und er wird, motiviert durch das Futter, mit großer Wahrscheinlichkeit Dinge tun, die er ohne das Futter eben nicht tun würde. Und da liegt der Hase im Pfeffer.

Wenn Welpen die Möglichkeit haben, sich in ihrem Tempo mit Treppen auseinanderzusetzen, dann besteht nicht die Gefahr einer körperlichen oder psychischen Überforderung und die Wahrscheinlichkeit ist groß, dass der Hund später Treppen problemlos hinauf und hinunter gehen kann. Darf der Welpe bis zu einem Alter von sechs oder zwölf Monaten keine einzige Stufe gehen, dann kann das allerdings ein echtes Problem werden.

Wichtig ist, dass die Treppen, die der Welpe erkundet, sicher sind. Glatte Holztreppen sind dafür generell nicht gut geeignet, weil der Hund darauf ausrutschen kann. Das gilt übrigens unabhängig vom Alter und dem Entwicklungsstand der Motorik: Glatte Treppen im Haus solltest du grundsätzlich mit Stufenmatten ausrüsten, sodass dein Hund genügend Halt findet. Welpen sind tapsig und haben ihre Gliedmaßen noch nicht unter Kontrolle. Welpen großer Rassen / Typen sind davon noch stärker betroffen als Welpen, die auch im Erwachsenenalter eher klein bleiben. Unfälle jeder Art müssen natürlich unbedingt vermieden werden, nicht nur, damit der Hund sich nicht verletzt, sondern auch, damit er keine Angst vor Treppen entwickelt.

Wohnst du also im dritten Stock ohne Aufzug, dann lass deinen Hund das Treppenhaus in seinem Tempo erkunden, lass ihn so viele Stufen erklimmen, wie er von alleine möchte. Wenn er sich hinsetzt oder stehen bleibt und nicht mehr weitergehen möchte, dann lockst du ihn nicht, sondern trägst ihn die restlichen Stufen. Wie du deinen Welpen richtig trägst, dazu später mehr.

Treppe runter ist schwieriger als rauf.

Aber wenn der Welpe beim Erkunden der Treppe achtsam begleitet wird, lernt er auch das zu gegebener Zeit ohne gezieltes Training.

Gibt es in deinem Haus einen Aufzug, dann kannst du nach dem Erkunden diesen natürlich benutzen, aber auch beim Aufzugfahren ist es bei den ersten paar Malen ratsam, den Welpen auf den Arm zu nehmen, um ihm Sicherheit zu bieten. Viele Welpen finden einen kleinen geschlossenen Raum, der komisch riecht, seltsame Geräusche macht und sich dann auch noch bewegt, zunächst gruselig. Beim Hinein- und Hinausgehen aus dem Aufzug musst du außerdem unbedingt die Tür sichern, wenn du deinen Welpen selber laufen lässt. Meistens sind Welpen kleiner als die Lichtschranke und abgesehen von dem Schrecken, den sich dein Welpe bei plötzlich schließender Tür holen kann (was wiederum dazu führen kann, dass er den Aufzug nie wieder betreten möchte), kann er auch eingeklemmt werden und das wäre natürlich fatal.

Video 2 – Maxi und die Steintreppen-Challenge

Video 3 – Erstes Treppensteigen zuhause

Wenn du ebenerdig wohnst und gar keine Treppe in deinem Haus oder deiner Wohnung hast, dann kannst du Treppen bei euren Ausflügen mit einbeziehen. Die Umwelt bietet da eine ganze Menge und so kann dein Welpe ganz unterschiedliche Treppen kennenlernen:

Steintreppen, Holztreppen, Treppen, die in natürlichen Untergrund gebaut sind, Treppen mit Asphalt- oder Fliesenbelag, offene Treppen oder Gittertreppen, Treppen mit unterschiedlichen Geländern (Glas, Metall, Holz, Plastik, etc., geschlossen, vergittert, mit Streben ...)

Grundsätzlich solltest du deinen Welpen beim Erkunden von Treppen so lange mit Brustgeschirr und Leine sichern, bis er sie wirklich selbstständig sicher bewältigen kann.

Wie weiter vorne bereits geschrieben, sicherst du frei zugängliche Treppen im Haus vorerst am besten mit Absperrgittern, sodass keine Unfälle passieren können.

ACHTUNG ROLLTREPPE

Lass deinen Welpen bitte keinesfalls Rolltreppen erkunden! Das ist wirklich gefährlich, weil die Pfoten des Hundes da ganz leicht zwischenrein geraten können und glaub mir, das willst du nicht erleben. Überall wo es Rolltreppen gibt, sind normalerweise auch normale Treppen und im Sinne der Barrierefreiheit auch Aufzüge vorhanden. Bitte nutze die, anstatt der Rolltreppe, sofern du deinen Hund nicht einfach auf den Arm nehmen kannst, auch wenn das bedeutet, dass du ggf. ein paar Meter mehr laufen musst

Tag der Übernahme

Kleiner Ausflug in den Wald, bevor es auf nach Hause geht.

Jetzt fühlst du dich hoffentlich gut informiert über alles, was du wissen musst, *bevor* dein Welpe einzieht. Und dann ist es endlich so weit: Der Tag der Abholung ist da. Wahrscheinlich bist du eh so aufgeregt, dass du früh morgens aus dem Bett springst, und ich würde dir auch empfehlen, deinen Welpen spätestens am Vormittag abzuholen, damit er sein neues Zuhause noch im Hellen kennenlernen und erkunden kann. Ideal wäre es, wenn du eine zweite Person mitnehmen kannst, um den Welpen abzuholen, die entweder fährt oder sich während der Fahrt um ihn kümmern kann. Geht das nicht, dann musst du eine Lösung parat haben, um den Welpen so sicher verstauen zu können (also Box, Hundeautositz oder Anschnallvorrichtung), dass du gefahrlos Auto fahren kannst.

Nimm ein Handtuch mit. Dieses Handtuch kannst du nutzen, um einen Geruchsabklatsch aus der gewohnten Umgebung deines Welpen zu machen, den du dann mitnehmen kannst. Einfach das Handtuch nehmen und damit über die Liegeplätze der Welpen und anderen Hunde, mit denen dein Welpe bisher zusammengelebt hat,

Tipps für Mehrhundehaushalte

Holst du deinen Welpen alleine ab, dann ist es sinnvoll, deinen oder deine schon vorhandenen Hunde zu Hause zu lassen, damit du dich voll und ganz auf ihn konzentrieren kannst. Die Vergesellschaftung mit dem Neuzugang sollte in Ruhe und unter kontrollierten Umständen stattfinden. Es ist für den Welpen auch so schon aufregend genug, da muss er nicht noch zusammen mit ihm wildfremden Hunden im Auto sitzen bei eurer ersten gemeinsamen Fahrt, ohne dass sich jemand adäquat um ihn kümmern kann. Hast du eine zweite Person dabei oder haben die Hunde sich bereits vor der Übernahme mehrfach gesehen und kennenlernen dürfen, dann spricht auch nichts dagegen, den oder die bereits vorhandenen Hunde mitzunehmen.

CHECKLISTE

Zur Abholung mitnehmen

- Sicherung fürs Auto: Box, Hundeautositz, Anschnallvorrichtung
- Brustgeschirr
- Leine
- Handtuch für Geruchsabklatsch
- Drei weitere Handtücher für Missgeschicke
- Müllbeutel, um besudelte Handtücher sauber transportieren zu können
- Einen Napf und Wasser, damit du deinem Welpen bei längerer Fahrt etwas zum Trinken anbieten kannst.

streichen und schon hast du eine Ladung vertrauten Wohlfühlgeruch, die deinem Welpen die Trennung an sich und auch die erste Autofahrt mit dir erleichtern kann. Wenn du deinen Welpen von einer guten Züchterin holst, dann ist es sogar wahrscheinlich, dass sie dir ein Starterkit mitgibt, bei dem auch eine Decke mit dabei ist, die schon längere Zeit im Herkunftshaushalt herumlag. Das ist dann natürlich perfekt. Für alle anderen Fälle hat sich die Sache mit dem Handtuch bewährt und da ist es egal, ob du den Welpen von einer Züchterin, einer Pflegestelle oder aus dem Tierheim abholst.

Nimm noch mehr Handtücher und einen Müllbeutel mit. Davon benutzt du erst mal nur eines, das du dorthin legst, wo der Welpe später im Auto sitzen wird. Passiert während der Fahrt ein Missgeschick (Pipi oder falls dein Welpe sich übergeben muss), kannst du das Handtuch einfach in den Müllbeutel stecken, um es zu Hause zu waschen und durch ein frisches zu ersetzen, sodass dein Welpe nicht auf einem eingesauten Platz sitzen muss und du während der Fahrt nicht von möglicherweise üblen Gerüchen geplagt wirst.

Außerdem solltest du für dein Hundekind das Brustgeschirr und die Leine einpacken und sie im Auto griffbereit liegen haben.

Bevor du mit deinem Welpen einsteigst und mit ihm in euer gemeinsames Leben fährst, solltest du schauen, dass er möglichst müde ist. Vielleicht sind noch Geschwister da, mit denen er noch ein wenig spielen kann oder du spielst ein bisschen mit ihm. Auf jeden Fall sollte er noch einmal pieseln und vielleicht auch ein Häufchen machen. Mit einem müden, frisch ausgeleerten Welpen gestaltet sich die Fahrt nach Hause meistens recht unproblematisch.

Mit Maxi haben wir vor der doch recht langen Heimfahrt von vier Stunden (die sich dann aufgrund der Verkehrslage zu fünf Stunden ausgewachsen haben) einen kleinen Waldspaziergang gemeinsam mit Hermine gemacht. Hermine und Maxi kannten sich da bereits. Wir hatten die beiden schon bei den beiden letzten Besuchen bei Maxis Züchterin miteinander bekannt gemacht.

Richtig hochheben

Euer Weg nach Hause beginnt in der Regel damit, dass du deinen Welpen auf den Arm nimmst. Es ist wichtig, dass du das richtig machst. Ich erlebe leider immer wieder, dass Leute ihren Hund auf eine Art und Weise hochheben und tragen, die dem Hund sichtlich unangenehm ist oder ihm sogar Angst macht. Der Aufbau einer sicheren Bindung zu deinem Hund beginnt *jetzt* und jede einzelne deiner Handlungen und wie du dich deinem Hund gegenüber verhältst zählt.

Den Welpen richtig tragen.

Geh also neben deinem Welpen in die Hocke, kündige an, was du tust, zum Beispiel mit „Ich trag dich!", greif dann mit der einen Hand zwischen seinen Vorderbeinen hindurch, um den Brustkorb zu stützen. Mit der anderen Hand greifst du unter sein Hinterteil und hebst ihn hoch. Die Hand unter dem Brustkorb verlagerst du dann so, dass beide Vorderpfoten über deinem Arm liegen. So kannst du deinen Welpen sicher und für ihn bequem hochnehmen und tragen. Wenn du ihn absetzen möchtest, kündigst du auch das an, etwa mit „Ich lass dich runter!". Erst dann setzt du ihn vorsichtig ab.

Das in die Hocke gehen, um den Welpen hochzunehmen, ist wichtig. So bedrohst du ihn nicht versehentlich durch deine Körpersprache. Kein Hund hat es gern, wenn man sich über ihn beugt, auch wenn er mit der Zeit lernen kann, dass ein solches Verhalten von Menschen nicht böse gemeint ist. Für eure vielleicht erste Bindungserfahrung ist es wichtig, dass dein Welpe keine Angst vor dir hat.

Wichtig ist, dass du den Welpen stets gut festhältst, ohne ihn zu quetschen. Manche Welpen fangen ganz unvermittelt an zu zappeln und dann darf er dir nicht auskommen und herunterfallen. Auch solltest du den Welpen nie dann runtersetzen, wenn er gerade heftig am Zappeln ist. Sonst lernt er, dass Zappeln die Art und Weise ist, mit der er dir mitteilen kann, dass er bitte runter möchte. Warte in solchen Fällen kurz ab, bis dein Welpe wieder stillhält, sag dann dein „Ich lass dich runter!" und setz ihn erst dann wieder auf den Boden.

In dieser Kleinigkeit steckt ein ganz wichtiges Prinzip, das dir überall auf den kommenden Seiten wieder begegnen wird: Kurzes Stillhalten, für einen mini-kurzen Moment abwarten können, das sind die Augenblicke, in denen der Hund bekommt, was er gerne möchte. Wenn du darauf achtest, verstärkst du ganz nebenbei ruhiges Verhalten, du trainierst die Selbstbeherrschung deines Hundes und förderst Gelassenheit. Dafür sind keine speziellen Übungen notwendig und schon gar keine sogenannten Impulskontrollübungen. Es geht einzig und allein darum, beim ganz normalen Umgang mit dem Hund zum richtigen Zeitpunkt das Richtige zu tun.

Warum eigentlich Ankündigen?

Dem Hund zu sagen, was gleich passiert, wie in diesem Fall, dass du ihn hochnimmst oder wieder hinunterlässt, sorgt dafür, dass dein Welpe Erwartungssicherheit bekommt. Du und das, was mit ihm passiert, wird berechenbar für ihn, was sich positiv auf euer Vertrauensverhältnis und das Stresslevel deines Hundes auswirkt.

Ein ganz charmanter Nebeneffekt des Ankündigens ist, dass viele Hunde nach kurzer Zeit schon entsprechend ihre Bereitschaft signalisieren, das, was du da ankündigst auch mitzumachen. Wenn ich beispielsweise zur inzwischen erwachsenen Hermine „Ich trag dich!" sage, dann bleibt sie stehen, schaut mich erwartungsvoll an und hebt meistens schon eine Vorderpfote hoch, sodass ich bequem unter ihren Brustkorb greifen kann. Auch das Ankündigen wirst du im weiteren Verlauf des Buches immer wieder finden.

Die Fahrt nach Hause und Ankommen

Bei Hermines Abholung hatte ich alles super geplant, ich habe sie damals alleine abgeholt.

Also habe ich unsere kleine Alu-Autobox auf dem Beifahrersitz montiert, in der ich den Zwerg transportieren wollte. Eigentlich ein guter Plan. Nur leider hatte ich unterschätzt, wie klein mein Welpe war. So schnell hab ich gar nicht geschaut, hatte die den Kopf durch die Streben gesteckt und ich musste sie erst mal befreien. Ich habe mich ganz schön erschrocken und bei einem anderen Welpen hätte so eine Aktion auch wirklich in einem Desaster enden können. Mit dem Ergebnis, dass man den Hund vielleicht nie wieder überzeugen hätte können, in so eine Box zu gehen, geschweige denn entspannt darin im Auto mitzufahren. Ich musste also improvisieren und habe das folgendermaßen gemacht: Brustgeschirrchen dran, leichte Leine dran, Nestchen aus der Autobox einfach so auf den Beifahrersitz gestellt, Mine reingesetzt und die Leine so um die Kopfstütze herum gelegt, dass Hermine sich zwar bewegen, nicht aber zu mir herüberklettern konnte. Diese Art der Sicherung hatte im Vergleich zum Anschnallen im Hundeautositz oder zu einem Adapter für den Dreipunktgurt des Autos den Vorteil, dass Hermine sich nicht in der Leine verheddern konnte, weil diese ja nicht seitlich, sondern senkrecht nach oben angebracht war. Deshalb habe ich das dann auch für die ersten weiteren Fahrten so beibehalten und bin zur Box gewechselt, als Hermines Kopf so groß war, dass er nicht mehr durch die Streben gepasst hat.

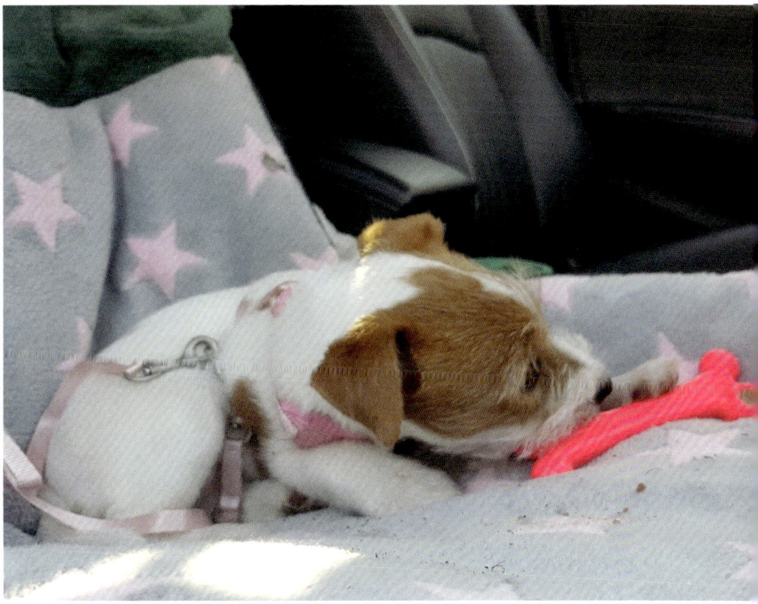

Hermine als ganz kleiner Welpe mit einer Leine gesichert auf dem Beifahrersitz.

Je nachdem, ob du alleine oder mit mindestens einer anderen Person unterwegs bist, setzt du deinen Welpen nun an den mit einem der zusätzlichen Handtücher bedeckten für ihn vorgesehenen Platz und sicherst ihn. Wenn sein Platz auf deinem Schoß oder dem deiner Begleitperson ist, ist ein zusätzliches Sichern in der Regel nicht notwendig. Der Schoß desjenigen, auf dem der Welpe sitzt, sollte hingegen schon gesichert werden – vor möglichen Unglücken. Deshalb platzierst du auch da zuerst eins der zusätzlichen Handtücher und dann den Welpen. Dann legst du ihm in beiden Fällen sein Wohlfühlhandtuch mit dem Geruch seiner bisherigen Familie oder die Decke von der Züchterin mit dazu und es kann losgehen.

Während der Fahrt

Welpen schlafen viel und oft ist es tatsächlich so, dass der Welpe die Autofahrt in sein neues Zuhause verschläft, vor allem, wenn er vorher wie beschrieben noch die Möglichkeit hatte, sich auszutoben und sein Geschäft zu verrichten. Natürlich kommt es auch darauf an, wie lang die Fahrt ist. Wenn dein Welpe schläft, dann halte nicht an und wecke ihn auf, damit er sich lösen kann. Wenn er schläft, dann schläft er. Das gilt nicht nur für die Autofahrt, sondern auch für zuhause und ein ganzes Hundeleben lang. Wacht er auf, dann ist es klug, anzuhalten und ihm die Möglichkeit zu geben, sich zu lösen. Dazu musst du ihn jedoch unbedingt sichern. Also zieh ihm auf jeden Fall, bevor du aussteigst, sein Brustgeschirr an und befestige die Leine daran. Dann nimmst du ihn mit deiner Ankündigung auf den Arm und setzt ihn an einer geeigneten Stelle ab. Wenn das mit dem Geschäftchen klappen soll, dann muss es ein ruhiges Plätzchen sein. Deshalb ist es meistens besser, von der Autobahn abzufahren und lieber in der Wallachei eine Pause zu machen als auf einem betriebsamen Rastplatz, wo viele Fahrzeuge, Menschen und ggf. auch andere Hunde unterwegs sind.

WICHTIG

Wenn dein Welpe sich übergibt ...

... kann das ein Hinweis darauf sein, dass ihm beim Autofahren generell übel wird. Viele Welpen und Junghunde leiden darunter, weil das Gleichgewichtsorgan noch nicht voll ausgebildet ist. Die nächste Fahrt muss entsprechend eine Testfahrt werden, um zu schauen, ob du bei deinem Welpen vor dem Autofahren Maßnahmen gegen Übelkeit treffen musst oder ob das Erbrechen auf der Heimfahrt eine einmalige Sache war. Dazu später mehr.

Sollte dein Welpe sehr weinen und jammern, dann rede beruhigend mit ihm. Du darfst und sollst ihn trösten, denn du bist jetzt seine Schutzbeauftragte und dafür verantwortlich, dass er in seinem Trennungsschmerz, seiner Aufregung und vielleicht sogar Angst nicht alleine ist. Nimm Anteil und gib ihm die Zuwendung, die er gerade braucht. Wenn beruhigendes Reden alleine nicht hilft, dann solltest du anhalten und schauen, ob Körperkontakt oder – sofern es das Wetter zulässt – ein bisschen Bewegung draußen ihm hilft.

Video 4 – Maxis Fahrt von der Züchterin zu uns.

Wenn du eine zweite Person dabeihast, kann derjenige von euch, der nicht fährt, sich ja ohnehin um den Welpen kümmern.

Aller Wahrscheinlichkeit nach wird eure Fahrt nach Hause aber bestimmt ganz entspannt verlaufen und ihr kommt gut und sicher daheim an.

Endlich daheim

Zu Hause angekommen wird es für das Hundekind auf jeden Fall spannend und du kannst dich direkt schon einmal darauf einstellen, dass du vermutlich innerhalb der ersten 30 Minuten Pipi aufwischen oder ein Häufchen wegmachen müssen wirst. Bitte lade für diesen Tag niemanden ein, es sei denn eine Hundetrainerin oder Verhaltensberaterin, wenn du dir jemanden an deiner Seite wünschst, der dich vom ersten Moment an unterstützt. Es ist verständlich, dass viele Menschen aus deinem Umfeld es wahrscheinlich gar nicht erwarten können, den Neuzugang kennenzulernen. Aber dein Welpe hat in den ersten Tagen genug zu tun mit dem Bindungsabbruch zu seiner Herkunftsfamilie und dem Kennenlernen seiner neuen Familie und seinem neuen Zuhause. Da ist ein volles Haus am ersten Tag wirklich nicht das Richtige.

Der Zwerg sollte jetzt die Möglichkeit bekommen, alles in Ruhe zu erkunden. Du begleitest ihn dabei einfach und kannst ihm beispielsweise zeigen, wo er seine Wasserschüssel findet. Alles andere darf und soll er im Sinne der Selbstbestimmung und Selbstwirksamkeit gerne selber entdecken. Du bleibst einfach dabei, hast unaufdringlich ein Auge auf ihn und bist als Anlaufstelle verfügbar.

Tagebucheintrag vom 18.03.2020

Was für ein wunderbarer Tag für uns.

Herminchen ist der Wahnsinn. Auf der Autofahrt hat sie ein kleines bisschen weinen müssen. Aber nicht schlimm.Wir hatten schon letzte Woche eine Decke zu Anja gebracht und so haben wir den vertrauten Geruch dabei. Und wir kannten uns ja auch schon ein bisschen. Wir haben nach etwa der Hälfte der Strecke eine kleine Pipipause eingelegt. Also Geschirrchen an, Leine dran und los. Geschirr und Leine gar kein Problem, Madame ist rausmarschiert und hat am völlig fremden Parkplatz sogleich mal gepieselt. Und sich danach direkt mit einem weggeworfenen, zerknüllten Kassenzettel angelegt. Hat der Kassenzettel nicht überlebt.

Hermine auf dem Rastplatz auf unserem Weg nach Hause.

Rastplatz mit Geschirr und Leine – als hätte sie nie was anderes gemacht!

Zuhause angekommen, hat Maya schon im Garten gewartet. Und ein sehr erstauntes Gesicht gemacht, als ich die Autotür geöffnet hab und da Zwerg Nase rausgeguckt hat. Maya hat schnell entschieden, dass das Mini-Ding uninteressant ist und hat sich wieder ihren Aufgaben gewidmet.

Emma fand's ziemlich gleich schon gar nicht mehr so übel. Es ist klein, es ist unbedrohlich und erstaunlicherweise gibt es jedes Mal, wenn man es anschaut, echt viele Kekse. Bei Emma geht Liebe sehr durch den Magen, deshalb ist davon auszugehen, dass die Mine spätestens übermorgen Emmas neues Lieblingsteil ist.

Und natürlich lernt sie schon jetzt.

Wir müssen ihr eigentlich nur sagen, was wir gut finden.

Wir finden es zum Beispiel super, wenn sie auf ihre Decke geht oder beim Essen einfach unterm Tisch liegt, als hätte sie das schon immer so gemacht. Wenn sie draußen im Garten pieselt, ihr Spielzeug loslässt und alle vier Pfoten auf dem Boden hat.

Video 5 – Hermines Ankunft bei uns zuhause.

Was sehr angenehm ist: Sie ist aktuell sehr zurückhaltend mit ihren Zähnchen. Kein festes Zuschnappen, sondern nur vorsichtiges Beißeln bisher.

Für das Minchen war das ein super aufregender Tag. Und jetzt liegen wir zusammen auf der Couch und ruhen uns aus, Maya hat sich dazu gesellt und Emma schnarcht auch zufrieden. Und mein Bester hatte wohl einen Geburtstag wie er ihn so schnell nicht wieder erleben wird.

Hermine hat direkt den Lehrauftrag bei Maya angenommen und genau zugeschaut, was sie da so macht.

HINWEIS FÜR MEHRHUNDEHAUSHALTE

Für die Vergesellschaftung von bereits vorhandenen Hunden und einem Welpen lassen sich kaum pauschale Tipps geben. Wichtig ist, dass alles ruhig und entspannt abläuft und dass der Welpe nicht von den anderen überrumpelt, bedrängt oder gar angegangen wird.

Als ich Hermine damals nach Hause gebracht habe, fand das erste Bekanntmachen der Hunde bei uns im Garten statt. Weder Emma noch Maya (damals 15 und 11 Jahre alt) hatten Probleme mit fremden Hunden bei uns im Garten oder zu Hause. Ich habe Hermine auf dem Arm gehabt und mein Mann hat Maya in den Garten gelassen. Ich bin in die Hocke gegangen, habe Maya schauen lassen, was das ist, was ich da mitgebracht habe, sie hat kurz an Mine geschnuppert und ist dann – typisch Maya – zu ihrem normalen Tagesgeschäft übergegangen. Dann kam Emma dazu und wir haben das Ganze wiederholt. Emma hat jede Menge Kekse bekommen, denn bei Emma ging Liebe schon immer durch den Magen ... Als klar war, dass Hermine sich auch vor dem größeren, fremden Hund nicht fürchtet, habe ich sie abgesetzt und losmarschieren lassen. Für uns war diese Art der Zusammenführung genau richtig, aber das heißt nicht, dass sie das auch für dich ist. Hast du auch nur die geringsten Zweifel, Ängste oder Sorgen, dann kümmere dich rechtzeitig, bevor der Welpe einzieht, um einen Termin bei einer kompetenten Verhaltensberaterin, die die Zusammenführung deiner Hunde begleitet. Das ist auf jeden Fall eine vernünftige Maßnahme, denn schließlich sollen deine Hunde für viele Jahre gut miteinander auskommen und die erste Begegnung hat ganz entscheidenden Einfluss darauf, wie sich ihre Beziehung künftig entwickelt.

Fütterung

Erkunden macht hungrig, also ist es früher oder später an der Zeit, Zwerg Nase etwas zu Essen anzubieten. Nahrung ist ein Grundbedürfnis und darf niemals ausschließlich gegen Leistung zur Verfügung gestellt werden. Viele Welpen können es kaum erwarten, bis sie etwas zu essen bekommen und machen schon während du noch dabei bist es vorzubereiten ein Riesentheater. Sie bellen, springen herum, werden sauer, weil das alles so lange dauert und beißen dich in die Füße oder zerren an deiner Hose. Diese gefühlt sehr nervige Situation kannst du dir wunderbar zunutze machen, um deinem Welpen zu vermitteln, dass ruhiges Verhalten sich für ihn lohnt. Du hast also an dem

Ort, an dem du das Futter vorbereitest, eine Schale mit Leckerchen stehen. Außerdem kannst du für deinen Welpen eine kleine Decke oder auch einfach nur ein Handtuch an die Stelle legen, wo er sich bei der Futterzubereitung idealerweise aufhalten soll. Diese Stelle muss nah bei dir sein. Erstens will dein Welpe in deiner Nähe sein und ihn in fünf Metern Abstand warten lassen zu wollen wird definitiv nicht funktionieren; zweitens musst du ihm Leckerchen an diese Stelle werfen und wenn wir ehrlich sind: Da ist näher besser. Ab dem Moment, wo du dich an deinen Futter-Vorbereitungsplatz begibst, wirfst du deinem Welpen ein Leckerchen nach dem anderen auf die Decke oder das Handtuch. Den Abstand zwischen den geworfenen Leckerchen wählst du immer so, dass dein Welpe noch ruhig und entspannt ist. Du wirfst kein Leckerchen, wenn dein Welpe herumspringt, bellt oder dich beißt. Wenn du das bei jeder Futtervorbereitung so machst, kannst du die zeitlichen Abstände zwischen den Leckerchen bei den meisten Welpen sehr schnell ausdehnen und am Ende, brauchst du gar keine Leckerchen mehr, sondern dein Welpe wartet geduldig ab, bis du ihm den Napf hinstellst.

Wenn es so weit ist, dass du ihm die Schüssel hinstellst, dann muss dein Welpe gar nichts weiter tun, um sein Futter zu bekommen. Er muss nicht sitzen und schon gar nicht 20 Sekunden lang warten, wenn der Napf schon auf dem Boden steht, bevor er ran darf. Nimm die Futterschüssel, sag in dem Moment dein Markersignal „Gut!" (schau nochmal in den vorderen Teil unter „Belohnungsbasiertes Training", wenn du nicht mehr weißt, was damit gemeint ist), wenn der kleine Hund alle vier Füße auf dem Boden hat, stell sie dann ohne weitere Verzögerungen vor ihm ab und lass ihn in Ruhe futtern.

WICHTIG!

Hast du einen Welpen der super-aufgeregt ist, wenn es um die Futterzubereitung geht, dann kann es schwierig werden, mit einzelnen Leckerchen hinterherzukommen. In solchen Fällen hat es sich bewährt, dem Welpen entweder einen Kauartikel (beispielsweise ein kleines Stängelchen getrockneten Pansen), ein befülltes Futterspielzeug oder auch eine dünn mit Joghurt bestrichene Schleckmatte anzubieten. Futterspielzeug und Schleckmatte bereitest du dir rechtzeitig vor, am besten wenn dein Welpe gerade schläft und du füllst sie direkt wieder auf, wenn du deinem Welpen dann seinen Napf hingestellt hast, damit du für die nächste Fütterungszeit vorbereitet bist.

Wenn du Feuchtfutter fütterst und dieses im Kühlschrank aufbewahrst, dann stell es bitte so rechtzeitig heraus, dass es zimmerwarm ist, bevor du es deinem Welpen anbietest. Sehr kaltes Futter kann Verdauungsbeschwerden verursachen und die braucht dein Welpe wirklich nicht.

Nie, nie, wirklich niemals, ziehst du ihm als sogenannte Erziehungsmaßnahme einfach den Napf unter der Schnauze weg, während er gerade mit Essen beschäftigt ist. Ich weiß, dass das auch heutzutage teilweise noch immer empfohlen wird und es ist so ungefähr das Dümmste, was man tun kann. Dieses Verhalten hat so viele unfassbare hässliche Nebenwirkungen, ich weiß gar nicht, wo ich anfangen soll. Du verursachst damit Stress beim Essen, du machst deinem Hund klar, dass du völlig unberechenbar, wenn nicht gar völlig unzurechnungsfähig bist, du förderst Ressourcenverteidigung und dein Hund wird später alles, was er draußen findet lieber wegtragen oder gleich herunterschlingen, als es liegen zu lassen oder es dir sogar vertrauensvoll zu zeigen.

Lass es also einfach sein und tu stattdessen Folgendes:

Während dein Welpe frisst, wirfst du ihm hin und wieder noch ein paar besonders tolle Leckerbissen mit in die Schüssel. Das war's. Dein Hund lernt auf diese Weise, dass du vertrauenswürdig bist. Du nimmst ihm nicht einfach etwas weg, schon gar nicht etwas, was du ihm selbst erst kurz zuvor gegeben hast! Dein Hund lernt, dass es immer gut ist, wenn du dich ihm annäherst, auch und besonders dann, wenn er etwas hat oder mit etwas beschäftigt ist, das ihm besonders wichtig ist. Das ist die Grundlage dafür, dass dein Hund dir alles, was er hat oder findet, bereitwillig zeigen wird, dass er Dinge, die er schon in der Schnauze hat wieder ausspuckt und draußen entspannt unterwegs ist, anstatt wie ein Staubsauger alles vermeintlich Fressbare einzusaugen. Die Fütterung ist ein weiterer ganz elementarer Punkt, bei dem sich sehr unspektakulär die Weichen für euer ganzes künftiges Zusammenleben und die Vorbeugung von Problemverhalten stellen. Sorg dafür, dass sie euch auf den richtigen Weg bringen!

Wenn dein Welpe fertig ist und vom Napf weggeht, dann nimmst du ihn weg, machst ihn sauber und stellst ihn parat für die nächste Mahlzeit. Wenn dein Welpe nicht aufgefressen hat, dann reicht es bei Trockenfutter, die Schüssel so abzudecken, dass keine Fliegen dran gehen können. Fütterst du Feuchtfutter, bewahrst du die Reste besser im Kühlschrank auf. Vor allem bei warmen Temperaturen verdirbt Feuchtfutter relativ schnell und kann dann für Verdauungsbeschwerden bei deinem Welpen sorgen. Denk nur daran, das Futter rechtzeitig vor der nächsten Mahlzeit wieder herauszunehmen, sodass es Zimmertemperatur annehmen kann.

Tipp für Mehrhundehaushalte

Jeder Hund soll in Ruhe fressen können. Das ist wichtig, um die Grundstresslast niedrig zu halten. Essen unter Stress sorgt dafür, dass die Mahlzeit schwer im Magen liegt, was zu Verdauungsbeschwerden führen kann. Außerdem kann Ressourcenverteidigung gefördert werden, wenn ein Hund das Gefühl hat, dass der oder die anderen schon geiern, um an sein Essen zu gelangen. Die Hunde sollten also mit genügend Abstand zueinander und ggf. sogar räumlich getrennt (ggf. durch ein Gitter) ihr Futter zu sich nehmen dürfen. Da der Welpe noch nicht gut warten kann, sollte er sein Futter immer als Erster bekommen.

Denk daran, dass eine verrückte Welpenbeißattacke auch immer ein Zeichen dafür sein kann, dass dein Welpe Hunger hat und deswegen so außer Rand und Band ist. Halte dich deshalb nicht strikt an willkürlich festgelegte Fütterungszeiten. Wenn dein Welpe hungrig ist, dann ist es egal, ob die Uhr schon sagt, dass Fütterungszeit ist und dein Welpe sollte sein Essen natürlich trotzdem bekommen. Die Infos bzgl. Häufigkeit der Mahlzeiten etc. hast du vorne im Buch unter dem Abschnitt „Typisch Welpe“.

Die erste Nacht

Schlafplatz

Irgendwann neigt sich auch der längste Tag dem Ende und es wird Zeit schlafen zu gehen. Um den Bindungsabbruch aufzufangen, darfst du deinen Welpen nachts keinesfalls alleine schlafen lassen. Bisher hat er die Nächte angekuschelt an seine Geschwister und seine Mutter verbracht, vielleicht waren sogar noch weitere erwachsene Hunde da. Das eng aneinandergekuschelte Schlafen gab deinem Welpen Geborgenheit, Wärme und Sicherheit. Nun braucht er deine körperliche Nähe, um sich wohl und geborgen fühlen zu können. Für mich ist die Sache ganz klar: Welpen gehören ins Bett und nirgends anders hin. So bekommt man auch sicher mit, wenn der kleine Hund wach wird und zum Pieseln oder Häufchen machen hinausgebracht werden muss. Die meisten Welpen schlafen mit Körperkontakt allerdings oft schon gut fünf, sechs Stunden durch, manche sogar noch länger. Den Hund im Bett schlafen zu lassen ist also in gewisser Weise auch Eigennutz, denn angekuschelt an dich, ist die Wahrscheinlichkeit groß, dass die Nachtruhe entspannt für alle Beteiligten verläuft.

Wenn dein Welpe schläft, dann weck ihn auf keinen Fall auf, weil du der Meinung bist, dass er jetzt noch einmal hinausmuss, um sich zu lösen. Du gehst dann wieder mit ihm hinaus, wenn er von alleine aufwacht.

Willst du den Hund aus welchen Gründen auch immer so gar nicht in deinem Bett haben, dann richte ihm direkt neben deinem Bett seinen Schlafplatz ein. Der muss weich und gemütlich sein und am besten so, dass du deine Hand hinabhängen lassen kannst, sodass dein Welpe wenigstens ein bisschen Körperkontakt haben kann. Ein paar größere Kuscheltiere oder gar ein sogenanntes Warmie® (mit Hafer und in einigen Fällen zusätzlich noch mit entspannend duftenden Kräutern gefüllte Plüschtiere, die man im Ofen oder der Mikrowelle erwärmen kann), können dem Welpen dabei helfen, die erste Nacht ohne seine Herkunftsfamilie zu schlafen.

Wenn der Grund, warum du deinen Welpen nicht im Bett schlafen lassen möchtest der ist, dass dein Hund einmal relativ groß wird und du gehört oder gelesen hast, dass man ihm erst gar nicht erlauben soll, dass er mit ins Bett darf, wenn er das dann später nicht mehr soll, ist Quatsch. Gerade geht es darum, einem Baby eine ohnehin schon schwierige Situation leichter zu machen. Es geht um den Aufbau einer sicheren Bindung und dazu gehören Körperkontakt, Kontaktliegen und Kuscheln unbedingt dazu. Je älter dein Hund wird, desto weniger braucht er die große Nähe, die ein winziger Welpe unbedingt benötigt. Du darfst deinen Welpen also auch dann im Bett schlafen lassen, wenn er später einmal in seinem eigenen Bett schlafen soll. Das kannst du ihm zu gegebener Zeit problemlos beibringen und es kann sogar sein, dass dein Hund von selbst entscheidet, dass er nicht bei dir im Bett schlafen möchte. Emma beispielsweise mochte ab einem gewissen Alter überhaupt nicht mehr bei uns im Bett schlafen. Maya war ein Hund, der aufgrund seiner geringen Stresstoleranz viel Körperkontakt brauchte und in jüngeren Jahren quasi nur an und auf mir schlafen wollte. In fortgeschrittenem Alter schlief auch sie oft ganze Nächte oder einen Teil der Nacht lieber in ihrem eigenen Bett als bei uns. Und auch Hermine schläft hin und wieder lieber woanders, vor allem im Sommer, weil es ihr im Bett mit viel Körperkontakt schnell zu warm wird. Maxi ist aktuell noch sehr jung, sie schläft nach wie vor jede Nacht bei uns im Bett. Da alle meine Hunde von Welpenbeinen an lernen entspannt alleine zu bleiben, wäre es überhaupt kein Problem, sie aus dem Schlafzimmer zu verbannen und beispielsweise im Wohnzimmer schlafen zu lassen. Für mich persönlich kommt das aber nicht in Frage. Erstens liebe ich einfach den Körperkontakt zu meinen Hunden.

Unsere Warmies: Ein Faultier und ein Erdmännchen.

Für mich gibt es kaum etwas wohligeres, als einen Hund im Bett zu haben und dessen Wärme und ruhiges Atmen (ja gut, manchmal auch mehr oder weniger lautes Schnarchen ...) zu spüren. Für mich der Inbegriff von Gemütlichkeit. Zweitens möchte ich mitbekommen, wenn etwas nicht in Ordnung ist. Es kam schon so oft vor, dass es einem meiner Hunde nachts auf einmal nicht gut ging, er sich übergeben musste oder mich wegen Durchfall geweckt hat, um schnellstmöglich nach draußen gelassen zu werden. Wenn der Hund in einem anderen Zimmer oder gar einem anderen Stockwerk schläft, kriegst du das nicht mit und wenn dein Hund wirklich Hilfe brauchen sollte, dann bist du nicht da! Mal abgesehen davon, dass morgens direkt nach dem Aufstehen angetrockneten Durchfall wegzuputzen echt keine Freude ist.

Was ich dir bewusst nicht empfehle, ist eine Hundebox, in die du deinen Welpen nachts oder gar tagsüber einsperren kannst. Einen Welpen einfach in eine Hundebox zu sperren, damit er lernt dort zu schlafen, ist tierschutzrelevant! Ich weiß, dass es leider nach wie vor gängige Praxis ist, das mit Welpen zu tun. Nicht nur nachts, sondern auch, um das Erreichen der Stubenreinheit zu beschleunigen, um den Welpen, wenn er aufgedreht ist zur Ruhe zu zwingen oder um ihn unbesorgt alleine lassen zu können, weil er eingesperrt in der Box nichts anstellen kann. Diese Vorgehensweisen verstoßen allesamt gegen die Tierschutz-Hundeverordnung. Es ist schlicht und ergreifend verboten, einen Hund in einer Box einzusperren, sofern es nicht dem Transport dient (beispielsweise im Auto oder im Zug) oder aus gesundheitlichen Gründen notwendig ist, den Hund stark in seiner Bewegungsfreiheit einzuschränken[8].

Verboten hin oder her, ich habe es oben bereits geschrieben: Wenn du bedürfnis- und bindungsorientiert mit deinem Hund leben möchtest, dann ist eine Box für die oben genannten Zwecke so oder so ein totales No-Go.

Dem Hund eine Hundebox als sicheren Rückzugsort anzubieten, an den er sich freiwillig zurückzieht, wenn ihm danach ist, kann dagegen sehr sinnvoll sein. Zum Beispiel dann, wenn der Wohnbereich sehr offen ist und es nirgendwo ein stilles Eckchen gibt. In turbulenten Haushalten mit Kindern nehmen Hunde eine Box mit offener oder besser noch abmontierter Türe, die ggf. noch mit einem Tuch oder einer leichten

8 § 6 Abs. 2 Tierschutz-Hundeverordnung

Decke abgedeckt ist, oft gerne an. Wichtig ist dabei, dass der Hund die Box jederzeit verlassen kann und dass er dort auch wirklich nicht gestört wird.

Wenn man die Box in dieser Form nutzt, erübrigt sich auch das sogenannte Boxen-Training. Die Box muss nicht erst positiv belegt werden, wenn man nicht vorhat, den Hund darin einzusperren.

Als kuschelige Spiel- und Ruhehöhle, in die der Welpe sich zurückziehen kann, wenn er möchte, kann man eine offene Box im Haus durchaus nutzen

Es kann passieren, dass du zwar müde bist und ins Bett willst, dein Welpe das aber leider ganz anders sieht. Oder er ist so überdreht, dass er randaliert wie ein Großer. Auch dann ist eine Box keine Lösung! Der Trick, einen wilden Welpen zum Schlafen zu bringen, ist ein ganz einfacher. Wenn der Zwerg so gar keine Ruhe geben will: Licht aus! Das ist bei den meisten Welpen die Wunderwaffe schlechthin. Geht ins Bett, macht es euch gemütlich und schalte das Licht aus. Vielleicht findest du es seltsam, dass ich das überhaupt erwähne, weil du immer das Licht ausmachst, wenn du ins Bett gehst. Nun, ich und viele andere tun das nicht. Ich lese immer vor dem Einschlafen und wahrscheinlich wollte ich auch einfach noch ein bisschen den süßen Welpen beim Schlafen beobachten. Hermine hatte hin und wieder andere Pläne. Die ist abends manchmal zur Hochform aufgelaufen und hat in alles geschnappt, was sie erwischt hat. Auch in sehr empfindliche Körperstellen. Nicht lustig. Licht aus hat immer geholfen. Kaum war das Licht aus, hat sie sich auch schon auf die Seite fallen lassen, laut geseufzt und war wenige Sekunden später fest eingeschlafen. Wir haben immer noch ein paar Minuten gewartet, dann hat einer von uns gesagt „Ich glaube, wir können das Licht jetzt wieder anmachen." und so war es dann auch. Hermine schlief, ich konnte noch ein bisschen lesen und dann schlafen, wenn ich müde war. Bei Maxi verhielt es sich ganz anders: Die wurde von Beginn an gegen spätestens 21:30 Uhr müde und wollte schlafen. Wenn ich dann noch im Badezimmer zugange war, stand sie oft neben mir und hat mich empört angebellt, warum das denn nun so lange dauert. Alleine ins Bett gehen konnte sie zu diesem Zeitpunkt noch nicht (im Alter von etwa 14 Wochen ging das dann aber auch), die Nähe zu mir war der springende Punkt. Sind wir dann ins Bett gegangen, hat Maxi es sich sofort gemütlich gemacht und ist eingeschlafen.

Zusammen leben, zusammen lernen, zusammen wachsen

Eingewöhnungsphase – die ersten Tage

Stay @ home

Gerade für Welpen sind nach dem Wechsel ins neue Zuhause das Bedürfnis nach Sicherheit, die sozialen Bedürfnisse im Hinblick auf die Bezugspersonen und das Bedürfnis nach Bindung sehr wichtig. Der Bindungsabbruch zur Herkunftsfamilie, der Mutter und den Geschwistern muss zunächst einmal von dir aufgefangen werden und dazu braucht der Welpe Geborgenheit, viel Körperkontakt zu dir und dein Einfühlungsvermögen. Ruhe ist deshalb das oberste Gebot, vor allem in den ersten Tagen nach dem Einzug des Welpen. Wann du die ersten Ausflüge mit deinem Welpen machst, ist sehr individuell. Hast du einen eher vorsichtigen, ängstlichen Welpen, der auch dir und anderen Familienmitgliedern eher skeptisch gegenübersteht, wenig Erkundungsverhalten innerhalb eures Zuhauses zeigt, dann gib ihm zunächst Zeit, sich mit euch in seinem neuen Heim wohl und sicher zu fühlen. Hast du hingegen ein kleines Sonnenscheinchen bei dir aufgenommen, das völlig unbedarft in Windeseile Haus bzw. Wohnung und wenn vorhanden den Garten erkundet hat und bereit ist für neue Erfahrungen, dann kannst und solltest du ihm das auch bieten. Bei Maxi haben wir drei Tage nur in Haus und Garten verbracht und haben dann mit der Entdeckung der Welt begonnen.

Grundsätzlich kann ein Buch nie alle Eventualitäten abdecken. Welpen sind so unterschiedlich, und wie im vorderen Teil des Buches bereits beschrieben, hat abgesehen vom individuellen Charakter auch die Herkunft deines Welpen einen starken Einfluss darauf, wie er seine Umwelt erlebt. Hast du also den Eindruck, dass dein Welpe sehr schüchtern oder ängstlich ist oder in manchen Situationen sogar panisch reagiert, dann hol dir bitte unbedingt eine erfahrene Fachperson an die Seite. Auch Welpen, die durch Genetik und Epigenetik nicht begünstigt sind, können sich zu umweltsicheren, optimistischen Tieren entwickeln. Aber sie brauchen oft ein genaueres Hinschauen, noch mehr Feingefühl und verzeihen Fehler nicht so gut wie robustere Artgenossen. Das Geld für eine Einzelbetreuung durch eine Verhaltensberaterin ist eine Investition in deinen Hund, die sich in jedem Fall auszahlen wird.

Zu Hause gibt es jede Menge zu lernen und zusätzlicher Input von außen ist in den allerersten Tagen nicht nur nicht nötig, sondern in vielen Fällen sogar kontraproduktiv. Du erinnerst dich: Wir wollen zum einen das Nervensystem deines Welpen nicht auf eine stressige, herausfordernde Umwelt programmieren, sodass es ständig in Alarmbereitschaft ist. Zum anderen soll er eine sichere Bindung zu dir aufbauen und Vertrauen fassen. Dafür ist es wichtig, dass der Welpe sich in den ersten Tagen mit dir immer wohl und sicher fühlt. Ist der Grundstein erst einmal gelegt, wird dein Welpe sich in Situationen, die ihn überfordern oder ängstigen, vertrauensvoll an dich wenden, du kannst ihn emotional auffangen und ihm dabei helfen, die Situation gut zu bewältigen. Aber dafür muss eben erst der Boden bereitet werden und dazu dient die Eingewöhnungsphase.

WELPEN IN DER STADT:

Wenn du in einer durchschnittlichen Großstadt wohnst, dann ist dein Welpe vom ersten Tag an extrem vielen Reizen ausgesetzt, weshalb du in diesem Fall besonders achtsam mit ihm umgehen musst. Vielen Großstadt-Welpen hilft es sehr, wenn sie sich alles erst einmal aus der Sicherheit vom Arm aus anschauen und sich mit der Reizflut auseinandersetzen können. Für Großstadt-Welpen ist es besonders wichtig, dass sie nach der Eingewöhnungsphase jeden Tag an einen Ort gebracht werden, an dem es wirklich ruhig ist und sie angst- und stressfrei erkunden können. Das kann bedeuten, dass du den Welpen ins Auto packen musst und mit ihm an einen solchen Ort fährst. Hast du kein Auto, dann greif auf den Bus zurück und behalte deinen Welpen dabei vor allem bei den ersten Fahrten auf dem Arm oder nutze den zuvor bereits genannten Wagen. Auch ein Lastenrad oder ein spezieller Transportkorb für das Fahrrad sind eventuell eine Option. Dabei ist es aber unbedingt notwendig, dass dein Welpe keine Angst hat. Es würde an dieser Stelle den Rahmen sprengen, auf alle Eventualitäten einzugehen. Wenn du Sorge hast, deinen Welpen allein schon durch deine Wohnsituation zu überfordern, dann wende dich rechtzeitig vor seinem Einzug an eine Verhaltensberaterin. Sie kann dich unterstützen, die für dich und deinen Welpen individuell notwendigen Trainingsschritte zu planen und umzusetzen.

Auch wenn du in der Eingewöhnungsphase mit deinem Welpen noch keine Ausflüge machst, hast du eine Menge zu tun. Hier der Überblick über die wichtigste Zeit in eurer Beziehung:

CHECKLISTE

Eingewöhnungsphase

3 bis 10 Tage, abhängig vom Alter und Temperament des Welpen

- Zuhause und Garten, Aufsuchen des Löseplatzes in der Umgebung der Wohnung
- Die Körpersprache deines Welpen lesen lernen
- Mit dem Training des Ruhesignals beginnen
- Viel kuscheln und auch gemeinsam ruhen
- Den Grundstein für entspanntes Handling und Angefasstwerden legen
- Miteinander spielen
- Erwünschtes Verhalten erkennen und passend belohnen
- Einander kennenlernen: Wer bist du, was magst du, was findest du lustig, spannend, gruselig?

Tagebucheintrag vom 20.03.2020, zweiter Tag mit Hermine

Ich bin ein bisschen beeindruckt von dem kleinen Hund. Gestern Abend waren wir um 20:30 Uhr nochmal draußen, Pipi und Häufchen wurden schnell erledigt und dann sind wir ziemlich schnell ins Bett. Ich hab noch gelesen, die Mine hat sich bei Herrchen als Mütze verdient gemacht. Morgens hatte er direkt mal Nackenschmerzen, aber die Wurst mal wo anders hinplatzieren greift wohl in ihre Persönlichkeitsrechte ein. Um 1:00 Uhr sind wir dann nochmal raus, Pipi und Häufchen in Rekordzeit und wieder ab ins Bett. Durchgeschlafen bis um 7:00 Uhr morgens, schnell in den Garten fürs Business, danach ein schnelles Frühstück, entdecken, dass Emmas Rute ein phänomenales Spielzeug WÄRE *räusper* – was ich dem Zwerg direkt mal ausgeredet und ihr gezeigt habe, dass statt dieses plüschige, wedelige Ding zu attackieren und zu erlegen, es doch sehr schlau ist, sich hinzusetzen oder gar hinzulegen, eine Runde im Bett spielen und danach nochmal ein gutes Stündchen muckeln. Den Vormittag haben wir dann auf der Terrasse verbracht. Die Alleinebleib-vorbereitungssession ist heute kurz ausgefallen und heute hat Hermine dabei auch nicht geschlafen. Erst hat sie sich mit ihrem Kauspielzeug beschäftigt.

Herminchen hat schnell gecheckt, dass es schlau ist, alles, was wichtig ist, ins Hundebett zu tragen. Auch das gefüllte Kauspielzeug gibt es da und wir können gleich den Umgang mit Ressourcen üben. Sie hat damit aktuell gar kein Thema und so soll es auch bleiben. Deshalb gibt es immer mal was Gutes dazu und vor allem: Die Sachen verschwinden nicht einfach.

Parallel dazu markere ich in anderen Situationen jedes Ausgeben und belohne mal mit Futter, aber meistens mit dem ausgegebenen Gegenstand, einem ähnlichen oder einem baugleichen.

Kauspielzeuge sind Ressourcen – jeder Hund sollte lernen dürfen, dass Menschen in diesem Kontext keine Bedrohung darstellen.

Dann hat sie sich hingelegt, war aber wohl zu warm, im Schatten aber zu unbequem, Reingehen war aber auch nicht das Richtige. Also kurzerhand Tüchlein wieder ab und wieder Interaktion. Das Tüchlein bekommt ja nicht nur die Bedeutung „Entspann' dich!", sondern auch „Niemand hat jetzt Zeit für dich!". Deshalb ist es wichtig, dass keine wie auch immer geartete Interaktion zwischen Mensch und Hund stattfindet, wenn das Signal „angestellt", also das Halstuch am Hund, ist. Natürlich muss man sich dementsprechend vorher ein paar Gedanken darüber machen, *wann* man das

Tüchlein tatsächlich anlegt, wann man es lieber lässt und vor allem auch, wann man es wieder abnimmt. Beim Rausgehen war der Zwerg dann sehr unternehmungslustig, hat festgestellt, dass Laub richtig cool zum Reinspringen und Baumstämme, äh Baumstämmchen, richtig cool zum Drüberspringen sind. Geübt haben wir nix! Darf nämlich auch mal sein. Und außerdem ist uns niemand begegnet, mit dem wir zumindest Hingucken – Weggucken hätten üben können.

Aber natürlich haben wir heute was geübt: Nämlich, dass Maschinengewehrfeuer, Pistolenschüsse, Explosionen, laute Motorräder und Musik, Geschrei, Hundegebell und allerhand mehr echt kein Grund zur Sorge sind. Unsere Hilfsmittel: Netflix, The Dark Knight und die gute Hundewurst aus Oberammergau! Und weil das ja noch nicht reicht, hat es dann auch noch angefangen zu gewittern und so konnten wir nicht nur Geräuschangst-, sondern auch Gewitterangstvorbeugungstraining machen.

Außerdem:

- 5 x Sitzen mit Blickkontakt mit Futter belohnt, Tatort Küche, während ich das Hundefutter zubereitet habe. Als Hund könnte man ja stattdessen auch hüpfen, quietschen oder irgendjemanden beißen.
- 3 x Sitzen mit Blickkontakt, 2 x Sitzen ohne Blickkontakt mit Zuwendung und Spiel belohnt – weil das wirklich besser ist, als Emmas Rute zu massakrieren. Echt.
- 3 x Liegen belohnt mit Zuwendung, weil auch das viel besser ist, als Emmas Rute zu massakrieren. Echt.
- 4 x Ausgeben belohnt. Dieses Mal hatte sie ein Stück Lammstrosse zum Kauen. Jedes Mal, wenn sie es ausgespuckt hat, gab es Geflügelcreme aus der Tube und natürlich durfte sie die Strosse behalten. Ich hab die auch immer wieder mal angefasst. Die Geflügelcreme war so toll, dass die gute Mine dann eigentlich lieber die Tube zur freien Verfügung wollte. Genau so soll's sein beim Ressourcentraining. Sie macht mit uns die Erfahrung, dass ihr niemand etwas einfach so wegnimmt und dass Menschen in der Nähe guter Sachen noch bessere Sachen versprechen.
- 7 x verbales Entspannungssignal „Alles gut" gesagt, als das Tierchen dabei war einzuschlafen.

Während ich diese Zeilen schreibe, lernt der Hund immer noch: Zu meinen Füßen auf seiner Decke liegen – trotz Gewitter. Sie ist großartig!

Ruhesignal und Alleinebleiben

Keine Sorge, langweilig wird dir nicht werden, denn deine wichtigste Aufgabe in Sachen Training beginnt direkt an Tag zwei mit deinem Welpen. Jeder Hund sollte lernen, entspannt alleine zu bleiben. Und damit das später problemlos klappt, fangen wir damit so früh wie möglich an. Da dein Welpe ein großes Bedürfnis nach Sicherheit und Bindung hat, darfst du ihn die erste Zeit auch tagsüber nicht alleine lassen. Alleinebleiben muss ein Hund erst lernen und rein entwicklungstechnisch ist es nicht vorgesehen, dass ein acht, zehn oder auch zwölf Wochen alter Welpe alleine bleiben muss. Ohne menschliche Obhut wäre das für einen Welpen das Todesurteil und das uralte innere Programm des Welpen weiß das. Lässt man einen Welpen alleine, so löst das massiven Trennungsstress aus. Der Welpe wird anfangen zu wimmern und ggf. sogar laut zu heulen. Dass der Welpe in Stress gerät und durch Lautäußerungen versucht, seine Bindungspartner zurückzuholen, ist eine sehr sinnvolle Einrichtung der Natur, um das Überleben des Welpen zu sichern. Völlig altersunabhängig sind Hunde Tiere, die auf ihre Sozial- und Bindungspartner angewiesen sind, damit sie sich wohlfühlen. Deshalb ist es wichtig, vom ersten Tag an dafür Sorge zu tragen, dass der Welpe später alleine bleiben kann, ohne dadurch in Stress zu geraten. Deshalb beginnen wir in der Eingewöhnungsphase mit dem Training des Ruhesignals als Basis für das entspannte Alleinebleiben.

ACHTUNG!

Das Training für das Alleinebleiben mit Hilfe des Ruhesignals ist natürlich nicht innerhalb der Eingewöhnungsphase von drei bis zehn Tagen erledigt! Bis du den Welpen wirklich für eine halbe Stunde oder Stunde alleine lassen kannst, vergehen mehrere Wochen, meistens sogar Monate. Wenn dein Hund berufsbedingt lernen muss, mehrere Stunden alleine zu bleiben, brauchst du bis zum Alter von ungefähr acht Monaten eine Betreuungsperson, die sich in deiner Abwesenheit um deinen Hund kümmert.

Was ein Ruhesignal ist

Ein Ruhesignal ist ein Signal, das mit Ruhe und Entspannung verknüpft ist und dem Hund klar kommuniziert, dass es keine Interaktion mit dem Menschen geben wird und dass nichts von dem, was sein Mensch gerade tut, für ihn relevant ist. Dadurch bekommt der Hund Erwartungssicherheit. Er weiß genau, was passiert und erfährt keinen Kontrollverlust. Das wiederum sorgt dafür, dass Stress gar nicht erst entsteht: Die Grundvoraussetzung dafür, dass dein Welpe lernen kann, später ganz entspannt alleine zu Hause zu bleiben. Und nicht nur für das entspannte Alleinebleiben ist ein Ruhesignal Gold wert. Immer dann, wenn du keine Zeit für deinen Hund hast und er sich einfach entspannt irgendwo hinlegen oder selbst beschäftigen soll, kannst du es nutzen. Zum Beispiel, wenn du kochst, wenn du in Ruhe am Rechner arbeiten willst, beim Autofahren oder auch beim Entspannen im Garten oder auf dem Balkon.

Unsere Halstücher und Ölmischungen haben wir extra für das Entspannungstraining und das Training des Alleinebleibens konzipiert.

Ich nutze als Ruhesignal bevorzugt ein Halstuch, auf das ich eine spezielle Ölmischung mit einem entspannenden Duft aufbringe. Das Halstuch muss so beschaffen sein, dass dein Welpe sich davon nicht gestört fühlt. Es darf nirgends ein Zipfel abstehen, den er mit der Schnauze erreichen kann, um daran zu ziehen. Halstücher und auch Ölmischungen bekommst du bei uns im Easy Dogs Shop und die Webadresse findest du natürlich hinten im Buch.

Hermine mit improvisiertem Halstüchlein.

Welpen kleiner Rassen ist selbst unser Halstuch in Größe XS noch zu groß. Hier kannst du einfach improvisieren. Ich habe damals für Hermine einfach ein Stück Stoff passend zurechtgeschnitten und einen Knoten hinein gemacht, sodass ich ihr das Halstuch leicht über den Kopf ziehen konnte, es aber nicht so lose dranhing, dass sie sich davon gestört fühlte.

Wie du das Ruhesignal aufbaust

Der Aufbau des Halstuchs als Ruhesignals gliedert sich in mehrere Trainingsschritte:

Trainingsschritt 1:
Immer wenn der Welpe sich zum Schlafen oder Ruhen hinlegt oder du ihm einen Kauartikel oder etwas zum Ausschlecken gibst, womit er sich entspannt selbst beschäftigen kann, ziehst du ihm das Halstuch an. Dabei machst du bitte überhaupt kein Tamtam. Die meisten Welpen haben kein Problem damit, wenn man einfach in die Hocke geht und ihnen das Halstuch vorsichtig über den Kopf streift. Achte darauf, dass du nicht lange rumfummeln musst. Halstuch auf die passende Größe einstellen, sodass es den Welpen nicht stört, über den Kopf streifen, fertig. Leckerchen solltest du dazu nur benutzen, wenn dein Welpe ein eher ängstlicher Typ ist, um das Überstreifen positiv zu verknüpfen. In den meisten Fällen ist Futter allerdings kontraproduktiv. Viele Welpen werden durch die Leckerchen-Gabe wieder aktiv und die Wahrscheinlichkeit, dass du eine gute Trainingseinheit bekommst, sinkt.

Wenn dein Welpe wieder aufwacht, mit seiner Beschäftigung fertig ist und aktiv wird, sich lösen möchte oder du auf irgendeine Art und Weise mit ihm interagieren musst oder willst, nimmst du ihm das Halstuch einfach wieder ab. Damit ist die Trainingseinheit beendet und du kannst sie in deiner Dokumentation erfassen.

WICHTIG!

Später muss das Halstuch, das du benutzt, zwingend eine Sollbruchstelle (Klettverschluss oder Druckknöpfe) haben oder so locker sitzen, dass dein Hund seinen Kopf herausziehen kann, sollte er damit irgendwo hängen bleiben.

Wichtig ist, dass du deinen Welpen vollkommen in Ruhe lässt, solange er das Halstuch trägt. Schau ihn nicht an, fass ihn nicht an und sprich ihn auch nicht an. Da du das Halstuch ohnehin dann aufbaust, wenn der Welpe schläft, ruht oder sich entspannt alleine beschäftigt, sollte das eigentlich selbstverständlich sein. Das „in Ruhe lassen" ist der entscheidende Punkt: Nur wenn keine Interaktion zwischen euch beiden stattfindet, wenn der Welpe das Halstuch trägt, kann er das lernen, was wir beabsichtigen. Wenn Handlungsbedarf besteht und du dich deinem Welpen zuwenden musst, weil er gerade aufgewacht ist und du ihn nach draußen bringen musst, damit er sich lösen kann, dann tust du das selbstverständlich. Zuerst nimmst du aber bitte unbedingt das Halstuch ab.

Ist dein Welpe schon älter, also zehn oder zwölf Wochen, schläft er zwar nicht mehr ganz so viel wie mit acht Wochen, aber auch dann hast du über den Tag verteilt noch sehr oft die Gelegenheit, ihm das Halstüchlein in entspanntem Zustand anzulegen.

Fang damit wirklich direkt am Tag nach dem Einzug deines Welpen an, denn zu früh oder zu viel gibt es beim ersten Trainingsschritt des Aufbaus eines Ruhesignals nicht. Du nutzt ja zunächst sowieso nur die Phasen, in denen dein Hund entspannt ist. Du zwingst ihn zu nichts und du schickst ihn auch nicht auf seine Decke oder in sein Körbchen. Du nutzt ausschließlich die ohnehin stattfinden Schlaf- und Ruhephasen deines Welpen aus.

Besonders wichtig ist, dass du dein Training sorgfältig dokumentierst. Denn nur so kannst du sicherstellen, dass du nicht zu schnell vorgehst. Damit du weißt, wie das aussehen soll, hier Hermines Dokumentation des Ruhesignal-Trainings:

Hermine lernt alleine zu bleiben

Datum	Tageszeit	von	bis	Dauer	Trainingsschritt	Ort	Bemerkung
19.03.2020	Vormittags	10:15	11:20	1:05:00	1: H+D = Entspannung ohne KK	Terrasse, Lounge Möbel	REM-Phase, Bewegen in Sichtweite möglich, kurz geschaut, aber liegen geblieben
19.03.2020	Mittags	11:25	13:10	1:45:00	1: H+D = Entspannung ohne KK	Terrasse, Lounge Möbel	Wechsel nach drinnen mehrfach, sie schläft draußen einfach weiter.
19.03.2020	Nachmittags	15:30	16:00	0:30:00	1: H+D = Entspannung ohne KK	Unterm Esstisch	Ich in der Küche, Essen machen
19.03.2020	Abends	17:55	18:55	1:00:00	1: H+D = Entspannung ohne KK	Unterm Esstisch	Ich am Tisch, Arbeit am Rechner
20.03.2020	Vormittags	10:20	10:47	0:27:00	1: H+D = Entspannung ohne KK	Terrasse, Kudde und Lammfell	War noch wach, hat sich selber im Liegen auf dem Lammfell beschäftigt mit einem Blatt, Seitenlage nach 8 Minuten, wieder aufgestanden, getrunken, in die Kudde gegangen, nochmal rumgelaufen, wahrscheinlich zu warm in der Sonne. Seitenlage dann im Schatten um 10:35 Uhr, eingeschlafen. Kurz geschaut als Ferdi rein ist, Kopf wieder abgelegt. Nochmal Plays gewechselt, unter die Lounge Möbel. 10:47 nach drinnen gewechselt, an den Tisch gesetzt. Auch da nicht wirklich zur Ruhe gekommen. Abbruch
21.03.2020	Nachmittags	16:41	18:31	1:50:00	1: H+D = Entspannung ohne KK	Fernsehecke	Tüchlein an, schnell eingeschlafen; war die ganze Zeit bei ihr.
22.03.2020	Vormittags	10:25	10:45	0:20:00	1: H+D = Entspannung ohne KK	Fernsehecke	Viel Platz wechseln, Unruhe, Abbruch
22.03.2020	Nachmittags	14:10	16:00	1:50:00	1: H+D = Entspannung ohne KK	Küche/unterm Esstisch	In der Küche eingepennt, später unter den Esstisch gewechselt. Halstuch abgenommen, als sie aufgewacht ist und aufs Klo musste.
22.03.2020	Nachmittags	17:20	18:30	1:10:00	1: H+D	Unterm Esstisch	Die ganze Zeit gelegen, kurz was getrunken, wieder

Hermines Dokumentation des Ruhesignals

In der ersten Spalte steht das Datum, in Spalte zwei die Tageszeit, dann kommen die Start- und die Beendigungszeit der Trainingseinheit, wie lang sie gedauert hat, bei welchem Trainingsschritt du dich befindest, an welchem Ort innerhalb der Wohnung dein Training stattgefunden hat und ganz am Ende steht, was während der Trainingseinheit passiert ist. Gelb hinterlegt sind Trainingseinheiten, die nicht optimal gelaufen sind. Optimal heißt, dass das jeweilige Trainingsziel des Trainingsschritts erreicht wurde. In Trainingsschritt 1 geht es nur darum, das Halstuch und den Duft mit Ruhe und Entspannung in Verbindung zu bringen. Ist dein Welpe also unruhig, legt sich nicht hin, um zu schlafen oder sich entspannt mit einem Kauartikel zu beschäftigen, dann ist nicht der richtige Augenblick, um das Ruhesignal mit ihm trainieren zu wollen. In solchen Fällen brichst du das Training einfach ab. Du gehst also ganz entspannt zu deinem Welpen, nimmst ihm das Halstüchlein ab und probierst es einfach zu einem späteren Zeitpunkt, wenn es besser passt, noch einmal. Das ist elementar wichtig: Trainiert wird dann, wenn der Welpe das, was wir möchten, ganz von alleine und problemlos zeigen kann. Er wird nicht zur Ruhe gezwungen!

Du solltest mindestens 15, besser 20 Einheiten von Trainingsschritt 1 machen und dabei auf insgesamt auf mindestens 14 Stunden kommen. Das hört sich möglicherweise viel an, wenn man aber bedenkt, dass ein Welpe über den Tag verteilt mehrere Stunden schläft, dann relativiert sich das sehr schnell, weil du wirklich jede Schlafphase für diesen Trainingsschritt nutzen kannst. Mehr als 28 Stunden Trainingszeit brauchst du für Trainingsschritt 1 nicht aufzuwenden. Von den 15 bis 20 Einheiten dürfen allerdings höchstens 3 gelb sein, bevor du zu Trainingsschritt 2 weitergehst. Wenn du viele gelbe Einheiten hast, dann wählst du entweder deinen Trainingszeitpunkt nicht richtig oder du solltest einmal kritisch prüfen, wie du dich verhältst, wenn du deinem Welpen das Halstüchlein anlegst. Möglicherweise liegt hier der Hase im Pfeffer.

WICHTIG ZU WISSEN:

Erwachsene Hunde sollten am Tag zwischen 16 und 20 Stunden ruhen und schlafen. Das Gleiche gilt für Welpen und Junghunde und oft schlafen sie wirklich viel, weil ihr Gehirn sich noch entwickelt und all die neuen Reize, mit denen es Tag für Tag konfrontiert wird, verarbeitet werden müssen. Zu viel Beschäftigung und Trubel machen den Hund zwar kurzfristig müde, auf lange Sicht aber bewirken sie genau das Gegenteil: Dein Welpe wird hibbelig, aufgekratzt und kommt immer schlechter zur Ruhe. Lass deinen Welpen deshalb viel schlafen und nutze diese Zeiten für dein Training des Ruhesignals. Wenn dein Welpe quasi gar nicht zur Ruhe kommt, dann muss unbedingt herausgefunden werden, warum das so ist. Überforderung oder Überreizung sind ein häufiges Problem, aber auch Schmerzen und Unwohlsein können die Ursache dafür sein. Bereits beim Geburtsvorgang und dann später auch beim Herumtollen und Spielen können Blockaden im Bewegungsapparat entstehen, die dann zu Schonhaltungen und Verspannungen führen. Das fällt oft gar nicht wirklich auf. Ein Besuch in der Tierarztpraxis und idealerweise auch bei einer kompetenten Physiotherapeutin ist deshalb sehr sinnvoll.

Ein besonders wichtiger Faktor, wenn es darum geht, dass dein Welpe zur Ruhe kommt, bist allerdings du: Wenn du selbst die ganze Zeit herumläufst und aktiv bist, machst du es deinem Welpen unnötig schwer einzuschlafen. Nutze die Zeiten, wenn dein Welpe müde wird, um selbst eine Pause einzulegen. Mach die eine Tasse Tee, schnapp dir ein gutes Buch und setz dich gemütlich hin. Oder sei produktiv, indem du beispielsweise etwas am Rechner arbeitest. Egal was du tust: Achte darauf, dass nicht dein Verhalten dem Ruhe- und Schlafbedürfnis deines Welpen entgegensteht.

Trainingsschritt 2:
Im zweiten Trainingsschritt geht es darum, dass dein Welpe lernen kann, dass Dinge, die du tust, wenn er das Halstuch trägt, überhaupt keine Relevanz für ihn haben. Wenn er das Halstuch trägt, spielst du nicht mit ihm, ihr kuschelt nicht miteinander und ihr geht auch nicht gemeinsam raus. Damit dieser Trainingsschritt gut läuft, muss dein Welpe vor jeder Trainingseinheit die Möglichkeit gehabt haben, sich zu lösen und er sollte auch ansonsten sehr zufrieden und gerne ein bisschen müde sein. Das heißt aber nicht, dass du ihn vorher völlig auspowerst. Der Schuss geht in der Regel nach hinten los und dein Welpe ist erst recht aufgedreht, lässt sich allen möglichen Blödsinn einfallen und tut alles, außer alleine zur Ruhe zu kommen. Zufriedene Schläfrigkeit sollte der Zustand sein, wenn du eine Trainingseinheit für Trainingsschritt 2 beginnst. Du legst deinem Welpen also das Halstuch an, nachdem er draußen war, um sich zu lösen und gehst einfach deinen Beschäftigungen nach. Du machst einfach dein Ding und dein Welpe seines. Er darf dir dabei ruhig auch nachlaufen. Er muss ja erst lernen, dass er sich das eigentlich sparen kann, weil sowieso nix Spannendes passieren wird. Schick ihn also nicht auf seine Decke oder etwas in der Art.

Für den Anfang musst du für deinen Welpen erreichbar sein. Du schließt also zunächst keine Türen zwischen dir und dem Welpen. Du kannst und sollst dich frei in deiner Wohnung bewegen und wenn dein Welpe dir folgen möchte, so darf er das jederzeit tun. Mit der Zeit wird er sich bei euch zu Hause immer sicherer fühlen und das Bedürfnis dir hinterherzulaufen wird immer weniger werden. Eine Trainingseinheit wird immer dadurch beendet, dass du deinem Welpen das Halstuch ausziehst und es an einem Ort verstaust, wo du es sehen kannst. Dann fällt es dir leichter, an regelmäßige Trainingseinheiten zu denken. Üben solltest du nach Möglichkeit jeden Tag, aber es ist auch nicht schlimm, wenn einmal ein Tag ohne Trainingseinheit dabei ist. Insgesamt solltest du bei Trainingsschritt 2 innerhalb von sieben Tagen auf mindestens sieben und maximal 21 Stunden kommen.

Nach einigen Tagen und mindestens zehn bis fünfzehn Trainingseinheiten, bei denen maximal zwei gelb sein dürfen, kannst du dann für kurze Zeit den Raum verlassen und auch mal eine Tür hinter dir zumachen, beispielsweise, wenn du ins Badezimmer gehst oder kurz den Müll nach draußen bringst. Halte die Zeiträume anfangs sehr kurz, maximal drei bis vier Minuten. Hier ist Fingerspitzengefühl gefragt! Dein Welpe sollte niemals Angst bekommen oder in starken Frust geraten. Wenn er das tut, dann ist er noch nicht so weit und du solltest ihm noch ein paar Tage Zeit geben. Ideal ist es, wenn du deinen Welpen per Video beobachten kannst, sobald du den Raum verlässt. Technisch ist das heute ja überhaupt kein Problem mehr und von der superteuren Kamera extra für Hunde, die auch noch Leckerchen ausspucken kann, über günstige WLAN-Kameras bei denen du über eine App auf deinem Handy gucken kannst, wie es deinem Hund geht bis hin zur einfachsten Lösung, einen Videoanruf mit dir selbst vom Handy auf ein anderes Endgerät wie Tablet oder Computer, ist alles machbar. Und es lohnt sich wirklich reinzuschauen, weil du dir so sicher sein kannst, dass dir bei deinem Training keine blöden Situationen entstehen, die sich dann später nachteilig auswirken. Spätestens bei Trainingsschritt drei brauchst du so oder so die Kameraüberwachung.

Weil die Entwicklung von Welpen so individuell verläuft, kann ich dir keine genauen Zeitangaben liefern, wie lange welcher Trainingsschritt genau dauert. Deshalb ist die Dokumentation des Trainings so wichtig. Wenn du ein Protokoll führst, dann kannst du genau nachvollziehen, ob das, was du da tust, zielführend ist oder ob deine Trainingsschritte zu groß sind.

Trainingsschritt 3:
Bevor du zu diesem Trainingsschritt übergehst, sollte dein Welpe mindestens zwölf Wochen alt und die Eingewöhnungsphase beendet sein. Vorher ist es sehr unwahrscheinlich, dass dein Welpe vom Entwicklungsstand her schon so weit ist, dass sein Notfallprogramm, wenn du länger als drei bis vier Minuten außerhalb seiner Reichweite bist, *nicht* anspringt. Geh auf keinen Fall voreilig zu diesem Trainingsschritt über und sei geduldig! Denn Fehler beim Alleinebleibentraining später wieder ausbügeln zu müssen ist viel aufwändiger und belastender für alle Beteiligten, als wenn du es direkt richtig machst und erst gar kein Problem entsteht. Wenn dein Welpe also alt genug ist und du aus deinem bisherigen Training weißt, dass er auch dann entspannt bleibt, wenn du eine Türe hinter dir schließt und er dir für wenige Minuten nicht folgen kann, dann kannst du die Zeiträume langsam ausdehnen. Jetzt ist es auch sinnvoll, eine kleine Verabschiedungsfloskel einzubauen, bevor du den Welpen sich selbst überlässt. Sag deinem Welpen in ruhigem Tonfall und ohne ihn direkt zu adressieren „Ich bin bald wieder da!" oder etwas in der Art. So wie du es bei einem Menschen auch tun würdest, der gerade nicht direkt neben dir steht, sondern sich irgendwo anders in der Wohnung aufhält, dem du aber Bescheid geben möchtest, dass du kurz weg bist. Dein Hund soll nicht den Eindruck haben, dass jetzt eine Interaktion beginnt. Schließ dann beispielsweise die Badezimmertür, wenn du duschen gehst oder bring den Müll raus und lass dir dabei jetzt mehr Zeit. Wenn du die Wohnung verlässt, dann nimmst du natürlich deinen Schlüssel mit. Da dein Welpe aber während des Trainings alles so kennenlernen soll, wie es auch später sein wird, wenn du ihn dann wirklich alleine lässt, solltest du dir auch (andere) Schuhe anziehen, deine Jacke, deinen Geldbeutel, eine Tasche oder einen Rucksack mitnehmen – auch wenn du bei schönstem Sonnenschein nur

zur Mülltonne vor dem Haus gehst. Was du halt so mitnimmst, wenn du normalerweise irgendwo hingehst, um etwas zu unternehmen. Bleib etwa zehn bis fünfzehn Minuten draußen, bevor du zurückkommst und überwache deinen Welpen währenddessen über die Kamera. Stück für Stück erarbeitest du dir so maximal eine halbe Stunde.

Wenn dein Welpe Stress bekommt, anfängt aufgeregt umherzulaufen, winselt, bellt oder sogar heult wie ein kleiner Wolf, dann gehst du sofort zurück und wartest nicht, wie man überall hört und liest, bis er damit aufhört! Dieser Tipp betrachtet das Verhalten des Hundes auf rein behavioristischer Ebene und lässt innerpsychische Vorgänge für das Verhalten komplett außer Acht. Es wird behauptet, dass der Welpe auf diese Art und Weise lernen würde, dass er dein Verhalten kontrollieren kann, gerne wird auch die alte Dominanztheorie bemüht und weil du ja der Chef bist ... du weißt schon. Grober Unfug!

Was wirklich passiert ist, ist, dass bei deinem Welpen Trennungsstress ausgelöst wurde, der wiederum Bindungsverhalten triggert: Durch die Lautäußerungen versucht er dich zurückzuholen, weil er instinktiv glaubt, in Todesgefahr zu sein und im Sinne einer sicheren Bindung musst du das Bindungsverhalten deines Welpen unbedingt beantworten. Seine Mutter würde das genauso machen. Geh also sofort zurück zu ihm.

Dass dein Welpe dieses Verhalten zeigt, ist einfach nur ein Zeichen dafür, dass er noch nicht so weit ist. Entweder ist er noch nicht auf dem passenden Entwicklungsstand oder du hast groben Bockmist beim Training gebaut. Wenn du aber gut dokumentiert hast und dir sicher bist, dass das alles so passt, dann braucht dein Welpe einfach noch etwas Zeit – und die musst du ihm geben. Manchmal ist einfach nicht der richtige Tag für diesen Trainingsschritt, manchmal ist es sinnvoll, einfach noch eine oder zwei Wochen zu warten, bevor du mit diesem Trainingsschritt weitermachen kannst.

Unabhängig davon, ob du wie geplant zurückkommst oder zurückkommen musstest, weil dein Welpe in Stress geraten ist, machst du bei deiner Rückkehr bitte kein großes Aufhebens.

Kommt dein Hund zu dir, dann nimmst du das Halstuch ab und gehst ruhig, entspannt, freundlich und liebevoll auf sein Begrüßungsverhalten ein. Schau, was ihm dabei hilft, sich zu beruhigen. Streichle ihn ein bisschen, sprich in beruhigendem Tonfall mit ihm, biete ihm Körperkontakt an. Das Begrüßungsverhalten darfst du nicht ignorieren! Auch das hört und liest man leider immer wieder. Begrüßungsverhalten ist Bindungsverhalten und wenn du nicht darauf eingehst, verhältst du dich im Wortsinn asozial und du löst dadurch bei deinem Welpen Stress und Frustration aus. Beides ist bindungs- und vertrauensschädigend. Als Bindungspartnerin deines Hundes ist es deine Aufgabe, deinem Welpen bei der Regulation seiner Emotionen und bei der Bewältigung von stressenden Ereignissen zu helfen. Damit unterstützt du die Entwicklung seiner Selbstregulation, Selbstwirksamkeit und damit auch seiner Resilienz.

Wenn dein Welpe nicht kommt, um dich zu begrüßen, dann ist das auch nicht schlimm. Im Gegenteil: Im besten Fall ist er einfach so unbeeindruckt von deiner kurzen Abwesenheit, dass er gar keinen Grund sieht, Bindungsverhalten zu zeigen und sich so rückzuversichern, dass alles gut ist. In diesem Fall kannst du deine Trainingseinheit einfach noch weiterlaufen lassen oder sie beenden, indem du deinem Hund das Halstuch abnimmst und ihn deinerseits kurz und unaufgeregt begrüßt.

WICHTIG:

Ist dein Hund völlig außer sich, wenn du wieder zu ihm ins Zimmer kommst und er springt bellend wild an dir hoch, dann war dein Trainingsschritt wahrscheinlich zu groß! In diesem Fall musst du einen Schritt zurückgehen und deine Abwesenheit deutlich verkürzen. Prüf noch einmal deine Dokumentation. War dein Welpe wirklich schon so weit, dass die Dauer deiner Abwesenheit sinnvoll war? Haben die bisherigen Trainingseinheiten schon ähnlich lang gedauert? Haben sie zu anderen Tageszeiten stattgefunden? War irgendetwas anders als sonst? Die Dokumentation ist unerlässlich, um herauszufinden, ob sich gerade irgendwo ein Trainingsfehler einschleicht oder ob es sich einfach um ein einmaliges Ereignis ohne nachvollziehbare Ursache handelt.

Trainingsschritt 4.

Bei Trainingsschritt 4 ist es so weit, dass du deinen Welpen wirklich alleine lässt. Dafür sollte dein Welpe, auch wenn das Training bisher super gelaufen ist, mindestens 16 Wochen alt sein und deine Abwesenheiten sollten anfangs 30 Minuten keinesfalls übersteigen. Auch für diesen letzten Trainingsschritt sollte dein Welpe wieder zufrieden schläfrig sein und noch einmal die Möglichkeit gehabt haben, sich zu lösen, bevor du gehst. Das solltest du übrigens ein Hundeleben lang so beibehalten. Der Ablauf verändert sich jetzt ein bisschen im Vergleich zu den vorhergehenden Trainingsschritten: Du machst dich fertig und packst alles zusammen, was du mitnehmen möchtest.

Schuhe an, Jacke an, Handy und Geldbeutel eingesteckt? Autoschlüssel, Hausschlüssel dabei? Als letzte Aktion nimmst du das Halstuch deines Hundes, legst es ihm an, legst ihm noch ein paar Abschiedsleckerchen hin, sagst deine Abschiedsfloskel und verlässt die Wohnung. Dann schaltest du direkt die Kameraüberwachung ein und versicherst dich, dass es deinem Welpen gut geht und er die Trennung entspannt bewältigen kann.

Wenn du nach Hause kommst, drehst du den Ablauf um: Deine erste Amtshandlung ist, dass du deinen Hund begrüßt, ihm dabei das Halstuch abnimmst und ihm dabei hilfst, sich zu beruhigen, sofern das nötig ist. Erst dann kümmerst du dich um dich selbst, ziehst Jacke und Schuhe aus und verräumst dann beispielsweise deine Einkäufe.

In den nächsten zwei Monaten kannst du die Dauer des Alleinebleibens langsam und mit guter Dokumentation auf bis zu zwei Stunden steigern. Ab einem Alter von sechs bis acht Monaten kannst du die Alleinezeit dann schrittweise auf insgesamt maximal sechs Stunden ausbauen.

Auszug aus dem Tagebuch, 03.04.2020, Hermine ist knapp 11 Wochen alt

Premiere! Halstuch angezogen und der Zwerg hat sich entschieden, sich zu Maya auf die Terrasse zu legen – obwohl wir drin sind.

Sie wird von Tag zu Tag sicherer, so, dass sie uns nicht mehr die ganze Zeit braucht. Sie lernt zu vertrauen, dass wir da sind, wenn es nötig ist und kann so zu einem selbstsicheren, gelassenen Hund werden.

Entspannt alleinebleiben muss der Welpe achtsam und angepasst an seine individuelle Entwicklung lernen dürfen

Wichtig zu wissen:

Grundsätzlich sollte ein erwachsener Hund nicht länger als maximal sechs Stunden pro Tag alleine bleiben. Zum einen ist ein Hund als hochsoziales Tier nicht dafür gemacht, den Großteil des Tages ohne Sozialpartner zu verbringen, zum anderen sollte er nach spätestens sechs Stunden die Möglichkeit bekommen, sich zu lösen. Sich einen Hund anzuschaffen, nur um ihn dann jeden Tag acht Stunden oder gar noch länger fremdbetreuen oder gar alleine zu Hause zu lassen, ist meiner Ansicht nach nicht vertretbar.

Grundsätzlich solltest du dir bereits vor dem Einzug deines Welpen Gedanken darüber machen, wer deinen Hund betreuen kann, wenn es einmal nötig ist. Auch eine längerfristige Betreuungsmöglichkeit, etwa bei einem Krankenhausaufenthalt oder falls du ohne deinen Hund verreisen musst oder möchtest, solltest du dir organisieren. Dabei ist es wichtig, dass die Betreuungsperson genauso liebevoll bedürfnis- und bindungsorientiert mit deinem Hund umgeht wie du selbst und keine Strafmaßnahmen anwendet, um den Hund zu „erziehen".

Wie du das Ruhesignal pflegst

Auch wenn sich die Verknüpfung „Es hat jetzt keiner Zeit für dich" quasi automatisch aufrechterhält, wenn du das Halstuch als Ruhesignal regelmäßig nutzt, ist es sinnvoll, die zweite Bedeutung für den Hund, nämlich das „Bleib entspannt!", regelmäßig aufzuladen. Dazu musst du nichts weiter tun, als zwischendurch immer mal wieder eine Einheit von Trainingsschritt 1 einzulegen – also deinem Hund das Halstuch dann anzulegen, wenn er gerade eh in die Entspannung geht und es wieder abzunehmen, wenn er wieder aktiv wird oder ihr etwas miteinander machen möchtet.

Wie du das Ruhesignal noch einsetzen kannst

So, wie wir das Halstuch trainieren, kannst du es auch nutzen, um deinen Hund „auszuschalten". Du trainierst dabei ja, dass dein Hund lernen kann, dass du keine Zeit für ihn hast und er sich entspannen soll. Deshalb ist das Ruhesignal immer dann sehr hilfreich, wenn du nicht von deinem Hund gestört werden willst. Wenn du beispielsweise im Home Office arbeitest und eine Besprechung hast, dann kannst du deinem Welpen kurz vor Beginn sein Halstuch anlegen. Wichtig ist natürlich auch hier wieder, dass alle seine Bedürfnisse so gut wie möglich erfüllt sind.

Das Halstuch als Ruhesignal wird für den Hund auch gleichzeitig zum Sicherheitssignal. Er kennt den Ablauf und erlangt dadurch Erwartungssicherheit. Später wird dir das einen großen Vorteil verschaffen, wenn du zum ersten Mal mit deinem Hund in den Urlaub fährst und er im Ferienhaus oder im Hotelzimmer alleine bleiben soll. Viele Hunde, die kein Ruhesignal kennen, haben Schwierigkeiten damit, in fremder Umgebung alleine zu bleiben. Kennt der Hund sein Halstuch aber von klein auf, ist es für ihn aber in den meisten Fällen überhaupt kein Problem, auch an anderen Orten als zu Hause nach einer gewissen Eingewöhnungszeit entspannt alleine zu bleiben.

Auch beim Autofahren kann das Halstuch eine Hilfe sein. Beim Autofahren sind alle Kriterien für das Üben des Ruhesignals erfüllt, weil du dich dabei aufs Fahren konzentrieren musst. Dazu später mehr.

Es mag heute noch ganz weit weg sein, aber irgendwann wird auch dein Welpe ein alter Hund sein und durch die damit einhergehenden Veränderungen in seiner Wahrnehmung oder auch die Entwicklung einer Demenzerkrankung möglicherweise Schwierigkeiten mit dem Alleinebleiben bekommen. Was bei Hunden bis zuletzt noch funktioniert, auch wenn sie eventuell schon blind, sehr schwerhörig oder sogar taub sind, ist der Geruchssinn. Das Ruhesignal kann vor allem, wenn du es zusammen mit einer Ölmischung nutzt, wie ein Fels in der Brandung für deinen Hund sein, weil es über viele Jahre mit Wohlbefinden, Entspannung und Sicherheitsgefühl verbunden ist.

Kuscheln und Anfassen

Für den Aufbau einer sicheren Bindung ist Körperkontakt – angenehmer Körperkontakt – das A und O. Kuscheln, Streicheln, Anfassen, das sollte vor allem in der Eingewöhnungsphase auch ganz weit oben auf deinem Zettel stehen. Natürlich ist das ein ganzes Hundeleben lang gut und wichtig, aber gerade in der ersten Zeit mit deinem Welpen legst du den Grundstein dafür, wie er den Kontakt zu dir empfindet.

Beim Kuscheln in ganz entspannter Atmosphäre bietet sich die beste Gelegenheit für zwei Dinge, die euch in eurem Zusammenleben sehr nützlich sein werden.

Entspannungssignal aufbauen und aufladen

Erstens kannst du beim täglichen Kuscheln ganz einfach ein Entspannungssignal aufbauen, indem du einfach drei bis vier Mal hintereinander und in einem ganz ruhigen, sanften Ton sagst „Alles gut!". Das „Alles gut!" verknüpft dein Welpe mit dem entspannten Zustand und damit baust du dir ein mächtiges Werkzeug auf, das du im Rahmen der sozialen Unterstützung prima dazu nutzen kannst, deinen Welpen zu beruhigen, wenn er sich einmal aufregt, erschreckt oder Angst bekommt. Dazu später mehr. Sag dein künftiges Entspannungssignal einfach immer in der Anfangsphase eurer Kuscheleinheit, wenn der Welpe schon sehr entspannt, aber noch nicht ganz eingeschlafen ist.

Den Grundstein für Medical Training legen

Zweitens kannst du Kuschelzeit dafür nutzen, dem Welpen zu zeigen, dass Berührungen am ganzen Körper etwas Angenehmes sind und nichts, wovor man sich fürchten muss. Das erleichtert spätere „echte" Trainingseinheiten für das sogenannte Medical Training enorm. Ich schreibe das bewusst in Anführungszeichen, weil Training für deinen Welpen immer stattfindet, auch in dem Moment, in dem ihr beide ganz gemütlich auf der Couch sitzt, dein Welpe tiefenentspannt ist, während du ganz sanft seine kleinen Pfötchen inspizierst, die Öhrchen streichelst und dabei auch mal hineinschaust, mal vorsichtig die Lefzen hochschiebst und ein bisschen über die Zähnchen streichst, die Rute anfasst, das Bäuchlein, den Rücken und seinen Kopf berührst. All das machst du völlig nebenbei und vor und nach jeder „Einzelinspektion" eines bestimmten Körperteils streichelst du den kleinen Hund einfach ganz normal. Das fühlt sich gar nicht an wie Training, weil dein Hund nichts muss und du auch nichts mit Futter belohnst. Aber bei diesen Kuscheleinheiten lernt dein Welpe exakt das, was er lernen soll: Bei Berührungen an seinem Körper entspannt sein und bleiben.

Dein Welpe soll das Angefasstwerden durchgehend als angenehm empfinden und du musst darauf achten, dass du nicht übertreibst und er entweder immer aktiver wird und anfängt in deine Hände beißen zu wollen oder gar aufspringt und davonläuft. Deshalb ist auch der richtige Zeitpunkt wieder immens wichtig. Wie beim Training des Ruhesignals machst du diese Kuscheleinheiten dann, wenn dein Welpe wohlig zufrieden und ein bisschen müde ist und sowieso das Bedürfnis nach Körperkontakt hat.

Wenn dein Welpe sich in diesen Phasen gut überall anfassen lässt, dann kannst du zwischendurch immer wieder einmal kurze Festhalteübungen machen, bei denen du beispielsweise mit der einen Hand ein Pfötchen für fünf bis zehn Sekunden festhältst. Wenn das gut klappt, kannst du mit der zweiten Hand die einzelnen Zehen berühren, mal mit den Fingern zwischen die Zehen oder die Ballen fassen, die Krallen einzeln berühren usw. Das Gleiche machst du auch an den Ohren. Dort hältst du mit der einen Hand das Ohr vorsichtig fest und mit einem Finger der anderen Hand streichst du vorsichtig über die Innenseite der Ohrmuschel. Auch am Fang dehnst du die Dauer dieser Anfassübungen langsam aus. Du hältst die Lefze länger nach oben, streichst vorsichtig über die Zähne und das Zahnfleisch und berührst auch Gaumen und Zunge. Auch die Augen beziehst du mit ein, indem du die Lider vorsichtig ein bisschen auseinanderziehst, um dir die Bindehaut und das Auge genau anzuschauen. Das Hinterteil darfst du auch nicht vergessen. Nimm die Rute in die Hand und halte sie, mit der anderen Hand berührst du den Bereich um den After herum und bei Hündinnen auch den Bereich der Vulva. Bei Rüden den Penis nicht vergessen, auch den soll sich dein Welpe von dir ja später problemlos anfassen lassen. Von kleinen Bereichen arbeitest du dich dann weiter zu größeren Bereichen, indem du beispielsweise den ganzen Kopf, den Brustkorb, die Taille, die Oberschenkel und die Vorderbeine mit zwei Händen umfasst und kurz festhältst.

Bei allen Übungen gilt, dass du mit so viel Fingerspitzengefühl vorgehst, dass dein Welpe sich niemals entziehen möchte. Du dehnst die Zeiten des Festhaltens also so langsam aus, dass dein Hund währenddessen stillhält und du lässt wieder los, bevor er versucht, sich oder das gehaltene Körperteil zu befreien. Auf mehr als 20 Sekunden musst du bei diesen ersten Übungen nicht kommen. Es soll alles locker, entspannt und easy für euch beide sein.

Video 6 – Erstes Üben von Körperpflegemaßnahmen

Diese kleinen Übungen so ganz nebenbei sind mit das Wichtigste, was dein Hund in seinem Leben lernt. Ein Hund, der gelernt hat, dass Berührungen grundsätzlich etwas Gutes sind und sich überall problemlos anfassen lässt, ist viel eher bereit, auch unangenehme Prozeduren über sich ergehen zu lassen. Natürlich üben wir auch diese Prozeduren, aber ohne die beschriebene Vorarbeit ist das deutlich schwieriger. Und es kann immer mal sein, dass dein Hund eine Behandlung über sich ergehen lassen muss, weil es notwendig ist, ihr mit dem „echten" Training aber noch gar nicht so weit seid. Dann sind das Grundvertrauen und die sichere Bindung, die durch diese Anfassübungen gefördert werden, genau das, wodurch die Trainingslücke zumindest teilweise überbrückt werden kann.

Dinge, die nicht wirklich unangenehm oder sogar schmerzhaft, sondern aus Sicht des Hundes einfach nur lästig sind, wie die kurze Kontrolle von einzelnen Körperpartien, das Entfernen einer Zecke oder einer Klette vom Körper, sind bei Hunden, die als Welpe so vorbereitet wurden in der Regel ohne weiteres Training machbar. „Echte“ Trainingseinheiten für das Medical Training beginne ich mit den Welpen frühestens nach zwei Wochen im neuen Zuhause. Zuerst wird durch die Anfassübungen die Basis dafür bereitet.

Video 7 –
Hermines erste Zecke

WICHTIG!

Natürlich sollst du nicht aus jedem Kuscheln eine Trainingseinheit machen. Die Übungen sollten den kleinsten Teil eurer Kuschelzeit ausmachen. Zwei, drei Minuten davon am Stück, die du über den Tag verteilt immer mal wieder in euren Kuschelzeiten einfließen lässt, sind völlig ausreichend. Und nicht vergessen: Wenn dein Welpe alleine irgendwo ruht oder schläft, dann lässt du ihn komplett in Ruhe. Das Einzige, was erlaubt ist, ist ihm kurz vor der Ruhephase das Halstuch für das Training des Ruhesignals anzulegen.

Lässt dein Welpe sich gar nicht anfassen, sondern entzieht sich dir oder kommt er erst gar nicht zum Kuscheln, dann solltest du dir umgehend Hilfe von einer Verhaltensberaterin holen. Bei solchen Welpen braucht es einen besonders achtsamen und feinfühligen Umgang, damit sie lernen können, dass Berührungen durch Menschen etwas Angenehmes und Schönes sind.

Spielen

Was selbstverständlich auch schon in die Eingewöhnungsphase gehört, ist das gemeinsame Spielen. Man mag es kaum glauben, aber auch beim Spielen wird mit Welpen eine Menge falsch gemacht. Spiel zeichnet sich aus durch die Freiwilligkeit der Spielpartner, dadurch, dass es Spaß macht und es keinem übergeordneten Zweck dient. Es geht einzig und allein um eine gute gemeinsame Zeit, durch die dann aber ganz nebenbei wieder die sichere Bindung und das Vertrauen deines Welpen zu dir gestärkt werden. Gehorsamsübungen haben für mich im Zusammenleben mit Hunden im Allgemeinen, mit Welpen im Speziellen und beim Spiel mit Welpen schon gleich dreimal nichts verloren. Der Welpe muss also nicht sitzen, bevor er das Spielzeug haben darf und er wird auch nicht in irgendeiner Form „korrigiert" oder sonst wie zurechtgebogen.

Was wir aber durchaus tun können und sollten ist, das Spiel für das Surfen der Erregungswelle zu nutzen und ganz nebenbei Höflichkeitsregeln zu vermitteln, die wir für ein entspanntes Zusammenleben mit unserem Hund brauchen.

Erregungswelle surfen

Nahezu jedes problematische Verhalten steht in Zusammenhang mit einer hohen Erregung, die dafür sorgt, dass der Hund nicht mehr gut denken kann und deshalb Verhaltensweisen an den Tag legt, die für uns nicht mehr wirklich cool sind. Je besser ein Hund sich selbst regulieren kann, desto weniger unerwünschte Verhaltensweisen treten auf und auch dafür legen wir den Grundstein in der Welpenzeit des Hundes. Spiel eignet sich deshalb so gut dafür, weil wir im Spiel quasi Gas und Bremse bedienen können.

Welpen zerren in der Regel unheimlich gern an Dingen. Wenn man ihnen nichts Passendes anbietet, nehmen sie dafür Handtücher, die sie vom Handtuchhalter zerren und dann mit ihrer Beute stolz wie Oskar durch die Bude marodieren. Oder sie nehmen unser Hosenbein. Oder die Sofadecke. Oder die Jacke, die an der Garderobe hängt. Irgendwas finden sie immer. Deshalb ist es sehr sinnvoll, das Zerren zum Surfen der Erregungswelle bewusst zu nutzen. Du solltest entsprechend also einiges an Material zur Verfügung haben, das ihr für Zerrspiele nutzen könnt. Die Zerrspielzeuge müssen relativ lang sein, sodass du mit deinen Händen immer genug Abstand zum Piranha-Gebiss halten kannst. Sonst macht dir das schnell keinen Spaß mehr und wie weiter vorne geschrieben, Spiel ist es nur dann, wenn es beiden Spaß macht. Du kannst im Fachhandel unterschiedlichste Zergel kaufen, du kannst aber auch aus den

Einzelsocken, die sich im Lauf des Lebens so ansammeln, ein Zergel zusammenknoten, du kannst die Beine von alten Hosen oder die Ärmel alter Pullover abschneiden und diese benutzen, du kannst alte Fleecedecken zerschneiden und Zergel flechten, alte Geschirrhandtücher nehmen – die Möglichkeiten sind vielfältig.

Richtig spielen

Wer von euch das Spiel anfängt, ist völlig egal. Wenn dein Welpe etwas hat, das sich zum Zerren eignet, kannst du dir einfach ein Ende schnappen, festhalten und dann setzt du dich hin. Wenn du Lust hast ein Zerrspiel anzufangen, nimmst du dir ein Zergel deiner Wahl und setzt dich damit auf den Boden. Achte dabei bitte auf Rutschfestigkeit. Der Welpe sollte nicht umherschliddern. Ein großer Spielteppich ist ideal, auch dafür eignet sich übrigens die günstige Auslegware aus dem Teppichgeschäft, die ich beim Thema Stubenreinheit vorne im Buch erwähnt habe. Wenn es das Wetter zulässt und ihr einen Garten habt, könnt ihr das natürlich auch draußen auf der Wiese machen. Das Hinsetzen ist wichtig. Bleibst du stehen, beugst du dich automatisch beim Festhalten über deinen Welpen, was eine körpersprachliche Bedrohung darstellt. Viele Welpen lassen dann einfach los und können sich nicht auf ein Zerrspiel einlassen. Mach deinen Welpen also im Sitzen auf das Zergel aufmerksam und zieh es so vor ihm weg, dass er ihm nachlaufen und es sich schnappen will. Wichtig ist beim Zerren, dass du das Zergel nicht schüttelst, wenn dein Welpe dranhängt. Das ist nicht gut für den Bewegungsapparat, insbesondere die Halswirbelsäule. Du hältst einfach nur gegen, wenn dein Welpe daran zieht. Je nachdem, wie dein Welpe gestrickt ist, kannst du ihn direkt anfeuern und er wird vielleicht ein Spielknurren hören lassen, sich richtig reinhängen und so tun, als wäre er das gefäääährlichste Tier auf der ganzen Welt. Das darf er und du spielst sein Spiel einfach mit. Ihr seid jetzt oben auf dem Wellenkamm, das Erregungslevel ist also hoch. Wenn er nachfasst und das mit ausreichend Abstand zu deinen Händen tut, dann ist das wunderbar und ihr spielt einfach weiter. Sobald der Abstand zu deiner

Zerrspiele machen Spaß und eignen sich wunderbar, um mit dem Welpen die Erregungswelle zu surfen.

Hand auf zwei Handbreit zusammenschrumpft, lässt du das Zergel los und überlässt es für einen Moment deinem Welpen. Er darf es schütteln, damit davonrennen – ganz egal, Hauptsache er hat Spaß. Du bleibst einfach sitzen und schaust ihm zu. Du musst nicht „gewinnen"! Auch das hört und liest man leider immer noch. Hat (mal wieder) etwas mit der längst überholten Rudeltheorie zu tun und hat keinen sinnvollen Hintergrund. Wir spielen mit unserem Hund nicht um zu gewinnen, sondern um gemeinsam Spaß zu haben.

Wenn dein Welpe wieder zu dir kommt, dir das Zergel mitbringt und gerne noch eine Runde spielen möchte, dann sagst du „Gut!", greifst das Zergel mit ausreichend Abstand zur Welpenschnauze und es geht weiter. Spielt so lange, bis einer von euch keine Lust mehr hat. Wenn dein Welpe keine Lust mehr hat, dann wird er sich vermehrt hinlegen und auf dem Zergel herumkauen. Er surft die Welle hinunter und irgendwann wird er unten angekommen sein und sein Erregungslevel ist wieder niedrig.

Das Spiel ausklingen lassen und beenden

Bei sehr jungen Welpen, also acht, neun, zehn oder elf Wochen alt, belässt du es dabei und sagst in freundlichem, ruhigem Tonfall „Fertig!", gerne unterstützt durch eine passende Geste, wodurch du das Spiel für beendet erklärst. Streu deinem Welpen noch fünf, sechs Leckerchen so, dass er sich gar nicht groß bewegen muss, um sie aufzusammeln. Damit belohnst du gleichzeitig auch das ruhige Verhalten und das ist immer eine gute Idee.

Ist dein Welpe schon zwölf Wochen alt oder älter, kannst du eine kleine Pause machen und noch eine Welle surfen, bevor du das Spiel mit „Fertig!" beendest. Wichtig ist, dass ihr niemals oben auf dem Wellenkamm aufhört. Das funktioniert nicht. Wenn man beim Surfen einfach mittendrin aufhört, dann säuft man ab. Beim Erregungswelle surfen ist das genau das Gleiche. Wir surfen die Welle fertig, bis sie ausgerollt und ihre Energie verbraucht ist. Dann paddeln wir wieder raus und nehmen die nächste. Oder wir machen eine Pause am Strand oder gleich ganz Feierabend für heute, je nachdem wie wir es eben für richtig halten.

Surfregeln befolgen

Die Surfregeln gelten für jede Art des gemeinsamen Spiels. Egal ob ihr zergelt, miteinander rennt, du für deinen Welpen einen Ball wegrollst oder was auch immer. Kein Hochfahren ohne Herunterfahren, und zwar mit dem Spielzeug. Das Spielzeug wird nie einfach weggenommen (wenn du einem Surfer auf der Welle das Brett wegnimmst, säuft er auch ab ...), sondern der Welpe darf es behalten, bis es langweilig ist.

Damit beugst du wunderbar der Entwicklung hin zum sogenannten „Ball-Junkie" vor. „Ball- oder Spielzeug-Junkies" haben das Spielzeug mit der hohen Erregung verknüpft, weil es ihnen immer oben auf dem Wellenkamm weggenommen wurde. Regelkonformes Surfen sorgt dafür, dass dir das mit deinem Welpen nicht passiert.

Beim Runterfahren unterstützen

Fällt es deinem Welpen schwer, aufzuhören, so ist es deine Verantwortung ihm dabei zu helfen. Du sagst freundlich und ruhig „Fertig!", machst die entsprechende Geste dazu, er darf das Spielzeug einfach behalten, du bleibst sitzen und holst ein Leckerchen für deinen Welpen aus deiner Hosentasche. Mach ihn darauf aufmerksam und wenn er herkommt, dann hältst du es ihm direkt vor die Nase und lässt es auf den Boden fallen. Wenn er das nicht gleich kapiert, keine Sorge. Sehr normal für Welpen. Dann zeigst du mit deinem Finger darauf und sorgst so dafür, dass er das Leckerchen finden kann. Das machst du mit noch drei, vier weiteren Leckerchen. Dein Welpe kann so lernen, dass es außer dem tollen Spiel auch noch andere Dinge gibt, die man tun kann, die ruhiger, aber auch schön sind. Ein Spiel mit einer kleinen Futtersuche zu beenden ist grundsätzlich immer eine gute Idee, weil das Schnuppern und Suchen erwiesenermaßen hervorragend dabei unterstützt, das Erregungslevel zu senken.[9]

Schüchterne Welpen

Hast du einen eher vorsichtigen und schüchternen Welpen, dann kann es sein, dass er ein bisschen Ermutigung braucht, bis er sich traut, mit dir zu zerren. Auch das ist völlig in Ordnung und eine wunderbare Gelegenheit, ein Stückchen mehr zusammenzuwachsen. Auch bei einem schüchternen Welpen beginnst du einfach damit, dass Zergel so vor ihm wegzuziehen, dass er hinterhertappst und es zu erbeuten versucht. Mach es ihm einfach und freu dich so, dass du deinen Welpen dabei nicht in Angst und Schrecken versetzt (bei sehr sensiblen Welpen reicht ein in normaler Lautstärke freudig ausgesprochenes „Soooo toll machst du das!"), wenn er sich das Zergel geschnappt hat. Halte es nur einen ganz kurzen Moment fest und überlass es ihm dann. Wenn du deinen Welpen nicht körpersprachlich bedrohst und mit Fingerspitzengefühl vorgehst, wächst sein Vertrauen in dich schnell und auch er bekommt Spaß am gemeinsamen Zerren mit dir.

Wenn dein Welpe dich beißt

Wenn dein Welpe dich beim Spielen beißt, dann wird er dafür nicht bestraft, auch nicht durch ein gekreischtes „Aua!", wie man es oft hört oder liest und einen sofortigen Spielabbruch. Der plötzliche Spielabbruch kann beim Welpen starken Frust auslösen und das wiederum kann in einem gepfefferten Wutanfall enden, bei dem der Welpe

9 www.dogfieldstudy.com

richtig wild wird und dann erst recht in alles hineinbeißt, was ihm vor die Schnauze gerät. Zum Thema Frust später noch mehr.

Das Aua-Kreischen finde ich persönlich besonders überflüssig. Sensible Welpen erschrecken sich dabei oft zu Tode und dann war es das mit dem schönen, vertrauensfördernden Spiel. Robuste Welpen stellen fest: „Oh, das quietscht, wenn ich reinbeiße, mach ich gleich nochmal!“, es stachelt sie also im Zweifel noch mehr an. Ich habe so ein Exemplar daheim sitzen ...

Dein Welpe beißt dich nicht mit Absicht und im Spiel passiert es schon manchmal, dass man die Hand nicht schnell genug wegzieht und der Welpe einen erwischt. Schmerzhaft, doof, ja, aber eben keine Absicht. Ist dein Welpe sehr wild, dann ist es an der Zeit, ein wenig auf die Bremse zu treten und etwas weniger enthusiastisch zu zerren. Kein Anfeuern, stattdessen beruhigendes Sprechen oder dem Welpen das Spielzeug einfach überlassen und er darf es ohne Hände in Gefahr malträtieren. Wenn er sich wieder ein wenig beruhigt hat, kannst du einfach weiterspielen oder die Spieleinheit mit einem „Fertig!“ und einer kleinen Futtersuche ausklingen lassen.

Höfliches und nützliches Verhalten lernen

Beim Spielen lässt sich ganz einfach und nebenbei der Grundstein für höfliche und sinnvolle Verhaltensweisen legen. Ich beispielsweise möchte einfach nach etwas greifen können, was auf dem Boden liegt und es aufheben, ohne direkt meinen Welpen in der Hand oder an dem Gegenstand hängen zu haben. Außerdem möchte ich nicht, dass er mich anspringt in dem Versuch, an den Gegenstand zu gelangen, den ich gerade aufgehoben habe. Und ich möchte, dass mein Hund auf Signal hin alles ausspuckt, was er gerade in der Schnauze hat. Das ist letzten Endes ja auch eine Sicherheitsfrage, denn wenn mein Welpe irgendetwas erwischt und ins Maul nimmt, dann möchte ich schon ganz gerne wissen, ob es möglicherweise etwas Gefährliches ist, das ich ihm wegnehmen muss.

Sachen ausgeben

Um diese Dinge mit dem Welpen zu üben, kommt dein Markersignal zum Einsatz. Im Abschnitt „Wie Training funktioniert“ habe ich das Markersignal schon erwähnt und anhand von Beispielen beschrieben. Das Beispiel mit dem Spielzeug möchte ich hier noch einmal aufgreifen und davon ausgehend alles weitere erklären:

Dein Welpe hat ein Spielzeug in der Schnauze und lässt es fallen:

→ Markersignal „Gut!“ genau in dem Moment, in dem er das Spielzeug fallen lässt und unmittelbar danach
  - spielst du mit dem gleichen Spielzeug direkt weiter mit deinem Welpen *oder*
  - du bietest ihm ein Spiel mit einem exakt baugleichen, zweiten Spielzeug an *oder*
  - du bietest ihm ein Spiel mit einem anderen Spielzeug an *oder*
  - du gibst ihm erst ein Leckerchen und spielst dann mit dem gleichen oder einem anderen Spielzeug weiter

Was du damit erreichst, ist, dass dein Welpe lernt, dass es sinnvoll ist, Sachen, die er in der Schnauze hat, auszuspucken. Das Verhalten wird verstärkt, also in Zukunft häufiger oder schneller gezeigt, weil es sich für den Welpen lohnt. Damit das funktioniert, musst du die passenden Verstärker wählen. Eine Belohnung ist nur dann auch ein Verstärker, wenn ein aktuelles Bedürfnis deines Hundes damit erfüllt wird. Ein Welpe, der in Spiellaune ist, will spielen! Deshalb ist in der obigen Aufzählung immer das Weiterspielen als Belohnung genannt. Leckerchen zwischendurch als Belohnung einzubauen ist sinnvoll. Damit kannst du immer wieder mal prüfen, wie es um das Erregungslevel und die Fokussierung deines Hundes auf das Spielzeug bestellt ist. Wenn er gar kein Futter nehmen möchte, dann ist es an der Zeit, wieder ein bisschen auf die Bremse zu treten und das Spiel etwas zu dämpfen. Außerdem kannst du mit dem Futter Mini-Pausen generieren, bei denen dein Welpe lernt, dass kurzes Warten sich lohnt. Dazu später noch mehr.

Die hingehaltene Hand wird zum Sichtsignal dafür, Sachen auszugeben.

Wenn dein Welpe das Spielzeug immer zuverlässiger ausspuckt, dann kannst du damit beginnen, ein Sichtsignal dafür einzuführen. Ich halte dem Hund dazu einfach die Hand hin.

Wichtig ist, dass du das ausschließlich dann tust, wenn du dir ganz sicher bist, also 1.000 € darauf verwetten würdest, dass dein Welpe das Spielzeug wirklich fallen lässt. Durch den immer gleichen Ablauf:

Hand hinhalten ganz kurz bevor der Welpe das Spielzeug sowieso fallen lässt → Spielzeug fällt zu Boden → Markersignal → Belohnung folgen lassen,

lernt dein Welpe die entgegengestreckte Hand als Signal dafür kennen, Dinge herzugeben. Bevor du ausprobierst, ob dein Welpe das Signal schon mit seinem Verhalten in Verbindung gebracht hat, brauchst du viele viele Wiederholungen, bei denen dein Welpe das Spielzeug zuverlässig und freiwillig sowieso ausspuckt. Mindestens hundert Mal solltest du das gemacht haben, dann kannst du testen, ob es funktioniert. Dazu nutzt du eine Situation, in der dein Welpe nah bei dir ist, das Spielzeug aber gerade nicht freiwillig fallen lassen will. Streck ihm deine Hand entgegen und schau, was passiert. Wenn er es daraufhin fallen lässt, kannst du dir relativ sicher sein, dass er verstanden hat, worum es dir geht. Lässt er es nicht fallen, übst du einfach noch ein wenig wie oben beschrieben weiter, bevor du erneut testest, ob dein Welpe das Signal verknüpft hat.

Wenn das Sichtsignal zuverlässig funktioniert, dann kannst du zusätzlich noch ein Wortsignal einführen. Dafür sagst du einfach, bevor du deine Hand ausstreckst, um deinen Hund dazu aufzufordern, sein Spielzeug fallen zu lassen, dein Wortsignal. Bei mir heißt Sachen hergeben „Zeig's mir!". Das hat einen Grund: „Zeig's mir!" lässt sich im Gegensatz zu „Aus!" nur schwer in drohendem Tonfall aussprechen und es impliziert, dass ich mir nur anschauen möchte, was der Hund da hat. Es heißt nicht, dass ich ihm das wegnehmen werde, sondern dass er es nach meiner Inspektion zurückbekommt. Deshalb üben wir dieses Signal am Anfang nur mit Sachen, die dein Hund eh haben darf und die du ihm nach dem Hergeben entweder wieder zurückgibst oder wie oben beschrieben austauschst gegen einen baugleichen oder anderen interessanten Gegenstand. So lernt dein Welpe von Anfang an, dass es überhaupt nicht schlimm ist, Dinge herzuzeigen und auch herzugeben, weil man sie entweder direkt wiederbekommt oder im Tausch dafür etwas anderes Tolles bekommt und auch die Chance auf ein leckeres Stückchen Futter besteht.

Es ist schlau, mit dieser Übung in der Eingewöhnungsphase anzufangen, wenn du noch nicht viel mit deinem Welpen draußen unterwegs bist, wo er allen möglichen Müll finden wird, den er – welpentypisch – aufheben und mit der Schnauze erkunden wird. Wenn ihr dann anfangt, die Welt draußen zu erkunden, hat dein Welpe schon Vertrauen gefasst und wird dir mit großer Wahrscheinlichkeit auch Sachen zeigen, die er draußen findet. Ein bisschen mehr gehört natürlich schon noch dazu, aber darauf werde ich weiter hinten im Buch noch genauer eingehen.

Sich zurücknehmen

Video 8 – Ausgeben und zurücknehmen

Dass man nach Sachen greifen und diese aufheben kann, ohne dass der Welpe danach oder nach den Händen schnappt, lässt sich auch wunderbar beim Spielen üben. Wenn der Welpe seinen Gegenstand ausgespuckt hat, dann greifst du danach. Wenn der Welpe nach vorne geht, um ihn sich ebenfalls zu greifen, nimmst du die Hand sofort wieder weg. Dein Welpe möchte mit dir spielen, er möchte nach Welpenart ein Schnappspiel machen und das ist auch in Ordnung. Er soll aber lernen, dass das Schnappspiel nur dann gespielt wird, wenn es das Signal dafür gibt. Gibt es das Signal nicht, also forderst du deinen Welpen nicht gezielt zu diesem Spiel auf, soll er sich zurücknehmen und abwarten. Sobald dein Welpe also nach dem Spielzeug schnappen will, nimmst du deine Hand sofort zurück und wartest kurz. Du schimpfst nicht, du sagst nichts und du ärgerst dich auch nicht, weil es dafür überhaupt keinen Grund gibt. Denk dran, ihr spielt miteinander! Du nimmst einfach nur deine Hand kommentarlos weg und wartest fünf Sekunden ab. Dann greifst du erneut nach dem Spielzeug. Wenn dein Welpe wieder schnappt, gleiches Prozedere noch einmal. Die meisten Welpen verstehen das sehr schnell und bereits beim dritten, vierten oder fünften Versuch zögern sie kurz, bevor sie nach dem Spielzeug schnappen wollen. Das ist der Moment, auf den du gewartet hast! Du sagst dein Markersignal „Gut!“ greifst nach dem Spielzeug und fängst sofort ein Spiel mit deinem Welpen an. Das „Gut!“, signalisiert dem Hund, dass das kurze Innehalten der Grund ist, warum ihr jetzt wieder spielt und du die Hand eben nicht wieder wegnimmst, wenn er jetzt nach dem Spielzeug schnappt. Das Innehalten wird verstärkt und dein Welpe wird es künftig schneller und öfter zeigen, wenn du nach dem Spielzeug greifst. Dann gilt es aus dem Innehalten ganz kleinschrittig ein kurzes Warten zu trainieren.

Die einzelnen Schritte können sein:

1. *Hand geht in Richtung des Spielzeugs → Welpe hält inne → „Gut!“ → Spielen*
2. *Hand berührt das Spielzeug → Welpe hält inne → „Gut!“ → Spielen*
3. *Hand bleibt auf dem Spielzeug für eine Sekunde liegen → Welpe wartet die Sekunde ab → „Gut!“ → Spielen*
4. *Hand bleibt auf dem Spielzeug für zwei Sekunden liegen → Welpe wartet zwei Sekunden ab → „Gut!“ → Spielen*
5. *Hand bleibt auf dem Spielzeug für drei Sekunden liegen → Welpe wartet drei Sekunden ab → „Gut!“ → Spielen*
6. *Hand umfasst das Spielzeug → Welpe wartet → „Gut!“ → Spielen*
7. *Hand hebt das Spielzeug fünf Millimeter an → Welpe wartet → „Gut!“ → Spielen*
8. *Hand hebt das Spielzeug einen Zentimeter an → Welpe wartet → „Gut!“ → Spielen*
9. *Hand hebt das Spielzeug fünf Zentimeter an → Welpe wartet → „Gut!“ → Spielen*
10. *Hand hebt das Spielzeug 20 Zentimeter an → Welpe wartet → „Gut!“ → Spielen*
11. *Hand hebt das Spielzeug an und bewegt sich damit zwei Zentimeter vom Welpen weg und zu dir hin → Welpe wartet → „Gut!“ → Spielen*
12. *Hand hebt das Spielzeug an und bewegt sich damit zehn Zentimeter vom Welpen weg und zu dir hin → Welpe wartet → „Gut!“ → Spielen*
13. *Hand hebt das Spielzeug an und bewegt sich damit 30 Zentimeter vom Welpen weg und zu dir hin → Welpe wartet → „Gut!“ → Spielen*
14. *Hand hebt das Spielzeug an und du legst sie an deinen Bauch → Welpe wartet → „Gut!“ → Spielen*

15. *Hand hebt das Spielzeug an und du legst sie an deinen Bauch, gehst in die Hocke → Welpe wartet → „Gut!“ → Spielen*

16. *Hand hebt das Spielzeug an und du legst sie an deinen Bauch, richtest dich halb auf → Welpe wartet → „Gut!“ → Spielen*

17. *Hand hebt das Spielzeug an und du legst sie an deinen Bauch, stehst auf → Welpe wartet → „Gut!“ → Spielen*

18. *Hand hebt das Spielzeug an und du legst sie an deinen Bauch, wartest im Stehen eine Sekunde ab → Welpe wartet → „Gut!“ → Spielen*

19. *Hand hebt das Spielzeug an und du legst sie an deinen Bauch, wartest im Stehen fünf Sekunden ab → Welpe wartet → „Gut!“ → Spielen*

20. *Hand hebt das Spielzeug an und du legst sie an deinen Bauch, wartest im Stehen zehn Sekunden ab → Welpe wartet → „Gut!“ → Spielen*

Wenn ein Trainingsschritt problemlos klappt, der nächste aber drei Mal hintereinander nicht, dann gilt es einen passenden Zwischenschritt zu finden. Ein Beispiel:

Schritt 12 Hand hebt das Spielzeug an und bewegt sich damit zehn Zentimeter vom Welpen weg und zu dir hin → Welpe wartet → „Gut!“ → Spielen klappt gut. Schritt 13 Hand hebt das Spielzeug an und bewegt sich damit 30 Zentimeter vom Welpen weg und zu dir hin → Welpe wartet → „Gut!“ → Spielen funktioniert aber nicht. Dein Welpe springt jedes Mal los, wenn das Spielzeug etwa 20 cm von ihm entfernt ist.

In diesem Fall verkürzt du einfach die Distanzen. Wenn 10 Zentimeter gut klappen, probierst du es erst mal nur mit 12 Zentimetern, wenn die klappen mit 15 Zentimetern und wenn auch das gut klappt steigerst du auf 20 Zentimeter. So arbeitest du dich Stück für Stück weiter vor, damit dein Welpe bei jedem Trainingsschritt Erfolg hat und erst gar keinen Fehler machen kann. Denk immer dran: Wenn dein Welpe einen „Fehler“ macht, dann war einfach der Trainingsschritt zu groß gewählt oder du bist zu schnell vorwärts gegangen.

Wenn du im Sitzen nach einem Spielzeug greifen, aufstehen und zehn Sekunden abwarten kannst und dein Welpe das gut aushalten kann, ohne nach dem Spielzeug zu schnappen, geht es weiter und du übst nach dem gleichen Prinzip, dass du dich nach etwas bücken kannst, um es aufzuheben. Du startest also nicht aus dem Sitzen, sondern im Stehen. Das Markersignal kommt immer dann, wenn dein Welpe sich zurücknimmt und sich nicht in Richtung des Spielzeugs bewegt. Ob er dabei steht, sitzt oder liegt, das darf er ganz alleine entscheiden. Unser Kriterium ist einzig und allein, dass der Welpe sich nicht auf das Spielzeug zubewegt. Wenn du dich bückst, kann das auf deinen Welpen bedrohlich wirken und es kann sein, dass er zurückweicht. Das ist nicht weiter schlimm, denn durch das Üben wird er schnell feststellen, dass immer etwas Gutes für ihn folgt, wenn du dich bückst. Es kommt ja für sein Sich-Zurücknehmen immer das Markersignal und eine Belohnung für ihn.

Sobald auch das gut klappt und du problemlos Dinge vom Boden aufheben kannst, kannst du damit beginnen, nicht mehr jedes Mal direkt mit einem Spiel zu belohnen. Das ist wichtig, weil dein Welpe nicht die Erwartungshaltung entwickeln soll, dass immer gespielt wird, wenn du etwas aufhebst. Es kann ja auch gut sein, dass du etwas aufheben möchtest, womit nicht gespielt werden soll. Entsprechend änderst du dann den Ablauf dann ein wenig ab:

Spielzeug aufheben → Welpe wartet → „Gut!" → Leckerchen vor dem Welpen auf den Boden fallen lassen oder aus der Hand geben → fünf Sekunden abwarten → spielen

Und ab hier teilt sich der Strang dann auf in du räumst das, was du aufgehoben hast, weg oder der Welpe darf es wiederhaben, aber ohne, dass du noch weiter mit ihm spielst.

Für das Wegpacken sieht der Ablauf folgendermaßen aus:

Spielzeug aufheben → Welpe wartet → „Gut!" → Leckerchen vor dem Welpen auf den Boden fallen lassen oder aus der Hand geben → abwarten bis der Welpe aufgefressen hat → sagen „Ich pack's weg!" → Spielzeug verräumen → dem Welpen fünf bis zehn Leckerchen vor die Nase streuen, die er aufsammeln darf → weggehen

Wenn dein Welpe das Spielzeug zurückbekommt, aber ihr fertig mit spielen seid:

Spielzeug aufheben → Welpe wartet → „Gut!" → Leckerchen vor dem Welpen auf den Boden fallen lassen oder aus der Hand geben → Spielzeug neben ihm ablegen → abwarten bis der Welpe aufgefressen hat → sagen „Fertig" → dem Welpen fünf bis zehn Leckerchen vor die Nase streuen, die er aufsammeln darf → weggehen

Sobald das Aufheben gut klappt, kannst du eine weitere wichtige Sache mit deinem Welpen üben: Nämlich, dass Spielzeug in der Hand nicht heißt, dass man am Menschen hochspringen soll. Wenn du Spielzeug in der Hand hast, will dein Welpe das vielleicht gerne haben. Weil er klein ist, muss er hochspringen. Da du groß bist, und das Spielzeug zudem außer seiner Reichweite halten kannst, wird er aber nicht herankommen. Das ist einerseits gut, weil er sonst nicht lernt, dass Anspringen ihm dahingehend Erfolg bringt, dass er das Spielzeug bekommt. Andererseits kann dadurch große Frustration bei deinem Welpen entstehen, wodurch er noch heftiger springt und vielleicht auch anfängt in dich reinzubeißen. Entsprechend ist es wichtig, dass du in dieser Situation von Anfang an richtig handelst und das Spielzeug nach dem Aufheben entweder so verstaust, dass ein Welpe es nicht mehr sieht (aber selbst dann springen viele Welpen noch an, die sind ja nicht dumm und wissen, dass es in deiner (Hosen-) Tasche steckt) oder deinem Welpen beibringst, dass springen und sich ärgern gar nicht notwendig ist. Ich finde jeder Hund sollte lernen, dass man mit allen vier Pfoten auf dem Boden neben seinem Menschen herlaufen kann.

Im Prinzip gehst du wieder nach dem gleichen Muster vor. Deine Trainingsschritte müssen so klein gewählt sein, dass der Welpe sie immer schaffen kann, also immer das erwünschte Verhalten zeigt. Jetzt verändert sich aber das Kriterium, wofür er das Markersignal bekommt. Ging es bisher darum, sich nicht auf das Spielzeug zuzubewegen, wenn deine Hand danach greift, geht es jetzt darum, alle vier Pfoten auf dem Boden zu lassen, während du das Spielzeug außer Reichweite des Welpen in der Hand hältst.

Damit es dir leichter fällt, später deine eigenen Trainingsschritte zu planen, die so klein sind, dass dein Welpe sie schaffen kann, hier noch ein weiteres Beispiel:

1. *Hand mit dem Spielzeug anliegend am Körper auf Bauchhöhe → Welpe lässt die Pfoten am Boden → „Gut!" → Spielen (Spielzeug werfen oder ein Zerrspiel beginnen)*

2. *Hand mit dem Spielzeug anliegend am Körper auf Hüfthöhe → Welpe lässt die Pfoten am Boden → „Gut!" → Spielen (Spielzeug werfen oder ein Zerrspiel beginnen)*

3. *Hand mit dem Spielzeug anliegend am Körper auf Brusthöhe → Welpe lässt die Pfoten am Boden → „Gut!" → Spielen (Spielzeug werfen oder ein Zerrspiel beginnen)*

4. *Hand mit dem Spielzeug fünf Zentimeter vor dem Körper auf Bauchhöhe → Welpe lässt die Pfoten am Boden → „Gut!" → Spielen (Spielzeug werfen oder ein Zerrspiel beginnen)*

5. *Hand mit dem Spielzeug fünf Zentimeter vor dem Körper auf Hüfthöhe → Welpe lässt die Pfoten am Boden → „Gut!" → Spielen (Spielzeug werfen oder ein Zerrspiel beginnen)*

6. *Hand mit dem Spielzeug fünf Zentimeter vor dem Körper auf Brusthöhe → Welpe lässt die Pfoten am Boden → „Gut!" → Spielen (Spielzeug werfen oder ein Zerrspiel beginnen)*

Nächste Trainingsschritte: Abstand der Hand mit dem Spielzeug zum Körper kleinschrittig auf bis zu 30 Zentimeter erhöhen.

Nächste Trainingsschritte: Wiederholungen aller Höhen und Abstände und zusätzlich auf Kopfhöhe

Der Arm mit dem Spielzeug in der Hand hängt ganz normal neben dem Körper herab → Welpe lässt die Pfoten am Boden → „Gut!" → Spielen (Spielzeug werfen oder ein Zerrspiel beginnen)

Es kommt Bewegung ins Spiel: Nochmal zurück zu Spielzeug in Bauchhöhe, Hüfthöhe, Brusthöhe und Kopfhöhe, aber jetzt bewegst du das Spielzeug für ein bis zwei Sekunden → Welpe lässt die Pfoten am Boden → „Gut!" → Spielen (Spielzeug werfen oder ein Zerrspiel beginnen)

Das Spielzeug länger bewegen. Kleinschrittig so weit ausbauen, dass dein Welpe auch dann die Pfoten auf dem Boden lässt, wenn du das Spielzeug zehn Sekunden lang in langsamem Tempo hin und her bewegst.

Das Spielzeug stärker bewegen. Kleinschrittig so weit ausbauen, dass dein Welpe auch dann die Pfoten auf dem Boden lässt, wenn du das Spielzeug zehn Sekunden lang zappeln lässt.

Bewegung des Spielzeugs auch am herunterhängenden Arm trainieren. Ebenfalls kleinschrittig so ausbauen, dass der Welpe seine Pfoten am Boden lässt, egal wie stark du das Spielzeug für zehn Sekunden lang bewegst.

Und dann läufst du mit dem Spielzeug in der Hand. Auch hier stellst du deinem Hund nur Anforderungen, die er easy schaffen kann. Halte das Spielzeug zunächst wieder nah am Körper und weiter oben, arbeite dich dann immer weiter, bis du mit dem Spielzeug in der Hand ganz normal laufen kannst, während dein Welpe dich dabei ohne dich anzuspringen begleitet.

Dieses Trainingsprinzip schult ganz nebenbei die Selbstbeherrschung, also die Impulskontrolle, deines Welpen. Und das ganz ohne künstliche Impulskontrollübungen, die dem Hund oft viel zu viel abverlangen, Druck aufbauen und Frust erzeugen und im Normalfall weder dir noch deinem Hund Spaß machen. Selbstbeherrschung, Sich-Zurücknehmen, Impulskontrolle spielerisch fördern und sie so mit der Zeit in Gelassenheit zu verwandeln, ist wesentlich einfacher und viel effizienter, als es irgendwelche „Sitz, Platz, Bleib"-Übungen jemals sein können.

Wenn du zusätzlich darauf achtest, deinem Welpen immer dann das Markersignal zu geben und eine passende Belohnung folgen zu lassen, wenn er gerade entspannt abwartet, dann hast du schon ein gutes Stück auf dem Weg zum gelassenen erwachsenen Hund gemeistert.

Ich erwähne weiter vorne das Schnappspiel und das erkläre ich jetzt.

Viele Hunde lieben dieses Spiel einfach und sie spielen es nicht nur mit uns Menschen, sondern gerne auch mit Hundefreunden. Einer hat was, der andere schnappt es ihm weg, rennt damit davon und der „Bestohlene" rennt hinterher und versucht es zurückzuerbeuten. Entweder lässt der Verfolgte es fallen, der Bestohlene wird zum Dieb und rennt seinerseits damit davon oder es entsteht ein Zerrspiel aus der Verfolgungsjagd. Probier es einfach aus, es macht unfassbar viel Spaß.

Da dein Hund lernen soll, dass dieses Spiel nur dann stattfindet, wenn du es ansagst oder er dich darum bittet, nicht aber, wenn du einfach nur einen Gegenstand vom Boden aufhebst, musst du eine entsprechende Ansage etablieren.

Ich mache das über meine Körperspannung. Ich sage dazu in ziemlich verschwörerischem Tonfall „Soll ich dir's wegschnappen?!", schleiche mich mit langsamen und Spannung erzeugenden Bewegungen an das Spielzeug an, habe die Hände dabei schon ein wenig ausgestreckt, wackle mit den Fingern und schnappe ganz schnell danach, sobald ich nah genug dran bin. Jetzt *darf* der Welpe ebenfalls hinschnappen und versuchen, das Spielzeug vor mir zu erwischen. Wer auch immer schneller ist, rennt mit

An der unterschiedlichen Körpersprache kann der Hund gut erkennen, was als nächstes kommt: Aufheben des Gegenstands … oder das Schnappspiel.

dem Ding davon, der andere nimmt die Verfolgung auf. Meine Hunde und ich lieben dieses Spiel!

Das Schnappspiel kann man wunderbar mit dem Training zum entspannten Aufheben von Sachen abwechseln. Damit wird für den Hund der Unterschied in der Körpersprache sehr deutlich, das macht ihm die Unterscheidung leichter. Und gleichzeitig ist auch das wieder das Surfen der Erregungswelle: Das entspannte Aufheben von Dingen zielt beim Hund ebenfalls auf Gelassenheit ab, während beim Schnappspiel Action angesagt ist. Durch den Wechsel zwischen beiden Zuständen wird wirksam die Selbstregulation des Hundes gefördert.

Umgang mit Ressourcen

Beim Spielen mit deinem Welpen übst du gleichzeitig deinen Umgang mit ihm an Ressourcen. Das Thema habe ich an mehreren Stellen bereits angeschnitten, es ist aber so wichtig, dass ich ihm einen eigenen Abschnitt widmen will.

Wenn Hunde Dinge verteidigen, sei es durch Wegtragen oder indem sie knurren, schnappen oder sogar beißen, spricht man von Ressourcenverteidigung. Ressourcenverteidigung ist völlig normales Verhalten bei Hunden, schon die Welpen untereinander zeigen es und ab einem gewissen Alter der Welpen kann es auch sein, dass die Mutter den Welpen gegenüber bestimmte Ressourcen verteidigt. Im Zusammenleben mit uns oder auch im Mehrhundehaushalt ist dieses Verhalten problematisch, weil es einerseits sehr konfliktträchtig ist, andererseits müssen wir aber auch in der Lage sein unserem Hund Dinge wegnehmen zu können. Schließlich kann es trotz allen vorausschauenden Handelns doch einmal sein, dass der Welpe etwas erwischt, was er nicht haben soll oder was ihm sogar gefährlich werden kann.

Bei der Fütterung arbeiten wir schon gezielt daran, dass der Welpe unsere Anwesenheit und Annäherung an ihn, wenn er frisst, als etwas Positives wahrnimmt, indem wir einfach ganz nebenbei zusätzlich noch etwas Leckeres in den Napf werfen und ihn nicht weiter beim Fressen stören. Die Schüssel wird ihm niemals einfach unter der Nase weggezogen, sondern erst weggeräumt, wenn der Welpe davon weggeht.

Auszug aus dem Tagebuch, 20.05.2020, Hermine ist 17 Wochen alt

Das Herminchen hat gerade ein Ressourcenthema.

Eigentlich auch logisch: Sie lebt in einem Mehrhundehaushalt mit zwei Damen, die gerne mal schauen was sie da so hat und na ja, sie ist ja klein, da könnte man schon mal auf den Gedanken kommen als großer, erwachsener Hund, sich einfach zu nehmen, was man möchte …

Dumm nur, dass es bei uns die Hausregel gibt: Niemand nimmt dem anderen was weg.

Hermine hat schnell gelernt, dass Knurren hilft. Maya macht das ja auch so und Emma auch. Wenn die z. B. ein Schweineohr haben und die Mine will ganz nah gucken kommen, wird geknurrt und ich trage Sorge dafür, dass Mine wieder geht. So machen alle Hunde die Erfahrung, dass Knurren reicht und sie nicht deutlicher werden müssen.

Und auch Maya akzeptiert, wenn Mine ein Ohr hat oder unterm Tisch liegt und ihre Ruhe will und ihr das durch Knurren kommuniziert. Bei Emma muss ich aktuell noch mehr helfen, weil die das Knurren ja nicht hören kann. Sie reagiert aber meistens schon auf die steife Körperhaltung und den starren Blick, der mit dem Knurren einhergeht und wendet sich daraufhin ab.

Lange Rede kurzer Sinn: Der Welpe lernt seit er auf der Welt ist von und mit den anderen Hunden Hundesprache. Natürlich wendet sie die auch bei mir an.

Sie kann mir ja schlecht einen Zettel schreiben, auf dem steht „Das ist ein tolles Schweineohr, ich möchte es gerne in Ruhe essen und nicht, dass du es mir wegnimmst." Da geb ich dem Zwerg also ein Schweineohr, sie legt sich aufs Bett, ich mich daneben und streichel sie und „Grrrrrrrrr …" Jetzt könnt ihr fragen: „Was fasst du auch den Hund an, wenn der was kaut?"

Ja genau deswegen!

Ich möchte frühzeitig erkennen können, wenn es Themen gibt, an denen wir trainieren müssen. Meine Hunde sollen lernen, dass es keinen Grund gibt, mich als Bedrohung zu empfinden, wenn sie etwas für sie Wichtiges haben und ich möchte Ihnen jederzeit alles wegnehmen können, ohne dass sie in Stress geraten – weil das im Zweifelsfall ihr Leben rettet.

Das bedeutet nicht, dass ich die Hunde immer und während der gesamten Dauer anfasse, wenn sie was haben oder fressen, aber ich teste zwischendurch immer wieder, ob es geht. Bei Maya und Emma so gut wie nie, weil die alt und bestens trainiert sind, bei Mine deutlich öfter, weil sie noch jung und noch lange nicht „fertig" ist, was die Persönlichkeitsentwicklung betrifft.

Und da ich nun weiß, dass wir da gerade ein Thema haben, trainieren wir eben. Was ihr im Video seht, ist das zweite Mal, dass ich mit ihr gezielt trainiere. Sie knurrt schon nicht mehr, aber wenn ihr euch die Körpersprache und vor allem ihr Verhalten ganz zu Anfang anschaut, könnt ihr sehen, dass wir noch zwei, drei Trainingseinheiten brauchen werden, bis Hermine sich wegen mir keine Sorgen mehr machen wird.

Viel Spaß beim Gucken.

Video 9 – Ressourcenverteidigung vermeiden

Auch bei Kauartikeln gehen wir nach diesem Prinzip vor. Der Welpe bekommt was dazu, der Kauartikel wird nicht einfach weggenommen und er kann so lernen, dass wir vertrauenswürdig sind.

Das Spielen, wie weiter vorne beschrieben, ist ein weiterer Baustein dafür, dass der Welpe mit uns einen entspannten Umgang an Dingen, die ihm wichtig sind, erlebt und so gar keinen Grund hat, sie vor uns in Sicherheit zu bringen oder zu verteidigen.

Ein bisschen mehr braucht es aber noch, damit der Welpe dir künftig wirklich alles, was er findet und eventuell auch in die Schnauze nimmt, wieder ausspuckt und dir zeigt.

Das Allerwichtigste ist, dass du immer, wenn dein Welpe etwas die Schnauze nimmt, suuuuuper freudig reagierst. Und zwar ernst gemeint freudig, nicht mit einem genervten oder gar panischen Unterton, denn für so etwas haben Hunde sehr feine Antennen. Bist du genervt oder angespannt, zeigt sich das auch in deiner Körpersprache und dein Welpe wird mit großer Wahrscheinlichkeit versuchen, dir auszuweichen. Wenn du dagegen wirklich gute Stimmung machst und so etwas sagst wie „Oh, was hast du denn da Tolles!", ist die Wahrscheinlichkeit groß, dass dein Welpe dir entgegenläuft, weil du dich ja ganz offensichtlich darüber freust, dass er etwas Tolles hat. „Zu dir laufen" ist das Gegenteil von „von dir weglaufen", also das Gegenteil von Ressourcenverteidigung. Du läufst deinem Welpen nicht entgegen, sondern gehst los und holst ein paar besonders hochwertige Leckerchen, wie beispielsweise ein Paar Stückchen Käse und setzt dich auf den Boden. Die meisten Welpen stehen schon parat oder kommen dann angesaust und präsentieren ganz stolz ihre Beute. Dann musst du dem Welpen nur noch den Käse vor die Nase halten und die Wahrscheinlichkeit ist groß, dass er das, was er gerade in der Schnauze hat, ausspucken wird. Wenn das passiert, bekommt er natürlich den Käse. Wenn das nicht ausreicht, dann kannst du mehrere Käsewürfelchen einzeln hintereinander aus deiner Hand vor deinem Welpen auf den Boden fallen lassen. Einem solchen Angebot kann eigentlich kein Welpe widerstehen. Dann forderst du deinen Welpen auf, sich den Gegenstand wieder zu nehmen, vielleicht spielst vielleicht sogar ein wenig damit mit ihm, um ihn zu animieren ihn aufzuheben und dann hältst du ihm wieder ein Stück Käse vor die Nase oder lässt einige vor ihm auf den Boden fallen. Mach auch daraus ein Spiel: Spuck es aus, dann bekommst du etwas Tolles von mir und du darfst dein Fundstück wiederhaben. Auf diese Weise lernt dein Welpe, dass es Spaß macht zu dir zu kommen, auch wenn er etwas hat, was er gefunden hat. Je bereitwilliger dein Welpe dir Dinge zeigt, umso mehr kannst du verlangen. Du hältst ihm den Käse dann nicht mehr vor die Nase, sondern hinter deinem Rücken versteckt. Er muss erst seinen Gegenstand ausspucken, dann holst du das Stückchen Käse hinter deinem Rücken hervor und belohnst ihn für das Ausspucken. Die meisten Welpen haben das ratzfatz drauf und spucken einem alles vor die Füße, was sie in der Schnauze haben. Wenn das gut klappt, dann ist es wieder an der Zeit das Signal einzuführen und natürlich nimmst du das Gleiche, was dein Hund schon aus euren Spieleinheiten kennt. Also erst wieder die Hand entgegenstrecken, wenn er etwas hat und wenn auch das problemlos klappt, das Wortsignal „Zeig's mir!" davorsetzen.

Die erste Reaktion, auch wenn dein Welpe etwas erwischt hat, was er nicht haben soll, muss immer immer Jubel sein! Ich weiß, dass das total kontra-intuitiv ist, weil man sich erschreckt und Angst hat, dass der Welpe das, was er da hat, vielleicht fressen könnte. Aber, und das ist wichtig:

- Die Wahrscheinlichkeit, dass dein Welpe etwas vor lauter Schreck herunterschluckt, weil du ihn anblökst, hinrennst und versuchst es ihm abzunehmen, ist sehr hoch.
- Die Lernerfahrung, die er dadurch macht, ist: Wenn ich etwas finde, dann ist mein Mensch eine Bedrohung. Ich bleibe also lieber weg von ihm und bringe mein Fundstück in Sicherheit.
- Welpen wissen normalerweise sehr gut, was fressbar ist und was nicht. Meistens werden nicht fressbare Dinge nur deshalb abgeschluckt, weil der Mensch Stress macht.

Und damit komme ich zurück auf etwas, was ich im Abschnitt „Ausstattung" unter dem Stichpunkt „Spielzeug" angerissen habe. Stofftiere, die nicht speziell für Hunde, sondern für Kinder gedacht sind, haben meistens Augen oder auch Nasen aus Plastik. Ich kenne keinen Hund, der von diesen Plastikteilen nicht magisch angezogen wird und sie als allererstes abkaut. Entsprechend besteht natürlich ein gewisses Risiko, dass dein Welpe so ein Teil verschluckt, wenn du ihm ein solches Stofftier zum Spielen gibst oder er eines findet, das gar nicht für ihn gedacht war. Es kann aber auch gut sein, dass er daran überhaupt kein Interesse hat, weil er weiß, dass diese kleinen Plastikteile nichts zu fressen sind. Sie riechen nicht nach Essen, sie haben auch nicht die Konsistenz von Essen und *genau das* stellt er fest, wenn er sie in die Schnauze nimmt.

Er erkundet alles mit der Schnauze, so wie Kleinkinder in einem gewissen Alter auch alles in den Mund stecken.

Beim Hund bleibt die Schnauze allerdings lebenslang Erkundungswerkzeug – was ja mangels Händen auch nicht weiter verwunderlich ist. Außerdem schmecken Hunde auch Gerüche. Vielleicht hast du schon einmal beobachtet, dass ein Hund an einer Stelle draußen schnuppert, anfängt mit den Zähnen zu klappern und meistens auch zu speicheln. Was du da siehst, ist das Ergebnis der Arbeit des sogenannten Jacobson-Organs, auch Vomeronasalorgan genannt. Es liegt hinter den Schneidezähnen im Gaumen und dient hauptsächlich der Verarbeitung von Gerüchen, die der innerartlichen Kommunikation dienen, beispielsweise Pheromone. Das erklärt auch, warum das Zähneklappern und Speicheln besonders an beliebten Pipi-Stellen auffällt.

Aber zurück zu kleinen, potenziell gefährlichen Gegenständen. Panikreaktionen und dadurch verursachter Stress sind die Hauptursachen dafür, dass Hunde damit anfangen, nicht Fressbares abzuschlucken. Und dem kannst du eben ganz einfach vorbeugen, indem du mindestens Ruhe bewahrst, aber eben besser noch Freude heuchelst, auch wenn dir gerade zum Schreien zumute ist. Du wirst sehen, es funktioniert.

Dazu eine Anekdote von Hermine. Hermine hat von klein auf gerne Sachen geschreddert, bevorzugt alles, was quietscht (heute nur noch das, was quietscht). Ich hatte ihr zwei Bälle aus Gummi gekauft, bei denen ich nicht gesehen hatte, dass eine Quietsche drinsteckt. Hermine hat das aber natürlich beim ersten Biss auf einen der Bälle entdeckt und schon war der Ball in seiner ursprünglichen Form Geschichte. Er wurde in mini-kleine Gummistückchen zerlegt. Ich habe die Reste dann später entsorgt, als Mine mit ihrer Beschäftigung fertig war.

Etwas später lag sie dann, irgendetwas kauend, auf der Sofalehne. Der Gegenstand, auf dem sie herumkaute, war sehr klein, ich konnte nicht sehen, was es war. Also bin ich hingegangen und habe fröhlich gesagt „Oh, was hast du denn da? Zeig's mir mal!" Daraufhin hat sie mir eins der Gummistückchen in die Hand gespuckt, das sie ganz offensichtlich als Kaugummi benutzt hat. Ich habe es ihr damals wiedergegeben und sie hat es irgendwann von alleine wieder ausgespuckt und liegen gelassen. Dieser Umgang mit solchen Situationen hat dazu geführt, dass Hermine in ihrem ganzen Leben noch nichts heruntergeschluckt hat, was nicht essbar gewesen wäre. Und selbst grundsätzlich Fressbares, wie draußen gefundene Knochen, spuckt sie wieder aus, sofern sie sie überhaupt in die Schnauzen nimmt.

Ruhig und gelassen bleiben, wenn Welpen Dinge in die Schnauze nehmen, Vertrauen aufbauen und dem Welpen spielerisch und durch gezielte Tauschübungen beibringen, Dinge auszuspucken, das sind die wichtigen Bausteine, die uns dann draußen beim

Spaziergang zugutekommen. Wie du trainierst, dass dein Welpe Dinge draußen erst gar nicht aufnimmt, dazu komme ich später noch.

Natürlich kann es auch einmal passieren, dass dein Welpe etwas findet und in die Schnauze nimmt, was du ihm aus Sicherheitsgründen nicht wiedergeben kannst. Bei uns war das einmal der Fall. Hermine lief im Haus an mir vorbei und mir kam ihre Schnauze seltsam vor. Es sah aus, als hätte sie etwas in der Schnauze, es war aber von außen nichts zu sehen. Also habe ich sie gerufen, „Zeig's mir mal!" gesagt und ihr die Hand entgegengestreckt. Woraufhin sie mir einen Reißnagel in die Hand gespuckt hat. Der war offensichtlich irgendwann unbemerkt auf den Boden gefallen, Hermine hat ihn gefunden und aufgehoben. Für das Ausspucken habe ich mit „Gut!" gemarkert, habe direkt angefangen, sie über den grünen Klee zu loben und bin losgelaufen, um ihr ein tolles Leckerchen zu holen. Sie hat mich begleitet, ich habe den Reißnagel mit den Worten „Den leg ich weg, ok?" in die Schublade gepackt und ihr im Gegenzug ein Stück Wurst gegeben.

Wichtig ist auch dein Verhalten bei „Diebstahl". Welpen finden nichts lustiger, als sich irgendwelche Dinge zu schnappen und sie davonzuschleppen. Meistens sind sie dabei stolz wie Oskar. Wie du auf dieses Verhalten reagierst, beeinflusst maßgeblich, wie dein Hund reagiert. Wenn du ihm hinterherrennst, gibt es meistens nur zwei Möglichkeiten, wie dein Welpe das empfindet: Entweder interpretiert er es als lustiges Spiel und er wird anfangen immer öfter und gezielt Gegenstände zu nehmen, an die vorbeizulaufen und dann damit wegzurennen oder er fühlt seine Ressource oder sich selbst durch dich bedroht und beginnt ressourcenverteidigendes Verhalten zu zeigen. Besser ist es in solchen Fällen gar nicht groß auf das Verhalten zu reagieren und einfach mit dem weiterzumachen, was du gerade tust. Meistens wird das Diebesgut dann sehr schnell langweilig und der Welpe wendet sich anderen Dingen zu.

In diesem Zusammenhang möchte ich noch einmal darauf hinweisen, dass du a) Dinge, die dein Welpe nicht haben soll, wirklich sicher verstaust und b) deinem Welpen genügend Material zur Verfügung stellst, mit dem er sich nach Herzenslust beschäftigen darf. Und wenn er mit einem seiner Gegenstände an dir vorbeiflitzt, dann spricht auch überhaupt nichts dagegen ein Fangspiel mit ihm zu beginnen, an dem ihr beide Freude habt.

Video 10 – Einen stibitzten Gegenstand wieder hergeben

DIE NOTFALLREAKTION

Wenn dein Hund etwas hat, was gefährlich für ihn ist oder gefährlich sein könnte, rufst du fröhlich „Oh, was hast du denn da Tolles!“, machst dich direkt auf den Weg zum Kühlschrank und holst ein großes Stück Wurst, Käse oder irgendetwas anderes besonders Hochwertiges heraus, setzt dich damit auf den Boden und hältst es deinem Welpen vor die Nase. Bei Ausflügen nach draußen solltest du immer etwas besonders Hochwertiges in der Tasche haben, um auch dort entsprechend reagieren zu können.

Dieser Trick funktioniert bei nicht vorbelasteten Welpen immer. Hat dein Welpe schon gelernt, dass er von Menschen nichts Gutes zu erwarten hat, sobald er etwas in der Schnauze hat, hol dir bitte direkt professionelle Hilfe, denn dieses Thema ist zu wichtig, um herumzuprobieren!

Umgang mit Frustration

Frust ist etwas, was bei Welpen häufig auftritt. Deshalb ist es auch in diesem Zusammenhang von Anfang wichtig, dass du lernst, richtig damit umzugehen, wenn dein Welpe sich ärgert. Die Frustrationstoleranz ist abhängig von genetischer und epigenetischer Veranlagung, vom Charakter, von (frühen) Lernerfahrungen und sie ist eng verzahnt mit der Fähigkeit zur Impulskontrolle. Ein Welpe mit acht, zwölf oder auch 16 Wochen hat weder genug Lernerfahrungen in Sachen Frustrationstoleranz noch in Sachen Impulskontrolle. Von einem Dreijährigen erwartet man auch eher einen Wutausbruch als Verständnis, wenn er nicht ins Tigergehege reindarf. Zunehmende Frustrationstoleranz und Impulskontrolle sind also einerseits Teil der geistigen Reife eines Hundes, andererseits werden sie durch das ruhige, gelassene Begleiten in Situationen, in denen das eine, das andere oder beides gefragt sind gefördert. Strafen hingegen erzeugen Angst und noch mehr Frustration. Beides sind Lernerfahrungen, die dein Welpe natürlich nicht mit dir machen sollte.

Um zu verdeutlichen, wo uns Frustration im Zusammenleben mit einem Welpen begegnen kann, hier ein Beispiel.

Hermine hat meinen Lebenspartner im Alter von zwölf Wochen einmal richtig mit Schmackes in die Hand gebissen. Auslöser dafür war eine Bewegungseinschränkung. Er hatte sie hochgenommen, weil sie mir nicht nachlaufen sollte, sie fand das doof und hat ihr Piranha-Gebiss in seinem Handballen versenkt. Das hat geblutet. Mal abgesehen davon, dass es unsere Verantwortung war, die Situation zu managen (wir hätten sie mit Futter kurz ablenken können, er hätte mit ihr ein Zerrspiel machen können, auf das sie sich sicher eingelassen hätte, Möglichkeiten hätte es genug gegeben), haben wir sie für dieses Verhalten natürlich *nicht* bestraft. Warum nicht? Bei einer solchen Geschichte kommen erstaunlich viele Menschen, die eigentlich liebevoll und freundlich mit ihrem Welpen umgehen wollen, ganz schnell an den Punkt, an dem sie sagen, dass man dem Welpen ein solches Verhalten auf keinen Fall durchgehen lassen darf. Der lernt ja sonst, seinen Willen mit den Zähnen durchzusetzen. Das ist eine verständliche, aber vollkommen unberechtigte Sorge. Nur weil ein Dreijähriger im Supermarkt an der Kasse einen ganz gepflegten Wutausbruch bekommt und sich schreiend auf den Boden wirft, weil er kein Überraschungsei bekommt, glaubt doch auch kein Mensch, dass man ihm das nicht durchgehen lassen darf, weil er das sonst mit 18 oder noch besser mit 42 auch immer noch macht, oder? Also auch hier wieder: Ruhe bewahren und hinter das Verhalten schauen. Das Beißen in der beschriebenen Situation war einfach nur eine impulsive Reaktion, weil der Welpe richtig sauer war, dass etwas nicht so gelaufen ist, wie er sich das in dem Moment vorgestellt hat und mein Lebenspartner „Schuld" daran war. So wie der Papa an der Kasse halt „Schuld" ist, wenn der Dreijährige kein Überraschungsei bekommt. Hermine hat meinen Mann gebissen, weil sie wütend über die plötzliche Bewegungseinschränkung war, nicht, weil sie ein bissiger Hund ist, der irgendetwas durch gezieltes Beißen durchsetzen wollte. Was ein Welpe also lernen muss, ist nicht, nicht zu beißen. Was er lernen muss, ist, mit Frust besser umzugehen und frustrierende Situationen aushalten zu können, ohne stinkwütend zu werden und seinem ersten Impuls zum gepflegten Wutanfall nachzugeben.

Je besser seine Bedürfnisse im Alltag erfüllt werden, je öfter er die Erfahrung macht, mitbestimmen zu können, umso besser kann er frustrierende Situationen auch mal aushalten, weil sein Zufriedenheitsspeicher gut gefüllt ist. Und seine Entwicklung tut ihr Übriges. Wir müssen nichts extra trainieren, keine Gegenmaßnahmen einleiten oder in Panik eine Verhaltensberaterin rufen, weil der Welpe verhaltensgestört ist. Ruhe bewahren, beim nächsten Mal versuchen, besser zu managen, um solche Situationen erst gar nicht groß entstehen zu lassen, und gut ist es.

Und wenn der Wutanfall des Welpen sehr schmerzhaft oder sogar blutig war, Wunden versorgen und dann mal eben allein ins Schlafzimmer gehen, Türe schließen und in ein Kissen brüllen, dass man die Mistkröte uuuuuuuumbringen wird! Die eigene Wut und Frustration rauslassen, aber eben nicht am Welpen, damit man dann wieder gewappnet ist, dem kleinen Kerl mit Liebe, Geduld und Achtsamkeit gegenüberzutreten.

Frustration kann nicht nur dazu führen, dass der Welpe beginnt zu schnappen oder zu beißen. Viele Welpen machen ihrem Unmut vor allem durch lautstarkes Bellen Luft. Das kann sehr an den Nerven zerren, vor allem deshalb, weil Welpen meistens eine sehr schrille Stimme haben und es ganz erstaunlich ist, wie laut so ein kleiner Hund sein kann.

Video 11 – Frustration bei Maxi

Auch hier gilt es Ruhe zu bewahren und dem Welpen zu zeigen, dass man seinen Ärger versteht und ihn deshalb nicht ablehnt. Solche Momente bieten sich an, um dem Hund durch Fürsorgeverhalten zu zeigen, dass man eine feinfühlige, verlässliche Bindungsperson ist. Maxi hat sich als Welpe häufig über Dinge geärgert, die einfach nicht zu ändern waren. Wenn Hermine beispielsweise irgendwo lag und ruhen wollte, Maxi aber in Spiellaune war, dann hat sie sich neben Hermine gestellt und sie angebellt. In solchen Situationen bin ich zu Maxi gegangen, habe ihr gesagt, dass ich gut verstehen kann, dass es sehr ärgerlich ist, dass Hermine gerade nicht möchte und habe ihr andere Möglichkeiten aufgezeigt. Manchmal habe ich ein Spiel mit ihr begonnen, manchmal habe ich die Situation aufgelöst, in dem ich mit ihr in den Garten gegangen bin, manchmal habe ich sie hochgenommen, ihr dabei gut zugeredet und sie einfach getröstet. All diese Reaktionen fördern die Entwicklung einer sicheren Bindung und du musst keine Angst haben, dass dein Welpe dadurch „lernt", frustriert und „frech" zu sein. Deine Co-Regulation hilft dem Welpen mit seinen Emotionen besser umzugehen und mit der Zeit die notwendige Fähigkeit zur Selbstregulation immer weiter zu verbessern.

Umgang mit Angst

Auch bei dir zu Hause kann es passieren, dass dein Welpe mit Dingen konfrontiert wird, die ihm Angst machen. Angst ist etwas ganz Normales und Wichtiges, denn sie

TIPP

Insbesondere wenn Kinder mit im Haushalt leben, geht es in solchen Situationen auch um die Vorbildfunktion. Kinder sind die Hundehalter:innen von morgen. Wenn sie von klein auf erleben, dass es keine Situation gibt, die Grobheiten gegenüber einem Hund rechtfertigen und vorgelebt bekommen, wie man stattdessen mit Konfliktsituationen umgehen kann, kann das nur gut sein.

schützt den Welpen. Ein Welpe, der einfach überall hinlatscht, sich alles zu jeder Zeit anschaut und mit jedem Fremden vertrauensselig mitgeht oder davon ausgeht, dass schon alle fremden Hunde nett zu ihm sind, würde nicht lange überleben. Deshalb durchlaufen Welpen auch sogenannte „Spooky Periods", also Phasen, in denen sie schneller mit Angstverhalten reagieren. Diese Phasen treten vor allem dann auf, wenn im Hund eine neue Entwicklungsstufe erreicht ist, die beispielsweise dafür sorgt, dass er mobiler oder sein Radius größer wird. Auch in der Junghundezeit gibt es immer wieder solche Phasen und es ist wichtig, dass du über sie Bescheid weißt und in diesen Zeiten noch sensibler mit deinem Hund umgehst als ohnehin schon. Du machst entsprechend genau das Gegenteil von dem, was häufig praktiziert wird: „Der hat Angst, jetzt müssen wir das üben, sonst lernt der das ja nie und wir bekommen ein Problem!" Wenn du merkst, dass dein Welpe Angst vor etwas hat, gibst du ihm zuallererst Sicherheit. Du gehst in die Hocke, bietest ihm Schutz und nimmst ihn eventuell sogar auf den Arm. Ich nehme Welpen draußen sehr oft hoch, weil es durch den Körperkontakt, die veränderte Perspektive und dem Herausgenommenwerden aus der beängstigenden Situation meistens sehr schnell dazu führt, dass sie sich beruhigen und wieder sicher fühlen können.

Drinnen können wir aber auch noch anders mit angstbesetzten Situationen umgehen, weil wir die Angstauslöser dort meistens gut kontrollieren können. Ich möchte als Beispiel den Staubsauger heranziehen. Viele Welpen finden dieses laute Ding, das sich bewegt und möglicherweise sogar auf sie zu, gruselig. Saugroboter setzen sich zudem von ganz alleine in Bewegung, was einen zusätzlichen Unsicherheits- und Gruselfaktor darstellt. Je nachdem, wie dein Welpe gestrickt ist, wird er beispielsweise vor dem Staubsauger davonlaufen und sich verstecken. Den meisten Menschen ist klar, dass der Welpe das tut, weil er sich fürchtet. Oder aber er attackiert den Staubsauger. Das ist etwas, was viele Welpen tun, die einem Typ angehören, der darauf selektiert wurde, sich mit wehrhaftem Wild auseinanderzusetzen, also beispielsweise viele kleine Terrier (Parson Russell, Jack Russell, Border Terrier, Cairn Terrier, etc.), Dackel, aber auch Deutsch Drahthaar und Weimaraner. Das finden viele Leute süß, weil es ja auch irgendwie putzig aussieht, wenn so ein tapsiger Welpe versucht, den Staubsauger zu vernichten. Dass dahinter aber eigentlich eine Angstthematik steckt, wird nicht erkannt und entsprechend macht der Welpe bereits im eigenen Zuhause die Erfahrung, dass er sich bei Angst selber helfen muss. Dass ein solcher Hund dann in Situationen, in denen er sich beispielsweise von einem Hund oder einem Menschen bedroht sieht, sich dann aber ebenso verhält, nach vorne geht und versucht sich so die Bedrohung vom Hals zu schaffen, finden die meisten Leute ganz und gar nicht süß, sondern der Welpe wird direkt als „Problemwelpe" eingestuft. Das ist er nicht! Er verhält sich entsprechend seiner Veranlagung und es ist unsere Aufgabe, ihm einerseits bei der Bewältigung seiner Angst zu helfen und ihm andererseits Strategien mitzugeben, was er statt nach vorne zu gehen tun kann, wenn ihm etwas zu viel wird.

Auch andere Dinge wie Schrubber oder Besen, mit denen man gerade wischen oder kehren möchte oder auch der Wasserschlauch im Garten werden oft Opfer von Attacken. Das kann in manchen Fällen Spielverhalten, es kann aber genauso gut ein Fiddle10 sein. Man muss einfach genau hinschauen. Grundlegend geht es immer darum, Ruhe und Gelassenheit zu vermitteln. Denn selbst, wenn der Welpe keine Angst hat oder unsicher ist, sondern ein Kampfspiel spielen möchte, sind diese Gegenstände dafür nicht gedacht. In Anwesenheit von Schrubber, Besen oder Wasserschlauch ein Zerrspiel zu machen, ist eine gute Idee. Erstens spielt ein Welpe nur dann, wenn er sich sicher fühlt, zweitens kannst du so mit einem Spielzeug in Gegenwart der Aufreger die Erregungswelle surfen und drittens kann das bei ausreichender Wiederholung zu einer guten Strategie werden, um mit Aufregung, Stress oder Angst umzugehen, die der Welpe alleine und selbstwirksam nutzen kann, in dem er sich eines seiner Spielzeuge holt und sich daran auslässt. Dreifach schlau also.

Wann immer dein Welpe im eigenen Zuhause Angst vor etwas bekommt, ist deine erste Reaktion immer die, dass du ihm ruhig und liebevoll soziale Unterstützung gibst. Sofern es ein Gerät ist, das deinem Welpen Angst macht, schaltest du es sofort aus. Dann legst du es auf den Boden, gehst zu deinem Welpen, setzt dich zu ihm auf den Boden, bietest ihm Körperkontakt an und hilfst ihm dabei, sich wieder zu beruhigen. Mach dir bitte keine Sorgen, dass du dadurch Angst verstärken könntest. Das ist ein ganz alter und zudem furchtbarer Hut, der nur dafür sorgt, dass dein Welpe sich alleingelassen fühlt und du deiner Fürsorge- und Schutzaufgabe nicht nachkommst. Wenn dein Hund Angst hat, kümmerst du dich um ihn. Immer! Auch wenn er längst ein Junghund oder ein erwachsener Hund ist. Das, was du da tust, nennt sich Co-Regulation. Du hilfst deinem Hund wieder ins Gleichgewicht zu kommen, du hilfst ihm aus der Stressreaktion und sorgst dafür, dass die Angst verschwindet und er sich wieder so sicher fühlt, dass er sich von alleine wieder traut, Neugier- und Erkundungsverhalten zu zeigen.

Erst dann zeigst du ihm, dass das „Monster“ gar nicht wirklich gefährlich ist.

---

10 Eine der Konfliktreaktionen. Die Infos dazu findest du im Abschnitt „Körpersprache lesen lernen“.

WICHTIG!

Wenn dein Welpe vor etwas Angst hat, ist das Erste, was du tust, immer soziale Unterstützung (Social Support) zu geben! Erst danach brauchst du überhaupt daran denken, irgendetwas gezielt trainieren zu wollen. Durch sogenannte Co-Regulation hilfst du deinem Hund aus der Stressreaktion, sorgst dafür, dass die Angst verschwindet und er sich wieder so sicher fühlt, dass er sich von alleine traut, Neugier- und Erkundungsverhalten zu zeigen.

Sprich mit deinem Welpen, lade ihn ein, herzukommen und sich das Ding mal in Ruhe aus der Nähe anzuschauen. Lock ihn nicht mit Futter an. Er soll sich selbst herantrauen und ins Neugier- und Erkundungsverhalten kommen und nicht über seine eigenen Grenzen gehen, nur weil da Futter im Spiel ist. Hier geht es wieder um Selbstbestimmung, die Erfahrung von Selbstwirksamkeit und damit um die Entwicklung von Resilienz und Gelassenheit. Du kannst den Gegenstand anfassen und deinem Welpen so zeigen, dass es sicher ist und nichts Schlimmes passiert. Wenn er sich traut zu erkunden, kannst du ihn in ruhigem Tonfall loben, wenn er zu dir kommt, bietest du ihm wieder Körperkontakt an oder ihn streichelst ihn und wenn er mit seiner ersten Erkundung fertig ist, rollst du ihm ein Leckerchen so vor der Nase weg, dass er sich von dem Gegenstand wegbewegen muss. Dadurch eröffnest du ihm die Möglichkeit, sich noch ein weiteres Mal freiwillig wieder anzunähern und sich mit dem Ding auseinanderzusetzen. Das Futter hast du in deiner Hosentasche verstaut, nicht offen in der Hand. Diesen Vorgang kannst du drei bis fünf Mal wiederholen, sodass der Welpe den Gegenstand, wie er da am Boden liegt, ganz ok findet und weder flüchten noch ihn attackieren will. Je nachdem, um was es sich handelt, musst du unterschiedlich vorgehen.

Im Fall von Staubsauger, Pürierstab, Fön und Co. ist es für den Moment erst mal gut und du bringst zunächst den Welpen ein Stück vom Gegenstand weg. Du kannst ihn mit Futter oder stimmlich motivieren, dir zu folgen oder du nimmst ihn auf den Arm. Bring ihn an einen sicheren Platz, zum Beispiel hinter ein Trenngitter und nimm dann den Gegenstand vom Boden. Geh auf größtmöglichen Abstand zu deinem Welpen, sodass er dich und du ihn sehen kannst. Starte das Gerät dann auf der niedrigsten Stufe und schau, wie sich dein Welpe verhält. Wenn er aufmerksam zuschaut, ausbalanciert auf seinen vier Pfoten steht oder sich hinsetzt, ist alles ok. Du kannst dann langsam und im gleichen Abstand zu deinem Welpen die Leistungsstufe erhöhen, sodass das Gerät lauter wird. Sobald dein Welpe unruhig wird, regulierst du sofort wieder herunter.

Video 12 – Maxi und der Staubsauger

Wenn es sich um einen Gegenstand handelt, den du nicht aktiv benutzt, beispielsweise ein leerer Putzeimer, kannst du ihn einfach stehen lassen und der Welpe darf sich so an den Gegenstand gewöhnen. Bleib aber trotzdem dabei, falls dein Welpe übermütig wird, den Gegenstand umwirft und sich dann vielleicht erschreckt. Eine Schreckreaktion fängst du immer wie oben beschrieben auf: Wende dich dem Welpen *sofort* ruhig und liebevoll, biete ihm Körperkontakt an und hilf ihm dabei, sich wieder zu beruhigen. Dieses Vorgehen gilt dann natürlich und insbesondere auch draußen, wo der Welpe sich nicht auskennt und er sich nirgends schnell verstecken kann. Du bist der sichere Hafen, zu dem er jederzeit zurückkommen kann.

WENN ES EIN PROBLEM GIBT

Hat dein Welpe vor vielen Sachen Angst, zeigt er wenig bis gar kein Neugier- und Erkundungsverhalten, dann warte bitte nicht lange ab. Das verwächst sich nicht einfach so und ihr beide braucht professionelle Unterstützung, damit auch dein Welpe sich zu einem optimistischen, gelassenen, erwachsenen Hund entwickeln kann. Während der ersten paar Wochen in eurem gemeinsamen Leben können die Weichen noch gestellt werden, um eventuelle Defizite auszugleichen, die dein Welpe durch seine Herkunft und Aufzucht gegebenenfalls mitbringt.

Video 13 – Hermines Begegnungen mit Neuem

Die direkte Umgebung erkunden

Wenn du keinen Garten hast, dann kommst du nicht drumherum, mit deinem Welpen auch während der Eingewöhnungsphase nach draußen zu gehen. Und wenn dein Welpe schon zehn oder zwölf Wochen alt ist, wenn er bei dir einzieht oder es sich um ein besonders entdeckungsfreudiges Exemplar handelt, hat er vielleicht auch schon Interesse daran, nach dem ersten oder zweiten Tag daheim das direkte Umfeld eures Wohnhauses zu erkunden.

Brustgeschirr und Drei-Meter-Leine

Zum Rausgehen musst du deinem Welpen sein Brustgeschirr anziehen und ihn anleinen. Auch wenn du super ruhig wohnst, mach die Drei-Meter-Leine dran und lass sie dann einfach fallen. Damit ersparst du dir Stress und deinem Welpen eine erste unangenehme Erfahrung, wenn er sich auf die Socken macht, du Angst bekommst und ihn einfangen willst. Ein kleiner Welpe ist zwar noch nicht besonders schnell, aber wenn du ihm hinterherrennst und dich dann direkt über ihm herunterbeugst, um ihn am Geschirr zu greifen und einzufangen, dann wird ihm das mit ziemlicher Sicherheit Angst machen.

Beim Anziehen des Brustgeschirrs ist Ruhe wichtig und vor allem am Anfang kann es sehr sinnvoll sein, dass du deinen Welpen dazu auf den Arm nimmst. Denn auch beim Geschirr-Anziehen bedrohst du deinen Welpen leicht körpersprachlich, einfach weil er klein ist und du groß bist, weil du dich ihm auf jeden Fall ein wenig entgegen beugen musst und meistens auch ziemlich konzentrierst auf die Schnallen schaust, damit sie gut schließen kannst und dabei kein Fell oder gar die Haut deines Hundes einzwickst. Auf dem Schoß geht das meistens alles leichter, weil dein Hund dann seitlich oder mit dem Rücken zu dir positioniert ist und weil dein Oberkörper beim Anziehen des Geschirrs relativ aufrecht bleiben kann. Leg dir mindestens vier gute Leckerchen dort zurecht, wo du dich hinsetzen möchtest, um deinen Welpen anzuziehen. Dann rufst du deinen Welpen her, gibst ihm ein Leckerchen, kündigst ihm an, dass du ihn hochnimmst und holst mit ihm zusammen das Geschirr und die Leine. Dann setzt du dich an den Platz, den du dir ausgesucht hast, ziehst ihm das Geschirr über den Kopf und gibst ihm direkt wieder ein Leckerchen. Jetzt schließt du die Schnallen und gibst ihm auch dafür noch ein Leckerchen. Zuletzt befestigt du die Leine und auch danach bekommt dein Welpe noch einmal ein Stückchen Futter. Dann setzt du ihn mit der vorherigen Ankündigung „Ich lass dich runter!“ wieder auf den Boden. Wenn du dich selber noch fertig machen musst, also Schuhe anziehen, die Gassitasche holen oder was auch immer, kannst du die Leine einfach fallen lassen. Wenn dein Welpe reinbeißt und damit spielt, ist das nicht weiter schlimm. Geh darauf gar nicht weiter ein. Viele Welpen machen das anfangs und je mehr Gewese man darum macht, umso schlimmer wird es in der Regel.

Ich verwende ausschließlich einfache Leinen ohne Verstellmöglichkeiten, sprich ohne Ringe und zweiten Karabiner, so wie ich es beim Zubehör empfohlen habe. Bei diesen Leinen ist die Verletzungsgefahr für Hund und Mensch deutlich geringer. Sollte dein Welpe einmal unverhofft heftig an der Leine ziehen, bleiben deine Finger von Verletzungen durch Metallteile verschont und dein Welpe kann nicht mit den Zähnen oder den Krallen in einem der Ringe hängen bleiben. Außerdem erschreckt er sich auch nicht so leicht, wenn du sie auf den Boden fallen lässt, weil sie nicht scheppert oder klappert.

Stell sicher, dass du sowohl Leckerchen als auch Kotbeutel einstecken hast (wie gesagt, ich empfehle eine Gassitasche, dann bist du immer gut vorbereitet) und es kann losgehen. Ich lese in den sozialen Medien immer wieder, dass Leute fragen, wann sie denn aufhören können, mit Leckerchen rauszugehen. Wenn du bedürfnis- und bindungsorientiert mit deinem Hund umgehen und belohnungsbasiert trainieren willst: Nie. Und ich weiß auch überhaupt nicht, warum das so vielen Leuten anscheinend so wichtig ist. Es geht doch um ein schönes Miteinander und mal abgesehen davon, dass Leckerchen eine oft passende und sehr praktische Belohnungsmöglichkeit darstellen und wir sie wunderbar nutzen können, um das Stresslevel des Welpen zu überprüfen, freuen sich Hunde in der Regel doch über Futter. Warum also sollte man darauf verzichten wollen?

Beim Anziehen des Brustgeschirrs wirst du mit der Zeit deine eigene Routine entwickeln. Bei uns war es so, dass Hermine das Anziehen immer doof fand und deshalb abgehauen ist. Da half auch kein Leckerchen und einen Hund in so einer Situation mit Leckerchen zu locken, ist in der Regel nicht sinnvoll. Wenn der Hund das Anziehen doof findet, dann kann es sogar passieren, dass er nach dem ersten Lockmanöver misstrauisch wird, wenn du Leckerchen in der Hand hast und erst recht auf Abstand bleibt. Ich habe diese Situation deshalb sehr lang so gemanagt, dass ich Hermine in einem ruhigen Moment, ein gutes Stück, bevor ich mit ihr hinausgehen wollte, hochgenommen habe und sie wie oben beschrieben angezogen habe. Damit sind wir gut gefahren. Hermine findet Geschirranziehen (und auch Jacken und Mäntel) nach wie vor blöd. Aber sie lässt es über sich ergehen. Um sicherzustellen, dass sie keine Probleme mit dem Rücken hat und das Tragen des Geschirrs oder eines Mantels vielleicht einfach unangenehm für sie ist, wurde Hermine schon frühzeitig physiotherapeutisch durchgecheckt. Es liegt kein gesundheitliches Problem vor und auch Angefasstwerden ist kein Problem. Es liegt auch nicht daran, dass sie es nicht mag, wenn man ihr etwas über den Kopf zieht, denn ihr Halstuch lässt sie sich völlig problemlos über den Kopf streifen und wir haben auch Mäntel, in die sie mit den Pfoten einsteigt und die mit einem Reißverschluss am Rücken geschlossen werden. Was immer es ist, ich mache kein großes Drama daraus. Ich ziehe sie an, sie bekommt ihr Leckerchen und wir gehen raus. Sobald Hermine Geschirr und / oder Mantel übrigens anhat, ist es überhaupt kein Problem mehr. Und die Tatsache, dass sie sofort nach dem Anziehen und auch währenddessen Futter nehmen kann, zeigt, dass ihr Stresslevel nicht so hoch ist, dass man unbedingt etwas tun muss. Trainingsversuche im Junghundealter haben das Problem sogar noch verstärkt. Deshalb empfehle ich dir, eine Verhaltensberaterin um eine Einschätzung zu bitten, sofern dein Welpe mit dem Geschirranziehen Probleme hat. Auch bei Welpen muss individuell geschaut werden, was die Ursache des Problems ist und wie du am besten damit umgehst. Sich einmal quer durch die Tipps anderer Hundehalter zu probieren, die du dir in den sozialen Medien einholst, ist in der Regel nicht zielführend, kann das Problem noch verschlimmern und auch durchaus das Vertrauen deines Welpen in dich beschädigen.

Maxi hatte von Anfang an gar kein Problem mit dem Anziehen des Geschirrs. Zu Beginn hatte ich sie beim Anziehen auf dem Arm, später habe ich sie auf dem Boden gelassen, bin neben ihr in die Hocke gegangen und habe ihr die Hand mit Leckerchen so vor die Halsöffnung des Geschirrs gehalten, dass sie durchgeschlüpft ist, um sich die Leckerchen zu holen. Dabei ist wichtig, dass der Welpe die Bewegung ausführt, nicht deine Hand. Du ziehst dem Hund das Geschirr also nicht aktiv über den Kopf, sondern lockst ihn mit Futter durch die Öffnung hindurch. Der Welpe bewegt sich, nicht das Geschirr. Sobald der Welpe durch die Öffnung geschlüpft ist, legst du ihm ein paar Leckerchen vor seiner Nase auf den Boden, die er aufsammeln kann, während du die Schnallen schließt. Achte dabei darauf, dass du deinen Welpen nicht versehentlich unnötig stark körpersprachlich bedrohst, in dem du dich vor oder über ihn beugst. Hast du damit Schwierigkeiten, ist es hilfreich, wenn du deinen Welpen mit einem Leckerchen auf eine Erhöhung lockst, beispielsweise eine Treppenstufe, eine rutschsichere Kiste oder ähnliches und ihm das Geschirr dort anlegst.

Das Geschirr anzuziehen soll entspannt sein und auf keinen Fall in Stress ausarten.

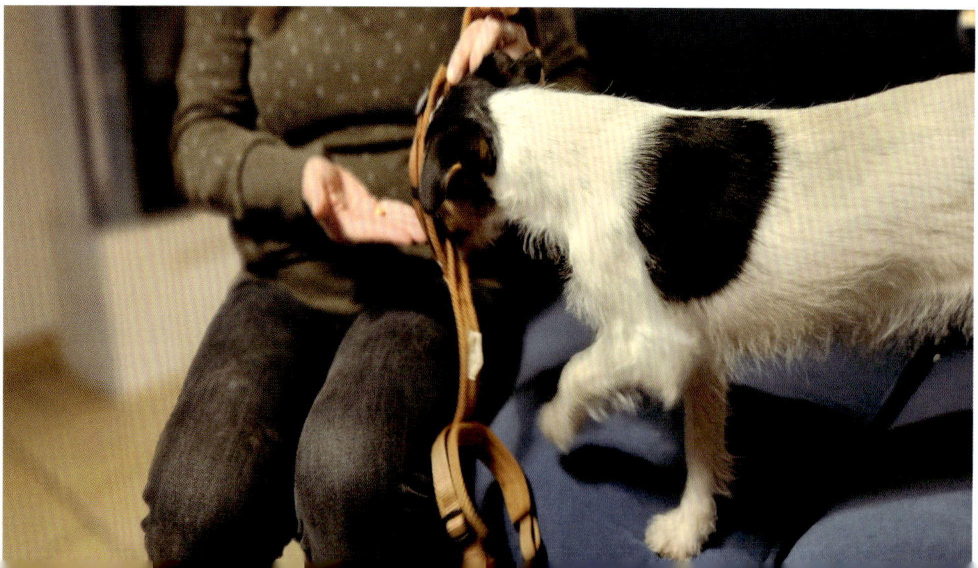

Du siehst also, Welpen sind unterschiedlich und entsprechend sind es auch die Wege, wie man dieses oder jenes mit ihnen üben sollte. Ich wünsche dir, dass du ein gutes Gespür für deinen Welpen entwickelst und mit der Zeit lernst, wie du ihm das Lernen so einfach wie möglich machen kannst.

Draußen in freier Wildbahn

Sobald ihr vor die Türe tretet, wird dein Welpe mit jeder Menge Reizen konfrontiert. Je nachdem, wo und wie du wohnst, kann das für deinen Welpen schon viel sein. Im Zweifelsfall nimmst du ihn immer erst mal auf den Arm. Dort oben ist er sicher und durch den Körperkontakt fühlt er sich in der Regel direkt besser. Wenn es im direkten Einzugsbereich deiner Haustür zu trubelig für deinen Welpen zugeht, dann trag ihn zu einem ruhigeren Platz. Wenn du in einer ruhigen Straße wohnst oder sogar einen Vorgarten oder Grünstreifen mit viel Platz zur Straße vor deiner Haustür hast, kannst du deinen Welpen auch direkt von dort aus erkunden lassen. Du begleitest ihn dabei einfach und – ganz wichtig – lässt die Leinenführigkeit Leinenführigkeit sein. Die meisten Welpen ziehen nur dann an der Leine, wenn sie Angst bekommen und weg möchten, und dann ist es deine Aufgabe, dich um das Wohlbefinden deines Hundes zu kümmern und nicht, mit ihm Leinenführigkeit zu trainieren. Leinenführigkeit ist zum einen eine Frage der Leinenlänge (wenn die Leine zu kurz ist, wird der Hund immer und quasi sofort daran ziehen, weil sie seinem Bewegungsradius nicht entspricht) und zum anderen eine Frage des Erregungslevels. Kein Hund, der wirklich entspannt ist und eine Leine von mindestens drei Metern Länge zur Verfügung hat, zieht. Es gibt Ausnahmen, vor allem großen Hunde mit weit ausgreifendem Schritt fällt es oft schwer, an lockerer Leine zu gehen und hier muss man durch zusätzliches Training meistens ein wenig unterstützen. Aber in aller Regel zerren Hunde an der Leine, weil sie aufgeregt sind, Angst haben oder unbedingt zu einem bestimmten Ort gelangen wollen. Bei all diesen Ursachen geht es im Grunde genommen, um noch fehlende Gelassenheit, für die die mangelnde Leinenführigkeit einfach nur das Symptom ist. Ich arbeite hauptsächlich mit Hunden, die Schwierigkeiten im Alltag haben. Bei all diesen Hunden ist Leinenführigkeit mehr oder weniger ein Problem. Wir

Eine Drei-Meter-Leine gibt genug Raum zum Erkunden.

arbeiten nie direkt an der Leinenführigkeit, sondern daran, dass der Hund gelassener mit Umweltreizen umgehen kann, weniger Frust, Stress oder Angst in Begegnungssituationen erlebt, die Erfahrung macht, dass sich auf seinen Menschen verlassen kann und Selbstwirksamkeit entwickelt. Das Problem mit der Leinenführigkeit verschwindet im Zuge dessen in 90% der Fälle von ganz alleine ohne direktes Training daran. Hab also bitte keine Angst davor, dass dein Welpe ein wilder Leinenzerrer wird, wenn du es nicht sofort unterbindest. Du tust mit dem, was du in diesem Buch lernst, alles, was möglich ist, um aus deinem Welpen einen gelassenen erwachsenen Hund werden zu lassen und du wirst sehen, die Leinenführigkeit wird nicht zum Problem werden.

Begleiten und gute Erfahrungen sammeln

Begleite deinen Welpen bei seiner Entdeckertour und sorge dafür, dass er die Umwelt als einen schönen Ort wahrnimmt. Dazu kannst du ihm bevorzugt dann, wenn er sich an dir orientiert, also mal nach dir schaut oder zu dir läuft, Leckerchen geben. Damit verstärkst du von Anfang an erwünschtes Verhalten – schließlich wollen wir alle einen Hund, der sich an uns orientiert und freiwillig herkommt – ohne den Welpen dabei bei seinen Erkundungen zu stören. Wenn er sich etwas anschaut oder etwas beschnuppert, dann musst du ihm ausreichend Möglichkeit geben, sich damit auseinanderzusetzen und zu beschäftigen.

Viele Hunde werden auch deshalb zu nervösen Hibbelhunden, weil ihre Menschen jeden ihrer Schritte kommentieren oder sie durch ein Signal dazu bringen, sich ihnen zuzuwenden, anstatt sie sich einfach in Ruhe mit ihrer Umgebung befassen zu lassen. Weniger ist hier mehr und wenn du einfach nur die Verhaltensweisen mit dem Markersignal einfängst, also dann „Gut!" sagst, wenn dein Welpe dich freiwillig und unaufgefordert sowieso anschaut oder sowieso auf dich zuläuft, dann ist das vollkommen ausreichend für einen Welpen. Dass dein Welpe dich auf Signal hin anschaut und auch auf Signal hin zu dir kommt, also auf einen Rückruf hört, für dieses Training ist später noch Zeit genug. Du legst jetzt erst einmal die Basis dafür, dass dein Hund Lust hat, sich an dir zu orientieren und etwas mit dir zu tun. Draußen Futter zu benutzen ist auch deswegen eine gute Idee, weil dein Welpe so ein gutes Gefühl bekommt. Draußen ist es schön und Leckerchen gibt es dort auch! Und du erkennst quasi sofort, wenn dein Welpe sich unwohl fühlt, Stress oder

Video 14 – Maxis Ausflug ins Freilichtmuseum

vielleicht sogar Angst hat. Denn dann wird er kein Futter nehmen und fressen können. Wenn das bei deinem Welpen der Fall ist, dann rate ich dir auch hier wieder dringend dazu, dir eine Verhaltensberaterin zur Unterstützung dazu zu holen. Sie kann einschätzen, was dein Welpe aktuell braucht und dir dabei helfen, genau die Maßnahmen zu treffen, die notwendig sind, damit dein Welpe sich trotzdem zum entspannten Junghund und erwachsenen Hund entwickeln kann.

Auszug aus dem Tagebuch, 28.03.2020, Hermine ist knapp 10 Wochen alt

Gestern haben wir das tolle Wetter im Garten genossen und keinen Ausflug gemacht. Dafür sind wir aber heute rüber ins Dorf gelaufen, um Pferde zu gucken. Mein Bester war so lieb zu filmen, deshalb kriegt ihr heute mal eine etwas bessere Perspektive. Ich markere und belohne einfach alles, was gut ist. So verbindet Hermine die Pferde mit was Gutem und lernt gleichzeitig noch, welche Verhaltensweisen sich lohnen. Ich lobe ruhiges Hinschauen, markere aber hauptsächlich für Orientierung zu mir, entspannte Körperhaltung und ausbalancierten Körperschwerpunkt.

Video 15 – Pferde und Gewöhnung an Umweltreize

Ich könnte natürlich auch das ruhige Hinsehen markern. Dann müsste ich meine Trainingswaage aber viel genauer im Auge behalten, denn Hermine soll nicht lernen, nach Dingen Ausschau zu halten.

Sie soll lernen stehen zu bleiben, sich zurückzunehmen oder sich zu mir zu orientieren, wenn etwas auftaucht. Das ist ein großer Unterschied

Dieser Unterschied ist aber vielen Leuten nicht klar, weshalb ich immer wieder Leute in die Verhaltensberatung kriege, deren Hund mittels „positiver Verstärkung" richtig blöde Verhaltensweisen gelernt hat. Und sowas ist Wasser auf die Mühlen der Aversivler.

Kein Futter nehmen zu können ist ein Indikator für Stress, Angst, Unwohlsein und Überforderung. Aber natürlich erkennst du es auch an der Körpersprache deines Welpen. Wenn er sich verstecken möchte, die Rute und die Ohren eng am Körper anliegen oder er ganz im Gegensatz dazu sehr steif ist, Rute und Ohren hoch aufgerichtet hat und vielleicht sogar bellt, dann ist das eine Situation, in der er deine Unterstützung braucht. Schau dir dazu noch einmal das Kapitel Körpersprache genau an, damit es dir leichter fällt, solche Situationen rechtzeitig zu erkennen. Wenn so eine Situation eintritt, bietest du deinem Welpen wie üblich soziale Unterstützung an. Geh zu ihm in die Hocke, biete ihm mit deinem Körper einen Rückzugsort an oder nimm ihn auf den Arm. Zusätzlich kannst du dein Entspannungssignal „Alles gut!", das du in euren Kuscheleinheiten aufbaust und dabei auch immer wieder auflädst, nutzen, um deinem Welpen beruhigend zuzureden. Denk dran: Du verstärkst Angst, Aufregung und Stress nicht durch liebevolle Zuwendung. Du kümmerst dich um deinen Job der Co-Regulation, damit dein Welpe die Unterstützung erfährt, die er braucht, um eine sichere Bindung und Vertrauen zu dir zu entwickeln.

Besonders wichtig ist in diesem Zusammenhang, dass du keinesfalls damit anfängst, Situationen, in denen dein Welpe Angst hat, extra zu trainieren. Extra trainieren heißt: Du stellst fest, dein Welpe hat zum Beispiel aktuell Angst vor vorbeifahrenden Autos, wenn ihr draußen auf dem Gehweg vor eurem Haus seid. Aus diesem Grund stellst du dich jetzt erst recht jeden Tag mehrmals und über längere Zeit an diesen Platz, damit er das lernt. Das ist genau das *falsche*!!!

Du erinnerst dich vielleicht an das, was ich bereits weiter vorn im Buch geschrieben habe: In bestimmten Entwicklungsphasen sind Welpen schneller gestresst und zeigen schneller und häufiger Angstverhalten. Diese Entwicklungsphasen darfst du nicht überrennen oder versuchen, sie mit Training zu übertünchen. Du erreichst damit höchstens, dass das Nervensystem deines Hundes sich auf eine stressige, herausfordernde und gefährliche Umwelt einstellt und er dadurch erst recht dünnhäutig und reaktiv wird. Die besten Voraussetzungen für einen künftigen „Problemhund". Lass deinem Welpen alle Zeit, die er braucht, sei achtsam im Umgang mit ihm und orientiere dich an seinen aktuellen Bedürfnissen. Denk dran: Weniger ist mehr und dein Welpe wird es dir danken.

Aus dem Tagebuch, 20.04.2020, Hermine ist 13 Wochen alt

13 Wochen isser nu alt, unser Hopskäse und übermorgen seit fünf Wochen bei uns.

Wir sind mega glücklich und haben die Entscheidung keinen Moment lang bereut. Ich habe mir natürlich vorher Gedanken und auch ein bisschen Sorgen gemacht, wie das wohl vor allem mit Emma laufen wird. Aber es läuft wirklich sehr gut und alle Hunde kommen zu ihrem Recht.

Heute hatten wir dann mal wieder eine Premiere. Ich war zum ersten Mal, seit Mine da ist, richtig lange weg: Sechseinhalb Stunden. Die Hunde waren dank Home Office des Besten nicht alleine, das wäre für Mine viel zu lang, aber er war im OG, die Hunde unten. Mine geht die Treppe inzwischen sicher alleine rauf und runter, sie hätte also problemlos nach oben gekonnt, um sich dort aufzuhalten. Sie ist aber ganze vier Stunden mit Maya und Emma unten geblieben, hat dort geschlafen und zwischendurch ein bisschen mit ihren Spielsachen rumgeblödelt. Wir haben inzwischen 53,5 Stunden Trainingszeit in Sachen Alleinebleiben! Nach den vier Stunden ist sie rauf zum Besten, der ihr dann das Halstuch abgenommen hat. Was noch nicht so gut klappt, ist das mit der Stubenreinheit … Wenn ich da bin, passiert am Tag meistens nur ein Unglück. Bilanz während meiner Abwesenheit: 2 x Pipi, 1 x Kacki , weil der Mann oben (trotz komplett offener Bauweise …) so GAR NIX mitgekriegt hat … Nun ja. Verbesserungswürdig. Warum es mit der Stubenreinheit nicht so recht klappen will, ich bin nicht sicher. Ich könnte mir allerdings vorstellen, dass es an der ständig offenen Terrassentüre liegt. Vielleicht ist für Hermine der Unterschied zwischen drinnen und draußen nicht so klar, weil wir selten extra zum Toilettengang nach draußen gehen. Wir sind ja eh viel draußen und gehen eigentlich nur morgens und abends wirklich konkret aus geschäftlichen Gründen nach draußen. Ist im Endeffekt auch wurscht, ehrlich gesagt. Sie wird es lernen, wie alle anderen Hunde auch, da muss man sich keinen Stress machen.

Überhaupt stelle ich fest: Weniger ist so viel mehr. Dieser ganze Sozialisierungswahnsinn – da bin ich inzwischen sicherer als jemals zuvor – ist nicht nur unnötig, sondern in vielen Fällen sogar schädlich. Welpen und Junghunde brauchen Halt, Geborgenheit, Bindung und das mit jemandem, der sie versteht oder sich die Mühe macht zu lernen, sie zu verstehen. Kleine Ausflüge in normal belebtes Gebiet oder, wenn man städtisch wohnt, eben in diesem Umfeld, Ausflüge in die Natur, wo man ohne massig potentielle Angstauslöser (Hundegebell, laute Geräusche, plötzlich auftretende Reize, u.v.m. – das sind alles Dinge, auf die Welpen Schreck- und Fluchtreaktionen zeigen können) im eigenen Tempo die Umwelt erkunden kann. Und sie brauchen jemanden, der weiß, dass Welpen nun mal beißen und der das a) mit der nötigen Fassung und Impulskontrolle erträgt, auch wenn das echt manchmal eine große Herausforderung ist (fragt mal meine Kollegin Dagmar Spillner, die darin inzwischen echt Weltmeisterin ist), b) prüft, welches Bedürfnis dahinter steckt (meistens ist es Hunger, Müdigkeit, Überforderung, Pipi oder Kacki müssen oder Spielen wollen) und c) wann immer möglich die Piranhazähne umlenkt in Dinge, in die man beißen darf. Deshalb ist es auch wichtig, dass Welpen jede Menge Spielzeug und Kausachen zur freien Verfügung haben. Nix mit Rationieren und nur dann, wenn ich der Meinung bin, jetzt darf der Welpe mal. Das trägt übrigens auch dazu bei Ressourcenverteidigung vorzubeugen, denn was nicht knapp ist, muss man auch nicht so dringend verteidigen.

Nach der Eingewöhnungsphase

Alles an Umgang, Training und Übungen erstreckt sich natürlich über die Eingewöhnungsphase hinaus. Mir ist aber wichtig klarzustellen, wie unfassbar viel in den ersten Tagen mit dem Welpen schon passiert und gelernt wird, ohne dass wir ihm auch noch groß Einflüsse von außen zumuten müssen. Ruhe, Sicherheit und Geborgenheit sollten während der Eingewöhnungsphase wirklich oberste Priorität haben.

Dann ist eine gute Basis dafür gelegt, gemeinsam die Welt zu entdecken und sie Stück für Stück immer größer werden zu lassen.

Zuhause geht es jetzt folgendermaßen weiter: Nach der Eingewöhnungsphase setzt du den Aufbau deines Ruhesignals zum entspannten Alleinebleiben wie im entsprechenden Abschnitt (s. S. 134) beschrieben fort. Natürlich spielt ihr weiterhin miteinander, du förderst dabei weiterhin höfliche Verhaltensweisen, wie das Zurücknehmen und Abwarten und festigst weiterhin die nützlichen Verhaltensweisen mit und ohne Signal, wie zum Beispiel das Ausspucken von Gegenständen. Und auch eure Kuscheleinheiten behältst du bei, die du wie gehabt zum Aufladen eures Entspannungssignals und für kleine Einheiten von Anfassübungen nutzt.

Auszug aus dem Tagebuch, 30.04.2020, Hermine ist 14,5 Wochen alt

Unser Alleinebleib-Training zahlt sich aus.

Wir haben inzwischen insgesamt 60:14 h Trainingszeit, wobei 32:32 h auf Phase 1 entfallen, in der Halstuch und Duft mit Entspannung ohne Körperkontakt verknüpft werden, 26:11 h auf Phase 2, in der das Halstuch angelegt wird, damit der Hund sich entspannt und weiß, dass der Mensch nicht mit ihm interagieren wird, 1:01 h auf Phase 3, in der der Hund durch Barrieren wie Gitter oder geschlossene Türen daran gehindert wird nachzufolgen und 55 Minuten auf Phase 4 in der der Hund tatsächlich alleine ist.

Woher ich das so genau weiß? Dokumentation! Ohne die geht vor allem beim Alleinebleiben wirklich nix. Immer, wenn ihr wirklich wissen wollt, was euer Hund gelernt hat, kommt ihr um eine gute Dokumentation nicht herum.

Die vielen Übungseinheiten der Phasen 1 und 2 garantieren, dass 3 und 4 problemlos funktionieren.

Medical Training weiter vorbereiten

Die Anfassübungen kannst du jetzt langsam erweitern, indem du beispielsweise Pflegewerkzeuge wie die Zeckenzange, Kämme, Bürsten, die Krallenzange, Wischtücher, Lappen und Handtücher, mit denen du den Hund abwischen und abtrocknen kannst und auch kleine Fläschchen und Tuben mit ins Spiel bringst. Achte auch jetzt wieder darauf, dass dein Welpe möglichst entspannt und etwas schläfrig ist. Wenn er in Spiellaune ist, wird er in alle Gegenstände hineinbeißen, mit ihnen davonrennen und du wirst dich ärgern und frustriert sein.

Du kannst alle Utensilien erst mal einfach hinlegen, sie den Welpen erkunden lassen und ihn in ruhigem Tonfall loben, wenn er sich die Gegenstände zwar anschaut, sie aber nicht in die Schnauze nimmt. Dann nimmst du einzelne Gegenstände in die Hand und auch da lobst du ihn ruhig, wenn er nicht hineinbeißt. Die Stimmung soll dabei ganz entspannt sein. Je mehr Aufregung du in die Situation bringst, desto wahrscheinlicher wird es, dass dein Welpe anfängt Quatsch zu machen. Du übst dabei, wie schon beim Spielen, wieder ganz nebenbei, dass dein Welpe sich zurücknehmen kann.

Wenn dein Welpe entspannt liegt, du ihn dabei streichelst und deine kleinen Anfassübungen machst, nimmst du jetzt einfach immer wieder mal einen der Gegenstände dazu. Und zwar so, wie du es später auch machen möchtest, wenn es wirklich notwendig ist, aber eben auf einem Level, bei dem dein Welpe liegen bleiben kann. Wenn er anfängt unruhig zu werden, in die Gegenstände beißt oder sogar wegläuft und sich entzieht, dann hast du es übertrieben.

TIPP

Ich benutze bei diesen Übungen in der Regel kein Futter, da das oft kontraproduktiv ist. Was der Welpe lernen soll, ist ja, dass sämtliche Köperpflege- und Untersuchungsmaßnahmen etwas ganz Entspanntes sind. Viele Welpen werden durch Futter aktiviert, geiern nur noch danach und können keine Sekunde mehr stillstehen, geschweige denn liegen. Damit ist die Grundlage für entspannte Körperpflege dahin. Aber auch hier kommt es wieder sehr darauf an, wie dein spezieller Welpe gestrickt ist. Steht die Gabe von Leckerchen der Entspannung nicht entgegen, sondern sie machen die Situation für deinen Welpen noch schöner und entspannter, dann spricht nichts dagegen, ihm immer wieder einmal ein Bröckchen Futter zu geben.

Was kannst du mit den einzelnen Gegenständen tun?

- Zeckenzange: Fahre mit der einen Hand durchs Fell, stoppe an einer willkürlichen Stelle, fummele dort ein wenig herum und bring dann mit der anderen Hand die Zeckenzange auf die Haut deines Welpen. Beweg sie dann auf der Haut minimal hin und her, mach Drehbewegungen, ganz egal. Es geht darum, dass dein Welpe lernt, dass Gefummel und Manipulation an einer ganz bestimmten Stelle nichts sind, worüber man sich groß Gedanken machen muss.
- Kämme und Bürsten: Fahr dem Welpen damit über das Fell. Fang mit der Rückseite an, denn dann ziept garantiert nichts. So lernt dein Welpe Streichbewegungen mit Gegenständen auf seinem Körper zu tolerieren. Wenn das gut funktioniert und dein Welpe es hoffentlich sogar total angenehm findet, dann kannst du Schritt für

Schritt mehr machen. Also zuerst ganz ohne Druck mit der richtigen Seite übers Fell fahren, dann für kurze Momente mit etwas mehr Druck und so weiter, bis du deinen Welpen wirklich kämmst oder bürstest. Achte dabei immer darauf, dass es nicht ziept und dass die Erfahrung angenehm für deinen Welpen bleibt.

- Krallenzange: Mit der einen Hand nimmst du eine Pfote, in die andere die Krallenzange. Mit der Hand, die an der Pfote ist, nimmst du die Zehen und die Krallen nacheinander einzeln und legst die Krallenzange für ein, zwei Sekunden an jede Kralle. Du kannst die Krallenzange auch auf und zu machen, sodass dein Welpe sich auch an dieses Geräusch gewöhnt.
- Wischtücher, Lappen, Handtücher: Mit einem Wischtuch oder Lappen kannst du sanft die Augenpartie deines Welpen abwischen. Zuerst trocken, dann auch mit einem mit Wasser angefeuchteten Tuch, damit dein Welpe auch dieses Gefühl kennenlernt. Das Gleiche machst du auch mit den Ohren. Wisch die Ohrmuschel sanft aus, erst trocken, später auch feucht. Benutze bitte nicht das gleiche Tuch, um deinem Welpen die Augen auszuwischen, wenn du ihm zuvor damit die Ohren ausgewischt hast. Du kannst sonst Bakterien in das Auge einbringen, die eine Augenentzündung auslösen können. Andersherum ist es unproblematisch, weil sich in der Ohrmuschel keine Schleimhäute befinden über die Keime eindringen könnten. Trockene und feuchte Lappen kannst du auch benutzen, um die Pfötchen einzeln abzuwischen, auch zwischen den Zehen und den Pfotenballen. Mit einem Handtuch kannst du den Hund am ganzen Körper abreiben und auch die einzelnen Pfoten.
- Fläschchen und Tuben: Irgendwann im Laufe seines Hundelebens wird dein Welpe einmal Ohrentropfen oder eine Augensalbe benötigen. Deshalb ist es gut, wenn du ihn jetzt schon mit Fläschchen und Tuben bekannt machst. Natürlich sollst du deinem Welpen dabei weder etwas in die Augen noch in die Ohren geben, es geht darum, dass er lernt, dass du seine Ohren auf eine bestimmte Art und Weise festhältst, seine Lider vorsichtig auseinanderziehst und dass sich ein Gegenstand auf seinen Kopf zubewegt. Auch das machst du alles wieder so vorsichtig und achtsam, dass dein Welpe entspannt bleiben kann und sich dir nicht entziehen oder mit Gegenständen, die du benutzt, spielen möchte.

Video 16 – Gewöhnung an die Krallenzange

Hast du einen Hundetyp mit längerem oder sehr pflegeaufwändigem Fell, das beispielsweise geschoren, geschnitten oder getrimmt werden muss, dann solltest du auch die entsprechenden Utensilien dafür mit einbeziehen. Eine Schere mit abgerundeter Spitze, eine günstige Schermaschine und für Trimmfell einen Bimsstein solltest du dann zusätzlich in deinem Pflegesortiment haben.

Bei diesen Vorübungen für das spätere „echte" Medical Training brauchst du – wie bereits erwähnt – eigentlich noch kein Futter. Wenn du bei diesen Übungen aber mit Futter arbeiten möchtest und es der Entspannung nicht entgegensteht, dann ist der richtige Zeitpunkt, um das Leckerchen zu geben immer der, wenn dein Welpe stillhält und der Gegenstand, den du gerade benutzt ihn berührt. So lernt dein Welpe, dass stillhalten und sich mit einem Gegenstand von dir berühren zu lassen sich lohnen.

Video 17 – Training von Handling und Pflegemaßnahmen

Bei Fixierübungen solltest du auf jeden Fall Leckerchen nutzen. Dein Welpe soll die Erfahrung machen, dass es nicht schlimm ist, wenn du ihn oder einzelne seiner Körperteile kurz und später auch länger festhältst. Spätestens dann, wenn dein Hund einmal Blut abgenommen bekommen soll, ist es notwendig, ihn oder sein Bein eine gewisse Zeit festzuhalten, damit die Tierärztin die Nadel sicher setzen und das Blut abnehmen kann. Fixierübungen kannst du einfach zwischendurch im Alltag einfließen lassen, wenn die Situation gut passt. Wenn du beispielsweise auf dem Boden oder auf der Couch sitzt und dein Welpe steht, sitzt oder liegt neben dir, kündigst du an „Ich halt' dich fest!", greifst danach mit beiden Händen nach dem Körperteil, den du halten möchtest, hältst zwei, drei Sekunden fest, sagst „Gut!" und greifst mit *einer* Hand nach einem Leckerchen, das du deinem Welpen dann gibst. Die andere Hand bleibt unbedingt am Hund und du nimmst sie erst weg, wenn er aufgegessen hat. Der Sinn ist folgender: Dein Welpe soll lernen, dass es etwas Gutes ist, festgehalten zu werden. Deshalb muss das Leckerchen kommen, solange du ihn noch festhältst. Lässt du erst los und gibst deinem Welpen dann ein Leckerchen, lernt er nicht, dass es gut ist, wenn du ihn festhältst, sondern dass es doppelt gut ist, wenn du ihn loslässt. Die doofe Einschränkung hört auf und es gibt noch ein Leckerchen dazu.

Video 18 – Fixierübungen mit Hermine

TIPP

Deshalb gilt: Immer dann, wenn es ums Festgehaltenwerden geht, bleibt eine Hand am Hund, dann kommt das Futter und erst wenn der Hund aufgegessen hat, nimmst du auch diese Hand wieder weg.

Ankündigung „Ich halt' dich fest!" → Hände an den Hund → Markersignal „Gut!" → *eine* Hand holt das Leckerchen, die *andere* bleibt am Hund → Leckerchen geben → Hund aufessen lassen → Hand wegnehmen

Wenn dein Welpe etwa vier Monate alt ist und du insgesamt mindestens zwei Wochen lang jeden Tag deine Anfassübungen erst ohne, dann auch mit Pflegeutensilien gemacht hast, dann kannst du langsam auch mit den echten Trainingseinheiten für Medical Training beginnen. Dazu empfehle ich dir das Buch meiner lieben Kollegin Dr. Dorothea Johnen „Blutabnahme beim Hund". Darin findest du detaillierte Trainingspläne mit deren Umsetzung du deinen Hund nicht nur auf die Blutabnahme selbst, sondern quasi jede andere medizinische oder pflegerische Maßnahme wunderbar vorbereiten kannst. Ideal ist es, wenn du dich von einer in Sachen Medical Training kompetenten Verhaltensberaterin ein, zwei Mal auch praktisch anleiten lässt, damit sich keine Fehler einschleichen.

Sich problemlos anfassen, pflegen und medizinisch behandeln zu lassen ist eine der wichtigsten Kompetenzen, die ein Hund entwickeln muss, wenn euer Zusammenleben stressfrei funktionieren soll. So viele Hunde haben beim Handling massive Schwierigkeiten und dem lässt sich durch entsprechendes Üben von Welpenbeinen an effektiv vorbeugen.

Nass und dreckig – Abtrocknen muss sein!

Natürlich kann es vorkommen, dass du deinen Welpen abtrocknen musst, obwohl ihr das noch gar nicht so gut geübt habt. Kein Problem. Mit ein paar Tricks schaffst du es, deinen Welpen abzutrocknen, und zwar so, dass er das auch noch lustig findet.

Dein Welpe wird in das Handtuch beißen. Die Frage, ob er das tun wird, stellt sich gar nicht. Er wird es machen. Deshalb benutzt du für den Anfang grundsätzlich zwei Handtücher, wenn du deinen Welpen abtrocknen musst. Sobald dein Welpe in das eine Handtuch reinbeißt und anfängt, daran zu zerren und es zu schütteln, nimmst du einfach das andere und trocknest ihn damit weiter ab. Dann wird er sich dieses Handtuch schnappen und du lässt wieder einfach los und nimmst das Handtuch, das dein Welpe zugunsten des anderen Handtuchs losgelassen hat. Und so wechselst du fröhlich durch, bis du Zwerg Nase einigermaßen trocken gerubbelt hast. Sei beim Abtrocknen nicht zu vorsichtig, vor allem nicht bei den Pfoten, denn sehr zarte Berührungen kitzeln eher mal als etwas festere.

Mach dir mit dem Abtrocknen auf keinen Fall Stress! Dein Welpe lernt so nicht, dass am Handtuch zerren ok ist. Das kann er schon und es ist eine typisches Welpenverhalten. Das hört von ganz alleine auf mit der Zeit, wenn du kein Drama daraus machst und einfach ganz locker dabeibleibst. Du musst in dieser Situation nichts üben. Wir trainieren belohnungsbasiert, und das tust du wie beschrieben in deinen Trainingseinheiten, wenn dein Welpe entspannt, wohlig zufrieden und idealerweise etwas schläfrig ist. Nicht, wenn du es mit einem nassen, aufgedrehten Gremlin zu tun hast, der gerade außer Rand und Band ist.

Duschen und Baden

Und weil wir gerade bei nass und dreckig sind: Früher oder später wird dein Hund sich so einsauen, dass Abtrocknen alleine nicht mehr ausreicht. Spätestens dann, wenn dein Hund sich mal in was richtig Ekligem wälzt wie Fuchskacke oder Erbrochenem (ja, auch das passiert), dann wirst du ihn waschen wollen. Deshalb ist es gut, wenn er die Dusche oder Badewanne schon als Welpe kennenlernt und vor beidem keine Angst hat.

Auch die Gewöhnung an die Dusche oder die Wanne erfolgt deshalb spielerisch. Die meisten Welpen planschen ja gerne mit Wasser, und so ist das meistens wirklich gar kein Problem. Wenn dein Welpe selbstständig in die Dusche hineinlaufen kann, dann hat er das vermutlich sowieso schon einmal ausprobiert und du kannst es einfach mit etwas Gutem in Verbindung bringen, indem du ihm in der Dusche tolle Leckerchen fütterst. Du kannst auch Leberwurstquark an die Duschwand schmieren oder – das ist die etwas elegantere Lösung – dir eine Schleckmatte mit Saugnäpfen besorgen und die an der Duschwand befestigen.

Wenn du deinen Welpen in die Wanne heben musst, dann tust du das wie üblich mit deiner Ankündigung „Ich trag dich!“, hebst ihn hoch und setzt ihn in die Wanne. Leg vorher am besten eine rutschfeste Matte in die Wanne, damit dein Welpe nicht aus-

Wenn man beim Duschen oder Baden was Leckeres schlecken kann, macht es gleich viel mehr Spaß.

rutscht. Er könnte sich dadurch erschrecken und so wird ihm das Abenteuer Wasserspielplatz madig gemacht, bevor es überhaupt angefangen hat. Alternativ kannst du auch ein großes Handtuch nutzen, aber ich rate dir dazu, dir eine passende Gummimatte anzuschaffen. Die verrutschen nicht so leicht und sie sind deutlich pflegeleichter als ein klitschnasses Handtuch.

Fang erst mal ohne Wasser an, lass deinen Welpen ein paar Leckerchen fressen oder sich mit der Schleckmatte beschäftigen, du kannst ihm auch Spielzeug mit dazu geben. Wenn dein Welpe entspannt ist, kannst du die Brause auf den Boden der Dusche oder Wanne legen und den Hahn ein bisschen aufdrehen. Dein Welpe soll sich jederzeit wohlfühlen und nicht erschrecken. Du kannst die Brause auch in der Hand halten, je nachdem, was besser für ihn ist. Wichtig ist: Aktiv machst du erst einmal gar nichts, dein Welpe soll sich von alleine mit der Brause und dem Wasser auseinandersetzen wollen oder sich weiter mit seinen Leckerchen oder der Schleckmatte beschäftigen, während das Wasser läuft. Nach und nach kannst du das Wasser etwas mehr aufdrehen und zum Beispiel auch den Stöpsel in den Abfluss stecken, sodass etwas Wasser in der (Dusch-)Wanne steht. Lass deinen Welpen planschen, spielen, Leckerchen fischen oder die Schleckmatte bearbeiten. Hauptsache er hat eine gute Zeit. Nach fünf bis zehn Minuten beendest du die Planscherei dann, wenn deinem Welpen langweilig wird, auch schon früher. Wenn du das jede Woche ein, zwei Mal machst, kannst du mit der Zeit auch immer etwas mehr aktiv mit deinem Welpen machen. Du kannst einen Lappen mit dazu nehmen und mit dem nassen Lappen Beine und Körper vorsichtig abwischen, du kannst die Brause mit wenig aufgedrehtem Wasser mal an die Beine deines Welpen halten und so weiter. Richtig baden oder waschen musst du deinen Welpen bei diesen Ausflügen in die (Dusch-)Wanne nicht. Es geht einzig und allein darum, eine 100% gute Erfahrung mit dem Badezimmer, der Dusche oder Wanne und dem laufenden Wasser darin zu machen. An Leckerchen und Spaß sollte es deshalb niemals mangeln. Dann klappt es später auch im Ernstfall. Und wie du deinen Welpen danach wieder trocken bekommst, weißt du ja schon.

Happy Visits bei Tierärztin, Physiotherapeutin und Hundefriseurin

Vieles, was du mit deinem Welpen im Medical Training erarbeitest, wird sich später als hilfreich erweisen, wenn er tierärztlich oder physiotherapeutisch behandelt werden oder wenn er zur Fellpflege zur Hundefriseurin muss. Geplante Besuche in den Räumlichkeiten der jeweiligen Behandlerinnen in der Welpenzeit unterstützen das Ganze wunderbar. Bei den sogenannten Happy Visits gehst du mit deinem Welpen nach vorheriger Anmeldung in die Tierarzt- oder Physio-Praxis oder in den Hundesalon und ihr habt dort einfach eine gute Zeit miteinander. Die meisten Tierärztinnen, Physiotherapeuten und Hundefriseurinnen sind total froh, wenn Welpen zu Besuch kommen, denn natürlich liegt es absolut in ihrem Interesse, dass dein Hund später gerne zu ihnen in die Praxis oder den Salon kommt. Dein Welpe kann dort, idealerweise auch unter Einbeziehung der dort arbeitenden Menschen, mit dir spielen, die Räumlichkeiten und Ausstattungsgegenstände erkunden, vielleicht mal auf den Tisch klettern, Leckerchen futtern, du kannst ihn wiegen (regelmäßige Gewichtskontrolle ist wichtig, um die Wachstumskurve im Blick zu behalten) und natürlich könnt ihr auch kleine Übungen aus dem Medical Training mit einfließen lassen, wenn es gerade gut passt. Unbedingt notwendig ist das aber noch nicht, im Vordergrund sollte hier die emotionale Bewertung stehen, die dein Welpe mit den Räumlichkeiten macht. Er soll diese Orte als angenehm kennenlernen, sodass ihr ein gutes Polster schafft, falls dann wirklich mal eine Behandlung notwendig wird, die für den Hund eventuell nicht angenehm ist. Einen Besuch in einer Art Behandlungsraum pro Woche solltest du einplanen und gerne auch zu unterschiedlichen Tageszeiten.

Wenn du deinen Welpen übernimmst, wird nach kurzer Zeit bereits die erste Nachimpfung fällig werden. Sprich, es wird einen echten Tierarztbesuch geben, auch wenn dein Polster an Happy Visits noch nicht besonders groß ist. Damit dieser erste Besuch mit Ernstbezug für deinen Welpen eine gute Erfahrung wird, kannst du Folgendes tun: Pack dir ausreichend Leckerchen und zusätzlich eine Tube mit Leberwurst ein. Bei allem, was die Tierärztin tut, dockst du deinen Welpen an die Leberwurst-Tube an. Einzige Ausnahme ist das Abgehörtwerden, da sollte der Hund kurz ganz stillstehen, also auch keine Schleckbewegungen machen. Sprich ganz leise beruhigend mit deinem Welpen und sofort, wenn die Tierärztin das Stethoskop wegnimmt, bekommt er wieder die Tube zum Schlecken. Wenn es dann um die Spritze selbst geht, solltest du dich kurz mit der Tierärztin abstimmen: Ideal ist es, wenn dein Welpe die Tube zeitgleich mit dem Pieks bekommt und dann sei auf jeden Fall großzügig! Dein Hund soll super begeistert sein von der Menge an Leberwurst, die er da bekommt. Direkt nach dem Pieks kannst du zusätzlich gute Stimmung verbreiten und deinem Welpen erzählen, wie großartig und tapfer er ist. Behalte ihn noch einen Moment auf dem Behandlungstisch, lass ihn dort in Ruhe ein paar Leckerchen aufsammeln und erst dann hebst du ihn vom Tisch herunter. Auf dem Boden könnt ihr dann ein wenig spielen, Quatsch machen oder noch eine kleine Leckerchensuche

Sich in der Physio-Praxis mit einem Schnüffelspielzeug zu beschäftigen sorgt für eine gute Verknüpfung.

veranstalten. Wichtig ist, dass dein Hund diesen Tierarztbesuch so positiv wie nur möglich abschließt. Damit und wenn du deine Happy Visits fleißig fortführst, legst du den Grundstein dafür, dass auch weitere Besuche gut laufen werden.

Eine Anmerkung zur Leberwurst-Tube noch: Wenn dein Welpe empfindlich ist, dann kannst du anstatt der Leberwurst-Tube auch eine Futtertube oder eine Futterkruke selbst befüllen. Dazu kannst du entweder das gewohnte Nassfutter deines Welpen pürieren oder du verwendest Magerquark, den du mit einem Teelöffel Leberwurst geschmacklich aufwertest. Egal was du in deine Tube oder Kruke packst: Es soll für deinen Welpen ein Highlight sein.

Turnen im Behandlungsraum der Tierarztpraxis ...

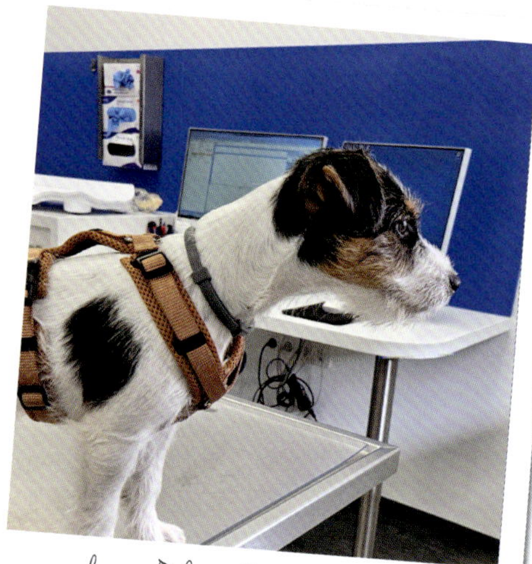

... und vom Behandlungstisch aus die Aussicht genießen.

Egal wie weit du beim Medical Training fortgeschritten bist: Es gibt keinen vernünftigen Grund, auf hochwertige Belohnungen wie eine Leberwurst-Tube bei Besuchen mit Behandlungen egal welcher Art zu verzichten. Dein Hund muss weder frei stehen noch alles ohne ein einziges Leckerchen über sich ergehen lassen können. Das Training hierfür ist gut und wichtig, aber du darfst und sollst gerade in Sachen Tierarzt auf jeden Fall auf Nummer Sicher gehen. Gezielte Gegenkonditionierung durch sehr gutes Futter ist dafür genau richtig.

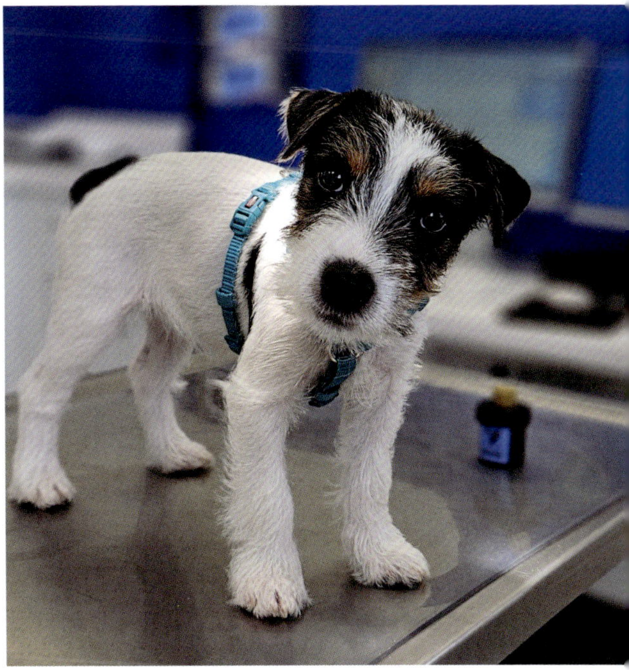

Unser Jack Potter, eine selbstbefüllte Futterkruke, ist bei Tierarztbesuchen immer mit dabei.

Gesundheitsvorsorge

Wurmbehandlungen

An dieser Stelle möchte ich kurz auch auf das wichtige Thema Gesundheitsvorsorge eingehen. Leider erleben meine Kolleginnen und ich immer wieder, dass in Sachen Gesundheitsvorsorge gravierende Fehlinformationen im Umlauf sind. So wird beispielsweise behauptet, dass beim Tierarzt erhältliche Mittel gegen Wurmbefall, sogenannte Wurmkuren, die Darmflora zerstören würden und man deshalb besser auf „natürliche Entwurmung" setzen sollte. Diese Information ist falsch und kann für den Welpen, aber auch für Junghunde und erwachsene Hunde gefährlich werden. Die sogenannten Anthelminthika greifen spezifisch in den Stoffwechsel von Endoparasiten (also Parasiten wie Würmer, die im Inneren des Wirtskörpers leben) ein. Sie wirken nicht gegen Bakterien und können so auch der Darmflora, die aus Bakterien, nicht aus

Würmern, besteht, keinen Schaden zufügen. Durch Würmer verursachte Erkrankungen können dem Hund allerdings erheblichen gesundheitlichen Schaden zufügen und einige Wurmerkrankungen können vor allem auch in späteren Stadien nur unzureichend oder gar nicht mit Medikamenten behandelt werden. Es ist deshalb mehr als sinnvoll, mit der Tierärztin zu besprechen, in welchen Abständen eine Entwurmung des Hundes sinnvoll ist. Maßgeblich sollte dafür der Infektionsdruck sein. Da Welpen vieles in die Schnauze nehmen, sind kürzere Abstände oft angebracht. Schnecken und Frösche beispielsweise können Lungenwürmer übertragen. Und dabei muss der Hund die Schnecke nicht einmal fressen. Es reicht, wenn der Hund Gras frisst, auf dem zuvor eine Schnecke umhergekrochen ist und ihre Schleimspur dort hinterlassen hat. Unbehandelt kann eine Infektion mit Lungenwürmern tödlich enden. Der Fuchsbandwurm befällt die Leber und kann schwere Erkrankungen verursachen. Eine Infektion erfolgt durch die Aufnahme von Fuchskot (auch in der Stadt mittlerweile ein ernstzunehmendes Risiko) oder dem Fressen von infizierten Beutetieren, wie z. B. Mäusen.

Eine Kotuntersuchung ist übrigens kein sicherer Nachweis dafür, dass der Hund ***keine*** Würmer hat. Nicht in jedem Entwicklungsstadium und nicht bei jedem Kotabsatz werden Würmer ausgeschieden.

Ein Wort noch zu homöopathischen Mitteln: Für deren Wirksamkeit konnte bisher keinerlei wissenschaftlicher Nachweis erbracht werden. Sie sind keine alternative Behandlungsmöglichkeit bei bestehenden Erkrankungen, sondern ihr Einsatz kommt einer Nichtbehandlung gleich. Hinzukommt, dass besondere Vorsicht bei der Verabreichung von Globuli angebracht ist: Mittlerweile enthalten viele der in der Apotheke erhältlichen Präparate Xylit, was für den Hund tödlich enden kann.

Abwehr von Ektoparasiten

Ähnliches gilt in Sachen Ektoparasiten wie Zecken oder Flöhe und Plagegeistern wie Stechmücken. Auch hier werden oft „ungefährliche Hausmittel“ empfohlen, die in den meisten Fällen keinerlei erwiesene Wirkung aufweisen. Bernsteinketten, Kokosöl äußerlich oder Schwarzkümmelöl innerlich (das in größeren Mengen leberschädigend ist) angewendet bieten keinen zuverlässigen Schutz gegen Ektoparasiten wie Flöhe, Zecken oder auch Sandmücken. Durch Flöhe wird der Hundebandwurm übertragen und es kann eine Flohstich-Allergie auftreten, bei der der Hund von starkem Juckreiz geplagt wird, was bis hin zu aufgekratzter blutiger Haut führen kann, auf die sich dann Sekundärinfektionen setzen. Zecken übertragen gefährliche Erkrankungen wie beispielsweise Babesiose, Borreliose und Anaplasmose, von denen einige unbehandelt tödlich verlaufen. Durch Sandmücken wird Leishmaniose übertragen und leider sind Infektionen nicht mehr nur in südlichen Ländern zu befürchten, sondern der Erreger kommt mittlerweile auch in Deutschland vor, wenn auch in deutlich geringerem Umfang. Infiziert sich ein Hund mit Leishmaniose, erfordert dies eine lebenslange Behandlung. Unbehandelt sterben 90% der betroffenen Hunde innerhalb von 12 Monaten[11].

Ein wirksamer Schutz vor Ektoparasiten gehört also unbedingt zur Gesundheitsvorsorge beim Hund. Ich persönlich nutze für meine Hunde Halsbänder, die auch gegen Sandmücken wirken. Tabletten, die dem Hund alle vier bis sechs Wochen verabreicht werden, kommen für mich persönlich nicht in Frage. Lass dich bezüglich des für dich und deinen Welpen passenden Schutzes am besten von deiner Tierärztin beraten.

Impfungen

Auch Impfungen sind Bestandteil der Gesundheitsvorsorge und sollten mit Sinn und Verstand gemacht werden. Eine gute Tierärztin, die auf dem Stand des Wissens ist, hält sich dabei an die Empfehlungen der Ständigen Impfkommission Veterinärmedizin (StIKo Vet) und impft so viel wie nötig, so wenig wie möglich. Möchtest du mit deinem Hund auch Urlaub im Ausland machen, so ist eine Tollwutimpfung in der Regel Pflicht, auch wenn diese in Deutschland aktuell nicht mehr zu den Pflichtimpfungen gehört.

Ein wirksamer Schutz vor Parasiten bewahrt den Hund vor teilweise sehr gefährlichen Erkrankungen.

Versicherung

Die Tierarztkosten, die ein Hund verursachen kann, sind nicht zu unterschätzen. Natürlich wünschen wir uns alle, dass unser Hund ein Leben lang gesund und fit bleibt, aber leider sind wir alle nicht vor Krankheiten oder auch Unfällen sicher. Egal wie gesund wir leben, egal wie umsichtig wir handeln. 2022 wurde die Gebührenordnung für Tierärzte (GOT) überarbeitet und die Preise wurden der Kostenentwicklung nach 20 Jahren zum ersten Mal wieder angepasst. Entsprechend fallen Tierarztrechnungen in Deutschland heute oft deutlich höher aus, als das

11 Leishmaniose beim Hund – Therapie und Vorbeugung (tiermedizinportal.de) aufgerufen am 03.09.2024

noch vor einigen Jahren der Fall war. Ich rate deshalb wirklich jedem, schon für den Welpen eine Tierkrankenversicherung abzuschließen. Monatlich einen gewissen Betrag auf die Seite zu legen mag früher eine sinnvolle Idee gewesen sein. Aus meiner Sicht ist sie das heute nicht mehr. Ein kurzes Rechenbeispiel: Wenn du jeden Monat 100 € zur Seite legst, dann hast du im Jahr 1.200 € gespart. Alleine ein schwerer Magen-Darm-Infekt, bei dem dein Hund vielleicht für drei Tage stationär in der Tierarztpraxis oder Tierklinik bleiben muss, weil er Infusionen bekommt, frisst dieses Budget locker auf. Über gravierendere Sachen, wie Kreuzbandrisse, Brüche oder eine Magendrehung gar nicht zu reden. Solche Eingriffe liegen oft bei 4.000 € und können sogar in den fünfstelligen Bereich gehen.

Je früher du deinen Hund versicherst, umso günstiger ist die Versicherungsprämie und inzwischen bieten eigentlich alle alteingesessenen Versicherungen gute und bezahlbare Vollversicherungen für Hunde an. Ich persönlich habe bei der Wahl meines Anbieters darauf geachtet, dass ich eine pauschale, keine prozentuale Selbstbeteiligung habe und dass der Anbieter nach einer Frist von drei Jahren auf sein Kündigungsrecht mir gegenüber verzichtet. Denn nichts wäre ärgerlicher, als wenn du im Alter von acht Jahren deines Hundes die Versicherung in größerem Umfang in Anspruch nehmen musst, weil er erkrankt und du dann im Anschluss an die Regulierung durch die Versicherung hinausgeworfen wirst. Viele Versicherungen nehmen ältere Hunde nämlich entweder gar nicht erst auf oder die Prämien sind sehr hoch. Die sogenannte Eisbaumtabelle[12] gibt einen Überblick über die unterschiedlichen Versicherungen und ihre Modelle und kann dir bei der Entscheidung für einen Anbieter eine Hilfe sein.

Geräusche – kein Problem!

In der Welpenzeit und insbesondere im sicheren Umfeld eures Zuhauses legst du den Grundstein dafür, welche Einstellung dein Hund zu Geräuschen entwickelt. Laute, plötzliche Geräusche wie Scheppern oder Knallen sind natürliche Angstauslöser und es ist ganz normal, dass man sich erschreckt. Kennen wir selber ja auch. Wir haben Hunden gegenüber allerdings den Vorteil, dass wir in der Regel einordnen können, was das für ein Geräusch war, aus welcher Richtung es kam und ob uns dadurch wirklich Gefahr droht oder nicht. Das können Hunde nicht so gut und viele Hunde leiden stark unter Geräuschängsten, im Speziellen natürlich an Schussangst, die sich dann wiederum an Silvester deutlich bemerkbar macht. Deshalb ist es sehr sinnvoll, den Welpen von klein auf an die unterschiedlichsten Geräusche zu gewöhnen. Dazu gibt es unterschiedliche Möglichkeiten und alle sollten ausgenutzt werden.

12 www.eisbaumtabelle.de

Selber Krach machen lassen

Den Welpen Geräusche, Krach und Lärm selbst produzieren zu lassen, während er dabei jede Menge Spaß hat, ist eine sehr gute, weil selbstbestimmte und selbstwirksame Art und Weise sich damit auseinanderzusetzen. Dazu kannst du deinem Welpen verschiedene Spielzeuge basteln:

1. Rappelflasche

   Dazu nimmst du einfach eine leere PET-Flasche, füllst fünf bis zehn Kieselsteine hinein, schraubst den Deckel wieder darauf und legst sie auf den Boden. Zeig drauf, animiere deinen Welpen, sich damit zu beschäftigen und dann lass ihn einfach machen.

Video 19 –
Die Rappelflasche

2. Rappeldose

   Genau das Gleiche kannst du mit einer Metalldose machen. Eine leere Bonbondose bietet sich dafür beispielsweise an. Auch die kannst du mit ein paar Kieselsteinen befüllen oder du nimmst beispielsweise Büroklammern, die erzeugen nochmal ein anderes Geräusch. Die Dose klebst du mit Klebeband so zu, dass sie nicht aufgehen kann, wenn dein Welpe sie durch die Gegend schussert.

3. Schepperkiste

   Dafür nimmst du einen Pappkarton, eine niedrige Holzkiste oder eine Plastikwanne, die so groß, aber gleichzeitig so niedrig ist, dass ein Welpe gut darin herumwühlen und eventuell sogar hineinklettern kann. Diese Kiste befüllst du mit allem möglichen Schepper- und Raschelzeug. Plastikbecher, Löffel, Luftpolsterfolie, zusammengeknüllte Papiertüten, ausrangierte Zahnbürsten, Verpackungsmaterial usw. Alles sollte so groß sein, dass dein Welpe es nicht aus Versehen verschlucken kann, denn bevor du ihm die Schepperkiste hinstellst, verteilst du noch ein paar Leckerchen darin, so dass er Lust bekommt, richtig darin herumzuwühlen.

Erlaubt ist, was Spaß macht, und du hältst dich aus diesen Spielen weitestgehend raus. Wenn dein Welpe richtig Spaß an Rappelflasche und - dose hat, spricht aber natürlich nichts dagegen mitzuspielen, indem du sie von deinem Welpen wegkickst und er sie erbeuten darf. Wichtig ist, dass du deinen Welpen nicht zu seinem Glück zwingst, sondern ihm die Entscheidung überlässt, wie er mit diesen Sachen umgehen möchte.

Und Action!

Action-Filme sind eine andere gute Möglichkeit, um Welpen an laute Geräusche zu gewöhnen. Je mehr dabei in die Luft fliegt, umso besser! Das Gute an Action-Filmen ist, dass darin plötzlich laute Geräusche auftreten, mit denen auch du nicht immer rechnest und gegebenenfalls sogar ein wenig erschrickst. Weil danach aber nicht wirklich etwas passiert, kann dein Welpe ganz nebenbei lernen, dass laute, plötzliche Geräusche schon mal vorkommen können, das aber kein Grund zur Sorge ist.

Die Aufgabe ist also denkbar einfach: Setz dich auf die Couch, mach es dir mit deinem Welpen gemütlich und dann Fernseher an. So einfach ist es. Ideal ist es, wenn dein Welpe sich dabei zu dir kuschelt. Meistens schlafen die Zwerge dann beim größten Krach einfach ein. Wenn dein Welpe Anzeichen von Unbehagen (siehe Stress- und Konfliktzeichen) zeigt, dann machst du den Fernseher einfach ein wenig leiser, sodass er sich trotz der Geräuschkulisse entspannen kann. Und natürlich darfst du deinen Welpen dabei jederzeit streicheln, wenn dir und ihm danach ist.

Geräusche aus der Konserve

Es gibt spezielle Geräusch-CDs für Hunde von der Firma Silent-Division. Die Reihe „Don't be afraid" mit unzähligen verschiedenen Alltagsgeräuschen und Geräuschkulissen wie zum Beispiel Feuerwerk, Gewitter, Verkehrslärm und viele mehr sind mittlerweile auch als Download erhältlich. Du findest die Bezugsquelle hinten im Buch. Lass diese Geräusche und Geräuschkulissen einfach zwischendurch per Zufallswiedergabe laufen, wenn du mit einem Welpen etwas Schönes machst, beispielsweise, wenn ihr miteinander spielt. Die Lautstärke stellst du so ein, dass dein Welpe sich davon nicht groß stören lässt, zwar immer mal wieder kurz innehält und horcht, dann aber freudig mit dir weiterspielt. Hier überschneiden sich verschiedene Lernformen: Dein Welpe gewöhnt sich an alle möglichen Geräusche und Geräuschkulissen, du desensibilisierst ihn und auch Gegenkonditionierung spielt eine Rolle, wenn dein Welpe kurz aufhorcht und dann direkt das Spiel weitergeht. Diese Kombination macht deinen Welpen robust und sorgt dafür, dass auch neue und ungewohnte Geräusche künftig kein großes Problem sein werden.

Deine Reaktion – Stimmungsübertragung

Der letzte, aber extrem wichtige Punkt, ist *deine* Reaktion auf überraschende, laute Geräusche, bei denen dein Welpe irritiert ist oder sich sogar erschreckt. Es kann ja auch zuhause immer mal passieren, dass etwas herunter- oder umfällt. Wenn das passiert, freust du dich immer! Auch dann, wenn es deine Lieblingstasse war, die dir aus der Hand fällt und in tausend Teile zerspringt. Statt „Verdammter Mist!" zu brüllen und deinen Welpen damit noch zusätzlich in Angst und Schrecken zu versetzen, rufst du laut und sehr gekünstelt „Yaaaaaaay!", gehst zur nächsten Leckerchen-Schale oder ziehst welche aus der Hosentasche und gibst sie deinem Welpen. Hier greift zum einen Gegenkonditionierung: Etwas Doofes, eventuell Ängstigendes passiert und für deinen Welpen folgt unmittelbar darauf etwas Tolles. Du freust dich und es gibt Leckerchen! Ich weiß, auch das ist kontra-intuitiv und kostet einiges an Mühe, gerade, wenn es etwas ist, worüber man sich echt ärgert, aber du hast hier Verantwortung für ein kleines Wesen, das nicht den Rest seines Lebens unter Geräuschängsten leiden soll. Also, Augen zu und durch, es ist nur eine Tasse ... Indem du zu deinem Welpen gehst und ihm Leckerchen fütterst, sorgst du auch gleichzeitig dafür, ihn aus der Gefahrenzone zu bringen. Er soll natürlich nicht durch Scherben marschieren und sich dabei möglicherweise verletzen. Wenn das, was herunter- oder umgefallen ist, nicht kaputt gegangen ist und entsprechend keine Verletzungsgefahr besteht, dann gehst du genauso vor „Yaaaaay!" und Leckerchenparty, aber dann ermutigst du deinen Welpen, sich mit dem Gegenstand auseinanderzusetzen. Ich habe hin und wieder auch absichtlich unkaputtbare Dinge, wie beispielsweise meinen Schlüssel, einen Topfdeckel aus Metall, einen Löffel oder irgendetwas anderes fallen lassen, um die Gegenkonditionierung machen zu können. Das ist hervorragendes Training ganz nebenbei und es wird dir vor allem auch draußen gute Dienste leisten, dazu später mehr. Was in diesen Situationen außerdem eine Rolle spielt ist soziales Lernen: Dein Hund beobachtet dich und deine Reaktionen und erzieht Schlüsse daraus. Wenn du ungehalten reagierst, dann bewertet dein Welpe die Situation als unangenehm oder sogar gefährlich. Die Wahrscheinlichkeit ist groß, dass er das mit den Geräuschen verknüpft, und er nimmt dich in dieser Situation zudem auch nicht als sichere Bindungsfigur wahr.

Auszug aus dem Tagebuch, 25.04.2020, Hermine ist 14 Wochen alt

Bohrmaschine läuft und der Terrier ganz entspannt.

Wir arbeiten ja von Beginn an an allen möglichen Geräuschen, wobei Arbeit gar nicht wirklich zutrifft, es ist nämlich kein bisschen Aufwand.

Bei allen kontrollierbaren Geräuschen machen wir es so, dass ich beim ersten Mal mit Mine auf ca. zehn Meter Abstand zur Geräuschquelle gehe, und sobald es losgeht wird gespielt, gestreichelt, Leberwurst gelutscht oder Leckerchen gesammelt. Auf diese Weise hat sie inzwischen den Staubsauger, den Fön, den Druckluftkompressor (fragt nicht … der Mann …), den Benzinrasenmäher und die Heckenschere und kennengelernt. Die Bohrmaschine war jetzt einfach nur ein weiteres komisches Geräusch, das keinerlei Aufmerksamkeit erfordert. *Das* sind die Sachen, die sie fit fürs Leben machen, nicht irgendwelche gut gemeinten, aber völlig übers Ziel hinausgeschossen Sozialisierungs- / Gewöhnungsversuche.

Video 20 – Gewöhnung an laute Geräusche

Silvester

Zieht dein Welpe gegen Ende des Jahres bei dir ein, musst du den Silvesterabend entsprechend planen. Die meisten Welpen stecken das erste Silvester augenscheinlich problemlos weg. Dass dem nicht so war, zeigt sich dann in der Regel erst ein Jahr später, beim zweiten Silvester, bei dem der Hund dann aus „unerklärlichen" Gründen auf einmal doch Angst hat. Unerklärlich ist das allerdings ganz und gar nicht, denn wenn der Welpe nur eine milde Angstreaktion oder ein bisschen Stress hat, fällt das den meisten Menschen nicht wirklich auf. Und wenn ihnen das im Alltag auch nicht auffällt, bei plötzlich auftretenden Geräuschen und Schreckreaktionen des Hundes nie aktiv gegenkonditioniert wird, dann entwickelt sich schleichend und vom Menschen unbemerkt eine Angst, die dann beim zweiten Silvester des Hundes erstmals deutlich zu Tage tritt. Damit das gar nicht erst passiert, nutzt du also einerseits alle beschriebenen Maßnahmen, um deinen Welpen in Sachen Geräusche abzuhärten und du sorgst dafür, dass der Silvester-Abend für deinen Welpen eine gute Erfahrung wird.

- Du lässt deinen Welpen auf gar keinen Fall alleine und du besuchst auch nicht mit ihm zusammen eine Silvester-Party. Ich komme mir zwar seltsam vor, das überhaupt schreiben zu müssen, aber sicher ist sicher. Menschen kommen ja teilweise auf Ideen, die ich mir in meinen wildesten (Alb-)Träumen nicht vorstellen kann. Du bleibst am Silvesterabend ganz gemütlich mit deinem Welpen in eurem Zuhause und schmeißt auch dort keine rauschende Party, sondern lädst dir maximal vier Leute ein, wenn du so gar nicht ohne Gesellschaft klar kommst an Silvester.
- Bereite ausreichend befüllbare Futterspielzeuge und Schleckmatten vor, mit denen sich dein Welpe um Mitternacht beschäftigen kann. Die Füllung sollte an Silvester ein besonderes Highlight sein, also etwas, was dein Welpe wirklich richtig, richtig gut findet.
- Achte beim Timing darauf, dass dein Welpe sich spätestens um 23:00 Uhr noch einmal lösen kann. Wenn du in einer Gegend wohnst, wo schon in den Stunden vorher vereinzelt geknallt wird, bist du dabei bitte besonders achtsam und vorsichtig. Wenn es knallt, freust du dich, rufst dein „Yaaaaay!" schmeißt eine Leckerchenparty und konditionierst dadurch gegen. Wenn dein Welpe Angst bekommt, du Stress- und Konfliktzeichen bemerkst, bietest du ihm sofort Körperkontakt an, nimmst ihn eventuell auch auf den Arm und hilfst ihm dabei, sich zumindest ein kleines Bisschen zu beruhigen. Dann geht ihr wieder rein. Hier ist natürlich die Innen-Toilette von unschätzbarem Wert, entsprechend noch ein Grund, sich das zu überlegen. Denn wenn er sich draußen unwohl fühlt oder sogar Angst hat, dann wird er sich dort sowieso nicht lösen können.

- Halte Fenster und Türen geschlossen, um die Außengeräusche zu dämpfen. Drinnen machst du eine Gegenveranstaltung mit der Musik, die dir gute Laune macht in ausreichender Lautstärke.
- Wenn es um Mitternacht dann losgeht, rufst du wie üblich dein fröhliches „Yaaaaay!", gibst deinem Welpen die vorbereiteten Futterspielzeuge und Schleckmatten alle auf einmal und setzt dich zu ihm auf den Boden. Du stößt mit niemandem an, du bleibst so lange mit deiner kompletten Aufmerksamkeit bei deinem Welpen, bis es draußen vorbei ist. Danach kannst du anderen Haushaltsmitgliedern und / oder deinem Besuch ein frohes neues Jahr wünschen und dir ziemlich sicher sein, dass du alles in deiner Macht Stehende dafür getan hast, dass dein Welpe die besten Voraussetzungen für ein angstfreies, nächstes Silvester als Junghund hat.

Da es in vielen Gegenden ja leider so ist, dass bereits in den Tagen vor und auch nach Silvester schon ordentlich geböllert wird, musst du wirklich, wirklich gut aufpassen, dass du mit deinem Welpen nicht in eine blöde Situation gerätst. Das kann sehr dumm ausgehen, vor allem, wenn dein Welpe gerade sowieso in einer Angstphase ist. Halte deshalb die Draußen-Zeit so kurz wie nur möglich und sichere deinen Welpen doppelt und dreifach so gut, wie sonst. Besorge ihm ggf. rechtzeitig ein Sicherheitsgeschirr in der passenden Größe oder sichere ihn zusätzlich mit einer zweiten Leine und einem Halsband. Lass die Leine in dieser Zeit nicht los und statte deinen Welpen sicherheitshalber mit einem GPS-Tracker aus. Reagiere auf jeden Böller wie beschrieben mit Freudentanz, „Yaaaaaay!"-Rufen und Leckerchenparty für deinen Welpen. Deine Reaktion ist wirklich entscheidend: Auch wenn du dich über die Menschen ärgerst, die sich aus deiner (und meiner) Sicht rücksichtslos verhalten, schluck deinen Ärger runter. Deinem Welpen zuliebe. Es hilft ihm kein Stück, wenn du dich aufregst und schlechte Stimmung verbreitest.

Wenn du aktiv etwas gegen den Silvester-Wahnsinn tun willst, dann setz dich drinnen an den Computer oder nimm dein Smartphone und zeichne eine Petition, die sich für ein Verbot von privatem Silvesterfeuerwerk einsetzt.

Die Klingel – ein besonderes Geräusch

In der Welpenzeit kannst du die Weichen dafür stellen, ob du einen Hund haben wirst, der beim Klingeln völlig aus der Hose hüpft und riesigen Radau macht – oder ob dein Hund auch bei diesem Geräusch ziemlich entspannt bleiben kann und sich deshalb sehr ordentlich verhält. Binde die Klingel in dein Geräusche-Training einfach mit ein. Du kannst beispielsweise Nachbarn bitten, immer wenn sie an deiner Klingel vorbeilaufen, einfach mal draufzudrücken. Das ist die genialste Art, mit dem Klingelgeräusch zu trainieren, weil es so auch für dich überraschend passiert. Wenn es klingelt, reagierst du darauf, indem du zur nächsten Leckerchen-Schüssel gehst, dir fünf bis zehn Stück herausholst, deinen Welpen darauf aufmerksam machst und sie dann auf einen seiner Liegeplätze streust. Liegt dein Welpe eh schon, bringst du ihm die Leckerchen einfach und legst sie so auf den Boden, dass er sie einfach aufsammeln kann. Erst danach gehst du zur Tür und öffnest sie. Kommt dein Welpe zur Tür gelaufen, dann wirfst du ihm weitere Leckerchen erst vor die Nase und dann immer weiter weg von der Tür, idealerweise wieder auf seinen Platz. Die Tür bleibt dabei die ganze Zeit offen. Was dein Welpe lernen soll, ist, dass sich die für ihn spannenden Sachen nicht an der Tür, sondern weit weg von der Tür im Inneren eures Hauses abspielen. Wenn dein Welpe losmarschiert, um die Leckerchen aufzusammeln, schließt du die Türe wieder. Es ist sehr sinnvoll, „Trainings-Klingler“ zu haben, bei denen die ersten paar Male und auch zwischendurch niemand vor der Tür steht. Denn natürlich ist Besuch immer erst einmal aufregend und genau diese Verknüpfung ist es, die später für Probleme sorgt und die wir nicht haben wollen. Hast du keine Nachbarn oder sonstigen Menschen, die einfach mal so im Vorbeigehen deine Klingel betätigen und auch, um mehr Trainingsgelegenheiten zu haben, kannst du natürlich auch selbst die Klingel betätigen und auch alle sonst noch im Haushalt lebenden Menschen darum bitten, in der nächsten Zeit nicht ihren Schlüssel zu benutzen, um ins Haus zu kommen, sondern beim Klingel-Training mitzuhelfen und zu warten, bis du aufmachst. Ein Schild an der Tür für uneingeweihte Besucher kann helfen: „Bitte nur einmal klingeln, wir trainieren mit dem Hund! Ich komme gleich, aber es dauert einen Moment länger als sonst.“

Bestimmt ist dir aufgefallen, dass beim Ertönen der Klingel kein Freudengejubel deinerseits erfolgen soll. Die Klingel ist normalerweise nichts, was eine Schreckreaktion auslöst, entsprechend brauchen wir auch kein starkes Gegengewicht in Form von bester Laune und Heiterkeit. Auf Dauer soll dein Welpe beim Klingelgeräusch einfach entspannt bleiben können. Wenn dein Welpe auf die beschriebene Weise häufig die Erfahrung macht, dass eigentlich eh nichts Interessantes oder gar Aufregendes passiert, es sich aber lohnt, auf seinen Platz zu gehen, weil die Wahrscheinlichkeit groß ist, dass da früher oder später Leckerchen auftauchen, dann hast du schon einen großen Schritt Richtung „Besuch zu Hause ist kein Problem“ gemacht.

Besuch zu Hause

Wie du mit deinem Welpen bei Besuch zu Hause umgehst, hängt sehr davon ab, wer da zu Besuch kommt und vor allem wie dein Welpe gestrickt ist. Grundsätzlich gilt auch hier: Alles sollte ruhig und entspannt dabei sein, denn dann wird dein Welpe genau das damit auch verknüpfen. Er wird also wenig Grund haben, aus der Hose zu hüpfen, wenn jemand zu euch nach Hause kommt. Die Basis dafür ist das Klingel-Training, denn damit fängt es ja an. Wenn der Besuch dann hereinkommt, darf er den Welpen gerne begrüßen, sofern beide das möchten. Dazu bittest du deinen Besuch in die Hocke zu gehen und den Welpen an der Seite oder an der Brust zu streicheln, sofern der Welpe sich freiwillig annähert. Von oben am Kopf angefasst werden mögen die meisten Hunde nicht. Meistens geraten sie dabei in einen Konflikt, auf den dann auch eine entsprechende Konfliktreaktion folgt: Sie gehen weg, frieren ein oder fangen an zu fiddeln. Dass Welpen bei der Begrüßung fremder Menschen Droh- oder Aggressionsverhalten zeigen, ist selten. Aber es kommt vor. In diesen Fällen – du ahnst es schon – holst du dir bitte den Rat einer Verhaltensberaterin. Daran solltest du nicht alleine rumprobieren, sondern gleich die passenden Maßnahmen ergreifen, damit es nicht zu echten Problemen kommt.

Möchte dein Besuch den Welpen nicht begrüßen, dann ist das auch in Ordnung und frag nach, ob es in Ordnung ist, wenn der Welpe sich ihm trotzdem nähert. Ignoriert dein Besuch den Welpen, ist es sehr wahrscheinlich, dass sich dein Welpe nach kurzem Erkunden anderen, spannenderen Dingen zuwendet als einem Menschen, der sich nicht für ihn interessiert. Möchte dein Welpe den Besuch nicht begrüßen und sich ihm auch nicht nähern, so ist das völlig in Ordnung und du lässt ihn bitte einfach in Ruhe. Er kann sich alles aus der Entfernung anschauen, in der er sich wohl fühlt und wenn er sich wohl und sicher genug fühlt, wird er von alleine neugierig werden und schauen wollen, wer da ist. Wichtig ist dann, dass dein Besuch den Welpen in Ruhe lässt und auch nicht versucht, ihn zu streicheln. Schüchterne, eher ängstliche Welpen können sich davon bedroht fühlen und eine Konfliktreaktion zeigen. Das soll nicht passieren.

In manchen Fällen kann es sinnvoll sein, den Welpen bei Besuch zunächst anzuleinen. Insbesondere wenn Kinder zu Besuch kommen, ist das ratsam. Vor allem kleinere Kinder bekommen schnell Angst, wenn ein Welpe über sie „herfällt“ und da Welpen eben gern in alles hineinbeißen, machen sie dabei auch vor Kinderhänden, -beinen und Klamotten nicht halt.

Besuch ist eine tolle Möglichkeit, höfliches Verhalten ganz nebenbei zu verstärken. Das Markersignal solltest du dabei eher sparsam einsetzen und stattdessen eher direkt belohnen. Wir wollen bei Besuch keine Erwartungshaltung erzeugen und auch keine dauernde Interaktion mit dem Hund. Das ist der Unterschied zum Spiel, wo wir ja durchaus für erwünschtes Verhalten markern und erst dann die Belohnung folgt. Wenn wir spielen, ist das bereits eine Interaktion. Das Markersignal hebt diese Interaktion, das Gemeinsame, deutlicher hervor als eine ganz ruhig, nebenbei gereichte Futterbelohnung. Die Leckerchen, die du verwendest, sollten entsprechend auch nicht zu hochwertig sein. Normales Trockenfutter oder Hundekekse sind vollkommen ausreichend, es muss nichts Tolles wie Käse oder Wurst sein, denn auch dadurch steigt bei vielen Welpen das Erregungslevel an und sie möchten unbedingt an das Futter gelangen. Besuch soll, im Gegensatz zu Spiel, nichts Aufregendes sein. Also muss dein Umgang damit entsprechend aussehen.

Wann immer dein Welpe also Verhalten zeigt, das dir gut gefällt, kannst du ihn auf eine ganz ruhige Art und Weise belohnen. Du kannst beispielsweise in sanftem Tonfall sagen: „Suuuuper, machst du das.“ Dein Welpe soll nicht aufgekratzt werden dadurch, wie du das sagst. Wenn er liegt, dann kannst du ihm zusätzlich noch ein Leckerchen zwischen die Pfoten legen, sodass er nicht aufstehen muss, um daran zu gelangen. Alle ruhigen Verhaltensweisen, alles was zurückhaltend ist, kannst du so belohnen und dadurch fördern und festigen.

Ist dein Welpe sehr aufgedreht, kann es helfen, gemeinsam mit dem Besuch erst einmal hinaus in den Garten zu gehen oder eine kleine Erkundungstour draußen zu machen. Dadurch steht der Besuch nicht mehr so im Fokus deines Welpen, er kann sich mit anderen Dingen beschäftigen und die Wahrscheinlichkeit ist groß, dass er sich nach der Rückkehr ins Haus besser entspannen kann. Denk auch hier wieder daran: Dein Welpe macht nichts falsch, du darfst ihn nicht schimpfen und es ist auch völliger Käse ihn auf seine Decke schicken zu wollen und ihn jedes Mal zu „korrigieren“, wenn er sie verlässt. Das bringt nur Stress und Frust für alle Beteiligten und das wird sich auf künftige Besuche nachteilig auswirken. Auf die Entwicklung von Vertrauen und einer sicheren Bindung zu dir sowieso. Es ist deine Aufgabe als Bezugsperson, deinem Welpen mit bindungsfördernden Maßnahmen bei der Regulation seiner Gefühle zu helfen.

Die Welt entdecken

Nach Ende der Eingewöhnungsphase, wenn dein Welpe schon jede Menge guter Bindungserfahrungen mit dir machen durfte, seid ihr bereit dazu, gemeinsam die Welt zu entdecken. Das heißt nicht, dass ihr jetzt jeden Tag stundenlange Ausflüge machen sollt und es heißt schon gar nicht, dass ihr irgendeinen Sozialisierungs- und Gewöhnungsplan abarbeiten sollt. Bei allen Unternehmungen ist wichtig, dass dein Welpe nicht überfordert wird und dass der Stress, dem du ihn aussetzt, für ihn mit deiner Hilfe gut bewältigbar ist. Mäßiger und vor allem eben bewältigbarer Stress sorgt dafür, dass dein Welpe die Erfahrung machen kann, dass er Dingen nicht hilflos ausgeliefert ist, sondern dass er etwas schaffen kann und du immer für ihn da bist, wenn er dich braucht. Genau das ist es, was es braucht für die Entwicklung von Selbstwirksamkeit, Selbstbewusstsein und damit auch Resilienz und Gelassenheit im Alltag.

Wie lange darf ein Welpe spazieren gehen?

Es geistert immer noch die völlig sinnfreie Fünf-Minuten-Regel durch die Welpen-Welt. Die besagt, dass du mit deinem Welpen pro Lebensmonat nur fünf Minuten spazieren gehen darfst. Mit einem acht Wochen alten Welpen also zehn Minuten, mit einem zwölf Wochen alten Welpen entsprechend 15 Minuten. So eine pauschale Regel kann einem Individuum niemals gerecht werden. Unter Spazierengehen versteht man in der Regel, dass man läuft und der Hund kommt mit. Das ist etwas, was ich mit Welpen gar nicht mache. Das kommt später, wenn die Welt für den Hund kein einziges großes Wunder ist, das jede Menge Neues, Aufregendes, Herausforderndes oder sogar Gruseliges bereithält. Was wir tun, ist, gemeinsam in kleinen Schritten die Welt entdecken und dabei gibt der Welpe das Tempo vor. Wie lange wir uns draußen aufhalten, ob das nur fünf oder zehn Minuten oder eine, zwei oder sogar drei Stunden sind, hängt dabei von ganz vielen verschiedenen Faktoren ab:

- Wie ist das Wetter?

  Wenn es regnet oder kalt ist, müssen wir mit dem Welpen nicht eine halbe Stunde lang draußen rumturnen. Sein Welpenfell schützt ihn vor Witterungseinflüssen noch nicht und wenn es draußen eklig ist, seid ihr drinnen viel besser aufgehoben.

- Wie belebt ist die Umgebung, wie vielen Reizen ist dein Welpe dort ausgesetzt?

Als Faustregel gilt: Je mehr auf deinen Welpen in einer Umgebung einströmt, desto weniger lang solltest du dich dort aufhalten, weil die Gefahr der Überforderung besteht und du damit das Nervensystem deines Welpen auf „stressige, herausfordernde Umwelt" programmierst, was zu verstärkter Reizbarkeit und Reaktivität führen kann.

Wie viel aber zu viel ist und wann dein Welpe in die Überforderung gerät und der Stress dadurch nicht mehr bewältigbar für ihn ist, auch nicht mit deiner Unterstützung, das ist extrem individuell und auch tagesformabhängig. So kannst du mit einem unbedarften, draufgängerischen Welpen im Alter von neun oder zehn Wochen eventuell am Sonntag auf dem Marktplatz einer Kleinstadt problemlos eine kleine Erkundungstour unternehmen und eine Woche später wäre er damit überfordert, weil er gerade in eine Angstphase kommt. Für einen schüchternen, eher ängstlichen Welpen ist es aber vielleicht schon genug, auf einer großen Wiese in einem Park zu sitzen und sich von dort aus mit genügend Abstand das Treiben aus Spaziergängern, Radfahrern, Joggern, rennenden und schreienden Kindern und Leuten, die Ball spielen anzuschauen. Sinnvoll ist es also immer nach Stress- und Konfliktzeichen Ausschau zu halten, zu beobachten, wie sich dein Welpe verhält und entsprechend von einer belebteren in eine ruhigere Umgebung oder umgekehrt zu wechseln.

- Wann wird dein Welpe müde?

Wenn dein Welpe sich hinsetzt oder hinlegt und nicht mehr weitergehen möchte, dann ist die Wahrscheinlichkeit groß, dass er müde ist. Dieser Tatsache musst du Rechnung tragen, aber es gibt verschiedene Möglichkeiten, wie du das tun kannst. Ist das Wet-

Bei Ausflügen dient der Wagen nicht nur als mobile Sicherheitszone, sondern auch als Ruhezone, in der der Welpe schlafen kann.

ter schön und die Umgebung dafür geeignet, dann kannst du einfach draußen mit ihm eine Pause machen. Setz dich auf die Wiese oder eine Bank, biete ihm Körperkontakt an und schau, was passiert. Vielleicht möchte dein Welpe sich eine Weile ausruhen und im Sitzen oder Liegen die Umgebung beobachten? Vielleicht will er aber auch schlafen und er rollt sich auf deinem Schoß zusammen und macht ein Nickerchen.

Es spricht nichts dagegen, das auch draußen zu machen. Im Gegenteil: Es ist wunderbar, wenn dein Welpe lernen darf, dass draußen nicht immer Action und Halligalli ist, sondern man sich auch dort ganz wunderbar entspannen kann. Für diesen Zweck kannst du eine Decke für ihn einpacken, die du dann später auch mitnehmen kannst, wenn ihr irgendwo zu Besuch seid, längere Ausflüge mit Pausen macht usw. Es kann also gut sein, dass dein Welpe draußen für zehn bis zwanzig Minuten die Umgebung erkundet, ihr euch dann für eine Pause hinsetzt, er dabei einschläft und erst nach einer dreiviertel Stunde oder Stunde wieder aufwacht. Und schwupps, warst du mit dem Welpen schon eine gute Stunde draußen und hast dabei überhaupt nichts Falsches oder Schlechtes gemacht.

Nach der Pause kannst du schauen, ob dein Welpe wieder selbst laufen möchte, oder ob du ihn besser trägst bzw. er in seinen Wagen einsteigen möchte. Zwing ihn nicht dazu zu laufen. Wenn er müde ist, ist er müde und genauso wie du psychische Überforderung vermeiden sollst, gilt das natürlich auch für körperliche Überforderung. Ist das Wetter oder die Umgebung nicht für eine Pause geeignet, dann nimmst du Zwergnase direkt auf den Arm oder lässt ihn in seinen Wagen einsteigen und trägst bzw. schiebst ihn zurück nach Hause oder zum Auto, falls du mit ihm irgendwohin gefahren bist, und euer Ausflug ist beendet.

Entdecken macht müde. Gut, wenn man auch draußen so entspannt sein kann, dass ein Nickerchen auf dem Menschen gar kein Problem darstellt.

Autofahren

Für das Entdecken der Welt steht also früher oder später die nächste Autofahrt mit deinem Welpen auf dem Plan. Auch hier gilt wieder: Es sollte dafür kein Zeitdruck bestehen. Es sollte vollkommen egal sein, ob du überhaupt irgendwohin fahren kannst und auch, wie weit du kommst. Wenn dein Welpe gerade überhaupt nicht kann, super aufgeregt ist und großen Stress hat, dann ist es nicht sinnvoll, mit ihm irgendwohin fahren zu wollen. Dann verschiebst du dieses Vorhaben auf später am Tag oder um ein paar Tage. Pass einen Moment ab, wenn dein Welpe wohlig zufrieden und wieder ein klein bisschen müde ist. Dann bringst du ihn auf seinen Platz im Auto, sicherst ihn entsprechend und machst den Motor an. Wenn deinen Welpen das nicht weiter kratzt und er entspannt bleibt, dann spricht nichts dagegen, einfach mal loszufahren. Du musst dir auch gar nicht unbedingt ein Ziel suchen, zu dem ihr fahrt, sondern du kannst auch einfach nur ein bisschen in der Gegend rumfahren, mit dem Ziel, den Welpen an das Autofahren zu gewöhnen. Eine kleine Rundfahrt ohne Zwischenstopp, also mit Beginn und Ende zu Hause, hat den Vorteil, dass auf den Welpen am Ende der Fahrt garantiert etwas Positives wartet: Sein sicherer Ort, sein Zuhause. Fährst du mit deinem Welpen irgendwohin, dann stellst du für die ersten Fahrten sicher, dass dein Welpe bei der Ankunft an eurem Ziel nicht überfordert ist und schon gar keine Angst bekommt. Ruhige Ziele, wie Wald, Feld oder ruhige Nebenstraßen ohne viel Verkehr sind für den Anfang das Richtige.

Wie bereits im Kapitel „Tag der Übernahme" beschrieben, musst du unbedingt darauf achten, ob deinem Welpen beim Autofahren schlecht wird. Nicht alle Welpen übergeben sich gleich. Unruhe, Schmatzen, Hecheln und Speicheln können Zeichen dafür sein, dass deinem Welpen übel ist und dann solltest du die Fahrt sofort beenden. Es gibt Medikamente, die dem Hund gegen Reiseübelkeit gegeben werden können und das solltest du unbedingt tun, weil die Wahrscheinlichkeit groß ist, dass dein Hund schon sehr bald nicht mehr freiwillig ins Auto einsteigen wird. Wende dich in diesem Fall bitte an eine Tierärztin oder Verhaltensberaterin und verzichte vorerst auf weitere Fahrten, damit hier kein Problem entsteht.

Je nachdem, wo und wie du deinen Welpen transportierst, kann es sein, dass du es mit Frustration zu tun bekommst. Dazu als Beispiel, wie das mit Hermine war: Ich habe ja vorne bereits geschrieben, dass Hermine bei der ersten Fahrt notgedrungen angeleint auf dem Beifahrersitz untergebracht war und dass ich das dann bei den ersten paar Fahrten nach der Eingewöhnungsphase auch so beibehalten habe. Hermine war von Anfang an eine tiefenentspannte Mitfahrerin. Meistens hat sie sich direkt in ihrem

Nestchen auf dem Sitz zusammengerollt und geschlafen. Ihr war nicht schlecht, sie hatte null Stress, alles prima also. Als sie groß genug war, um nicht mehr durch die Streben der Autobox zu passen, habe ich sie auf den Beifahrersitz gestellt, und zwar so, dass die Tür zu mir ausgerichtet war, damit ich weiter nach dem Rechten schauen konnte. Denn nur weil sie bisher entspannt mitgefahren war, hieß das ja nicht, dass es so bleiben musste. Gerade was die Übelkeit betrifft. Ich habe Hermine also in die Box gesetzt, ihr ein Futterspielzeug mit hineingelegt, die Tür geschlossen und bin losgefahren. Das ging auch ein paar Minuten gut, bis Hermine festgestellt hat, dass sie *eingesperrt* ist und das ja wohl die größte Frechheit auf Erden sei. Sie hat gemeckert, gemault und sogar gebellt – wie sie das auch heute noch tut, wenn ihr was gegen den Strich geht. Und ich verrate jetzt schon: Beim Autofahren macht sie es nicht. Obwohl sie mittlerweile sogar in der Box im Kofferraum mitfährt. Was also war das Problem? Hätte ich die Box vorher auftrainieren sollen / müssen? Ich sage ganz klar: Nein! Im Auto ist eine Bewegungseinschränkung unumgänglich. Irgendwie muss ich den Hund sichern. Ob ich das nun in einer Box tue, in der sich der Hund frei bewegen kann, aber dafür in der Box selbst eingesperrt ist oder ob ich den Hund mit einem Gurt anschnalle, ist fast egal. Beides kann zu Frustreaktionen wegen Bewegungseinschränkung führen. Und niemand würde wohl auf die Idee kommen, das Angeschnalltwerden zu Hause auf dem Sofa zu üben. An der Körpersprache, der Art der Lautäußerungen und am Gesamtverhalten des Hundes lässt sich relativ leicht feststellen, ob der Hund wirklich Angst und Stress hat oder ob er es einfach doof findet, dass er in seiner Bewe-

Freiheitsberaubung! Hermine war anfangs überhaupt nicht damit einverstanden im Auto in der Box sitzen zu müssen.

Aber nach wenigen Fahrten hatte sie sich mit ihrem Schicksal abgefunden und ist bis heute ein tiefenentspannter Mitfahrer im Auto.

gungsfreiheit eingeschränkt wird und deshalb frustriert ist. Ist ersteres der Fall, gilt das Gleiche wie bei Übelkeit: Autofahrt sofort beenden und die Fachfrau kontaktieren. Bei Frust heißt es: Aushalten. Es ist in Ordnung, wenn der Welpe sich ärgert. Das Leben ist nicht immer so, wie man sich das vorstellt und gewisse Dinge müssen einfach sein. Was habe ich also gemacht? Ich habe Hermine gut zugeredet. Habe ihr erklärt, dass sie das schlimmste Leben von allen hat, dass sie der ärmste Hund der Welt ist. Ich habe die Fahrt kurz gehalten, wir sind ausgestiegen, haben eine kleine Erkundungstour in sicherer Umgebung gemacht und dann sind wir wieder heimgefahren. Wieder mit Beschwerden. Daheim angekommen, haben wir was Schönes im Garten gemacht. Bei der nächsten Fahrt das gleiche Prozedere. Ich habe Mine in die Box gesetzt, das Futterspielzeug – das ich dieses Mal mit etwas Besserem befüllt hatte – mit dazu gelegt und wir sind losgefahren. Zu Anfang gab es wieder Gemecker, dann hat sie aber das Futterspielzeug entdeckt und sich erst einmal damit befasst. Dass sie sich damit beschäftigen konnte, zeigt deutlich, dass es sich bei ihrem Verhalten nicht um Stress, der auf Angst oder Unwohlsein beruhte, gehandelt hat. Sie war einfach sauer. Aber mit dem Futterspielzeug war es dann nicht mehr ganz so ärgerlich. Und nach zwei, drei weiteren Fahrten, war das Thema dann auch erledigt und es war genau wie zuvor ohne Box: Sie hat sich ziemlich gleich nach dem Einsteigen eingerollt und geschlafen. So ist das bis heute. Hermine ist im Auto so entspannt, dass sie sich mitunter auf den Rücken dreht und so in ihrer Box schläft.

Entspannt mitfahren im Körbchen – kein Problem!.

Mitfahren in der Hundebox – zum Schreien!

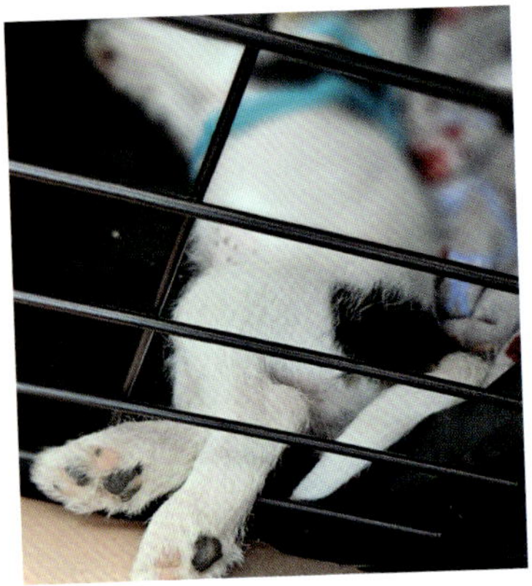

Geht doch.

Bei Maxi war es übrigens haargenau so wie bei Hermine: Autofahren auf dem Schoß in einem Körbchen (so haben wir die ersten Fahrten gemacht, weil wir jedes Mal mindestens zu zweit waren und sich einer von uns um den Welpen kümmern konnte) war überhaupt kein Problem. Kein Stress, keine Angst, keine Anzeichen für Übelkeit.

Video 21 – Entspanntes Autofahren

Die erste Fahrt in der Hundebox auf dem Beifahrersitz neben mir: Theater. Maxi hat die schrägsten Töne von sich gegeben – auch während sie mit dem Kauen diverser Kauartikel oder mit einem Futterspielzeug beschäftigt war.

Und auch bei Maxi hat sich die Frustration schnell gelegt und sie konnte bereits im Alter von 13 Wochen mit Hermine in der großen Box im Kofferraum mitfahren. Drei oder vier Fahrten hat sie noch in ihrer kleinen Box auf der Rückbank gemacht, die völlig problemlos waren und so stand dem Umzug in den Kofferraum nichts entgegen.

WICHTIG!

Die Frustration des Welpen auszuhalten ist ein wichtiger Lernschritt für dich und deinen Welpen. Bedürfnisgerecht heißt nicht, dass wir nur noch das tun, was dem Welpen gefällt. Es gibt Dinge, wie die Sicherung im Auto, bei der es keine Alternativen gibt. Nimm aber trotzdem Anteil an den Emotionen deines Welpen: Trösten in Form von gutem Zureden ist nicht nur erlaubt, sondern auch bindungsfördernd. Klar ist, dass wir immer ganz genau hinschauen müssen: Ist es etwas, was der Welpe selbst oder mit Unterstützung durch uns leicht bewältigen kann? Oder steckt mehr dahinter und wir müssen uns Gedanken machen, weil sonst gegebenenfalls die Entstehung eines Problems droht? Im Zweifelsfall gilt immer: Hol dir die Einschätzung einer Expertin.

Was einem draußen so begegnet

Was du immer dabei hast, wenn du mit deinem Welpen rausgehst, ist Futter: Nimm gerne normales Welpen-Trockenfutter und zusätzlich ein paar ganz besonders tolle Belohnungen, wie zum Beispiel einen Jack Potter gefüllt mit Leberwurst oder etwas ähnlich Schmackhaftem oder etwas größere Stücke Wurst oder Käse.

Das sind deine Geheimwaffen, falls dein Welpe draußen etwas findet, das er nicht haben soll. Und natürlich steckst du bitte auch Kotbeutel ein, um die Hinterlassenschaften deines Welpen aufzusammeln. Bei Welpen habe ich meistens die Drei-Meter-Leine am Geschirr, einfach deshalb, weil ich so viel besser eingreifen kann, falls es nötig ist. Sie muss deshalb, wie ganz vorne im Buch beschrieben, so leicht sein, dass sie deinen Welpen nicht stört oder behindert, wenn er sie hinter sich herzieht. Wenn es nötig ist, hältst du sie in der Hand, wann immer es möglich ist, lässt du sie fallen. Dein Welpe soll sich so oft wie möglich frei bewegen können. Ganz ohne Leine kann dein Welpe immer dann laufen, wenn du die Umgebung kennst und dir sicher bist, dass es keine Gefahrenstellen für den Welpen gibt. An manche Dinge denkt man gar nicht: So passen sehr kleine Welpen beispielsweise oft durch die Abstände von Brückengeländern, und da sie noch nicht über eine gute Körperbeherrschung und auch gar nicht über das Verständnis in Bezug auf die Gefährlichkeit verfügen, kann es hier wirklich zu brandgefährlichen Situationen kommen. Es ist also wichtig, sich ein paar Gedanken darüber zu machen, wo eine Leine unbedingt notwendig, wo sie sinnvoll und wo sie wirklich unnötig ist. Generell bin ich schon dafür, dass Welpen auch ganz ohne Leine laufen dürfen, weil es auch darum geht, dass du Vertrauen in deinen Hund bekommst, und das ist zu keiner Zeit leichter als im Welpenalter. Die Leine zum ersten Mal abzumachen, wenn der Hund sechs oder sieben Mona-

Selbstbefüllte Futterkruken sind eine wunderbare Alternative zur Leberwurst-Tube.

Freilauf sollte von Anfang an zum Alltag mit dem Welpen dazugehören. Flaches Wasser ohne Strömung stellt keine Gefahr für den Welpen dar.

te alt ist und mitten in der Jugendentwicklung steckt, ist sicherlich keine kluge Idee. Im Welpenalter bekommst du schnell die Aufmerksamkeit deines Welpen, der Radius ist anfangs meistens sehr überschaubar und so könnt ihr den Freilauf von Anfang an in euren Alltag integrieren.

In der großen weiten Welt wird dein Welpe immer wieder mit Dingen konfrontiert werden, die er zum allerersten Mal in seinem Leben sieht. Das Wichtigste ist, dass du ihm immer die Zeit gibst, die er braucht, sich mit diesen Dingen in seinem Tempo auseinanderzusetzen. Du begleitest ihn dabei, du bietest ihm Schutz und Sicherheit, aber lässt ihm die Freiheit neugierig zu sein und Erkundungsverhalten zu zeigen. Hier ist Fingerspitzengefühl gefragt, denn einerseits musst du deinen Welpen natürlich vor realen Gefahren bewahren, andererseits darfst du nicht überbehütend sein und deinen Welpen so in eine totale Abhängigkeit von dir drängen. Die Förderung seiner Selbstwirksamkeit, ihn dabei zu unterstützen, Situationen so weit wie möglich selbst zu bewältigen, ohne ihn dabei allein oder gar im Stich zu lassen, ist das Ziel.

Handle vorausschauend: Wähle die Orte, die du mit deinem Welpen aufsuchst, bewusst aus. Es sollte schon etwas los sein, aber eben nicht zu viel. Geh dorthin, wo ihr Platz habt auszuweichen und die Abstände so zu wählen, dass dein Welpe sich wohl und sicher fühlen kann. Geh nicht zu Uhrzeiten, an denen alle unterwegs sind, vor allem nicht zur Hundehalter-Rush-Hour (meistens in einem bestimmten Zeitfenster morgens, bevor alle zur Arbeit gehen, in der Zeit der Mittagspause und nach Feierabend). Wenn du dir dabei unsicher bist, ist es immer sinnvoll, dich einige Male von einer Verhaltensberaterin begleiten zu lassen, vor allem, wenn es dann auch um Kontakte zu fremden Hunden geht.

Was es da draußen doch für ulkige Gesellen gibt ...

Kontakte zu anderen Hunden

Im Kapitel Körpersprache habe ich bereits einiges dazu erklärt, worauf es zu achten gilt. Dein Welpe muss nicht von einem (fremden) Hund über den Haufen gerannt oder gar attackiert werden, um eine schlechte Erfahrung zu machen, die sich nachhaltig auf seine Meinung, was andere Hunde betrifft, auswirken kann. Es gibt keinen Welpenschutz. Auch dieses Märchen ist nicht totzukriegen und es passiert immer wieder, dass Neuhundehalterinnen ernsthaft schockiert sind, wenn ein fremder erwachsener Hund so überhaupt nicht nett zu ihrem Welpen ist. Dabei ist das völlig normal und keineswegs überraschend. Viele erwachsene Hunde möchten keinen Kontakt zu fremden Hunden und auf die oft distanzlose, wuselige Art, die Welpen an sich haben, schon gar nicht.

Video 22 –
Hundebegegnungen

Ideal ist es, wenn du deinem Welpen regelmäßig, also zwei bis drei Mal pro Woche Kontakt zu gut sozialisierten erwachsenen Hunden bieten kannst. Wenn du in deinem Freundes- und Bekanntenkreis niemanden findest, dann kannst du dich in den sozialen Medien umschauen, ob du dort jemanden in deiner Nähe findest, der einen freundlichen erwachsenen Hund hat und der selbst mit seinem Hund auch liebevoll und freundlich umgeht und Lust hat, sich mit euch zu treffen. Gut sozialisierte erwachsene Hunde sind das Beste, was einem Welpen passieren kann. Sie sind Vorbild und Sicherheitsfaktor zugleich, ein Welpe kann viel von ihnen lernen und mit einem großen Kumpel an der Seite, der die gleiche Sprache spricht, ist die Welt oft gleich ein bisschen weniger überwältigend.

Die ersten drei Hunde, die Maxi neben Mine kennengelernt hat, waren mir bekannte Hunde.

Zu erklären, wie du Kontakte zu fremden Hunden mit deinem Welpen gestalten sollst, ist leider gar nicht so einfach. Weil es einfach von so vielen Faktoren abhängt, ob es überhaupt sinnvoll ist, einen Kontakt zu einem bestimmten Hund zuzulassen. Ein paar grundlegende Dinge möchte ich dir an dieser Stelle aber mitgeben:

1. Geh mit deinem Welpen nicht in kleine, eingezäunte Freilaufflächen, in denen sich schon mehrere Hunde aufhalten und die dort wild herumrennen. Die Wahrscheinlichkeit ist groß, dass dein Welpe dort direkt aufs Korn genommen wird und die anderen Hunde ihn „bespielen" wollen. Der Stress in solchen Zonen ist oft immens, entsprechend verhalten sich die Hunde dort.

2. Größere Ansammlungen von Hunden auf kleiner Fläche solltest du generell meiden. In der Regel ist auch hier das Erregungslevel der Hunde sehr hoch und die Wahrscheinlichkeit, dass dein Welpe eine schlechte Erfahrung macht, steigt. Zudem sind an solchen Orten auch die Gerüche sehr intensiv, was alleine schon ausreichen kann, um deinen Welpen komplett zu überfordern.

3. Suche bevorzugt Kontakt zu einzelnen Hund-Mensch-Teams mit ein oder zwei Hunden, die auf dich einen ruhigen Eindruck machen. Frag die jeweiligen Halter, ob ihr Hund oder ihre Hunde grundsätzlich freundlich zu Welpen sind. Wenn die Antwort positiv ausfällt, dann kannst du Kontakt zulassen. Zwing deinen Welpen aber nicht zu den Hunden hin, sondern lass ihn frei entscheiden, ob er sich annähern möchte oder nicht.

4. Begleite Kontakte. Dein Welpe sollte niemals auf sich allein gestellt sein. Geh in die Hocke, rede mit den Hunden in einem ruhigen, freundlichen Tonfall und sorge so für eine entspannte Stimmung. Wenn dein Welpe Schutz bei dir sucht, dann gibst du ihm den natürlich. Wird der andere Hund zu aufdringlich, kannst du die andere Halterin bitten, ihren Hund zu sich zu nehmen oder du regelst die Situation einfach selbst, in dem du die Aufmerksamkeit des Hundes auf dich lenkst und deinem Welpen so eine Verschnaufpause verschaffst. Gerade in Begegnungssituationen ist der Wagen, den ich bereits erwähnt habe, wirklich von unschätzbarem Wert. Der Welpe kann sich selbstständig dorthin zurückziehen, sobald er sich in einer Situation unwohl fühlt.

5. Spiel oder das, was eventuell nur danach aussieht, musst du besonders gut beaufsichtigen. Je jünger und schüchterner dein Welpe ist, desto schneller wird es ihm zu viel und das Spiel wird zum Fiddeln, wenn es überhaupt je Spiel war. Oder dein

Hundebegegnungen sollen deinem Welpen keine Angst machen. Andere Hunde aus größerer Distanz vom Arm aus zu beobachten, kann eine sehr sinnvolle Maßnahme sein.

Welpe bekommt Angst und möchte sich verstecken oder er fühlt sich bedroht und wehrt sich. Nichts davon ist gut und es ist deine Aufgabe, deinen Welpen hier zu unterstützen. Greif ein, sorg dafür, dass die Hunde ihre Aufmerksamkeit auf etwas anderes richten und sieh zu, dass du die erhitzten Gemüter ruhig und besonnen abkühlst. Auf keinen Fall wirst du laut, hektisch oder gar aggressiv. Das heizt die Situation nur noch mehr auf und dein Welpe bekommt erst recht Angst.

6. Lass die Drei-Meter-Leine (ohne Ringe, ohne Schlaufen, etc.) an deinem Welpen dran. So kannst du einerseits verhindern, dass er einem anderen Hund hinterherläuft, wenn der genug vom Kontakt mit deinem Welpen hat und gehen möchte. Das ist das Erste, was dein Welpe im Kontakt mit anderen Hunden lernen soll: Wenn einer geht, dann laufen wir ihm nicht nach! Weggehen ist die freundlichste Art der Konfliktvermeidung und jeder Hund sollte lernen, das zu respektieren. Oft kommt es nur deshalb zu unschönen Situationen, weil einer geht, der andere nachläuft und der, der eigentlich wegwollte, dann keine andere Wahl mehr hat, als Droh- oder Aggressionsverhalten zu zeigen. Andererseits

Ist die mobile Sicherheitszone dabei, kann der Welpe sich selbst in Sicherheit bringen, wenn er es für notwendig hält. Das unterstützt die Handlungsfähigkeit und Selbstwirksamkeit, so dass der Welpe zum gelassenen erwachsenen Hund werden kann.

hast du auch bessere Einflussmöglichkeiten, sollte dein Welpe Angst bekommen und wegrennen wollen. Mit der Leine verhinderst du panisches Flüchten und kannst deinem Welpen schnell zur Seite springen, um ihm zu helfen.

7. Lass dir von anderen nicht einreden, dass „die das schon unter sich ausmachen", „der das auch mal lernen muss" oder was auch immer. Und hier geht es nicht nur um das Wohlbefinden und die Sicherheit deines Welpen, sondern auch die des anderen Hundes. Viele Hunde fühlen sich im Kontakt mit Welpen überhaupt nicht wohl und hier ist es deine Aufgabe, deinen Welpen wegzuholen und den anderen Hund zu retten.

Welpengruppen

Was Welpen nicht brauchen, sind Welpenstunden. Und schon gar keine schlechten Welpenstunden in denen Welpen aller Altersklassen, Größen und Temperamente wild umherrennen und dabei nur lernen, das andere Hunde Aufregung, Stress, mobben und gemobbt werden bedeuten. Mit dem Besuch einer schlechten Welpengruppe kannst du direkt dein Ticket für eine spätere Verhaltensberatung zur Problembehebung buchen. Natürlich gibt es mittlerweile auch Welpengruppen, in denen das anders läuft und in denen du und dein Welpe mit maximal drei anderen Mensch-Hund-Teams das kleine Einmaleins des Hundehalterinnen-Daseins lernt. Trotzdem sind Welpengruppen immer nur ein schlechter Kompromiss gegenüber der Einzelbetreuung durch eine kompetente Verhaltensberaterin. Jeder Welpe ist anders und auch wenn zwei Welpen gleich alt sind, sie der gleichen Rasse angehören, ja sogar, wenn sie Geschwister sind, entwickeln sie sich unterschiedlich schnell und haben wahrscheinlich auch einen ganz anderen Tagesrhythmus. Während der eine Welpe Samstag vormittags um 10:00 Uhr, wenn die Welpengruppe stattfindet, topfit und gut gelaunt ist, ist der andere vielleicht gerade müde und muss dringend schlafen. Und jeder Welpe wird ein anderes Leben leben. Während dein Welpe vielleicht mit dir und deinem Partner oder deiner Partnerin alleine lebt, soll ein anderer Welpe in einer Familie mit drei Kindern im Alter von drei bis acht Jahren leben, während wieder ein anderer bei einem Single lebt und schon bald jeden Tag mit ins Büro soll. All diese Faktoren sorgen dafür, dass eine wirklich passende Betreuung im Gruppenformat überhaupt nicht abzudecken ist. Deshalb lautet meine ganz klare Empfehlung dahingehend immer: Einzelbetreuung ist einer Welpengruppe in jedem Fall vorzuziehen.

Vielleicht fragst du dich jetzt, „Ok, aber was ist denn mit dem Spielen? Mein Welpe muss doch Kontakt zu anderen Welpen haben und mit denen spielen!" Die Antwort ist ganz banal: Nein. Welpen lernen beim Spiel mit fremden Welpen nichts, was sie nicht auch oder sogar viel besser von einem erwachsenen, gut sozialisierten Hund lernen könnten. Für mich persönlich ist die Begleitung von Spiel einander fremder Welpen (es ist ein riesiger Unterschied, ob es sich um Wurfgeschwister handelt, die sich schon aus dem Bauch kennen!) eine der anspruchsvollsten Aufgaben überhaupt. Dafür muss man ein gutes Auge haben, sich mit Hundeverhalten gut auskennen und auch wissen, wie man angemessen eingreift und die Welpen passend unterstützt. Dass meistens Menschen, die Welpengruppen betreuen, die selbst noch gar nicht wirklich Erfahrung, geschweige denn eine entsprechende Ausbildung haben, weil „Welpen ja ganz einfach sind, geht ja nicht um Problemverhalten", macht es natürlich ganz und gar nicht besser. Also nein, dein Welpe muss nicht mit anderen Welpen spielen, um später zu einem gut sozialisierten, gelassenen Hund zu werden. Dein Welpe braucht gute Kontakte zu gut sozialisierten Hunden, von denen er, mit Unterstützung deinerseits, angemessenes Sozialverhalten lernen kann.

Auszug aus dem Tagebuch, 23.04.2020, Hermine ist 13 Wochen alt

Heute war ein mordsaufregender Tag für die Minette. Welpenstunde! Einer glücklichen Fügung ist es zu verdanken, dass eine meiner Kundinnen seit zwei Wochen ebenfalls einen Welpen hat. Effi ist passenderweise ein Cairn Terrier und drei Wochen jünger als Mine. Die beiden haben sich heute kennengelernt, durften unter unseren äußerst wachsamen Augen spielen und haben immer wieder die Erfahrung gemacht, dass man auch was anderes machen kann als aufeinander rumzukauen. Nämlich nebeneinander hergehen, schnuppern, mit den Menschen was machen, Leckerchen abstauben und all sowas.

Eine Welpenspielstunde würde ich auch in Nicht-Corona-Zeiten nicht besuchen.

Gerade bei Welpen ist es so wichtig, WAS sie in Zusammenhang mit anderen Hunden in diesem jungen Alter lernen. Da muss sehr viel gesteuert werden und einfach mal sechs bis zehn Welpen aufeinander loslassen, damit die „schön spielen" können, ist die beste Garantie dafür, dass ich in der Verhaltensberatung mit sogenannten Problemhunden nicht arbeitslos werde …

Auch mit Maxi habe ich entsprechend keine Welpengruppe besucht. Stattdessen haben wir in den ersten vier Wochen gezielt Treffen mit uns bekannten Menschen und deren Hunden arrangiert. Sowohl Besuche bei uns zuhause als auch gemeinsame Spaziergänge draußen. Den ersten Ausflug in ein Gebiet, wo viele freilaufende Hunde unterwegs sind, haben wir gemacht, als Maxi 12 Wochen alt war. Von Anfang an hatten wir immer ihren Wagen dabei, den sie sofort als mobile Sicherheitszone erkannt und genutzt hat, wann immer sie müde wurde oder sie etwas verunsichert hat.

Hermine und Effi. Beide sind heute noch die dicksten Freundinnen.

Abwenden als Standardverhalten

Zum angemessenen Sozialverhalten gehört, dass dein Hund andere Hunde nicht anstarrt. Erinnere dich an das, was im Kapitel Körpersprache unter „Freundlicher Begrüßung" geschrieben steht: Kein durchgehender Blickkontakt, sondern hinschauen und wieder wegschauen, idealerweise auch am Wegrand schnuppern. Dieses Verhalten solltest du von klein auf fördern und belohnen, wo es nur geht, denn egal worum es geht, ob es sich um Hundebegegnungen, Begegnungen mit Menschen oder Jagdverhalten handelt, dass dein Hund sich von allen möglichen Dingen abwenden kann, ist die Grundlage für alles weitere.

Wann immer dein Welpe also etwas beobachtet sich dann von selbst davon abwendet, sagst du „gut!" und belohnst ihn mit einem Leckerchen. Dein Welpe muss dich dabei nicht anschauen. Es geht um das freiwillige Unterbrechen des Blickkontaktes. Damit schlägst du mehrere Fliegen mit einer Klappe:

1. Du kannst dir sicher sein, dass dein Welpe genügend Zeit hatte, sich mit dem Reiz (Hund, Katze, Mensch, Fahrrad, Mülltonne, Plastiktüte auf dem Boden, Pferdeäpfel, etc.) auseinanderzusetzen. Vor allem, wenn es sich um etwas handelt, was deinem Welpen unheimlich ist oder bei dem er gerade herausfinden will, ob es gefährlich ist oder nicht, ist das sehr wichtig. Ist es etwas, was ihn interessiert, so störst du ihn dabei nicht, was sich positiv auf die Bedürfnisbefriedigung und entsprechend auf die Frustrationstoleranz, aber auch die Selbstwirksamkeit deines Welpen auswirkt.

2. Das selbstständige Abwenden ist Surfen der Erregungswelle im Mini-Format. Immer, wenn dein Hund sich für etwas interessiert, egal ob er es einfach nur spannend findet, ob er unbedingt hinmöchte oder ob er noch nicht recht weiß, wie er es einschätzen soll, geht die Erregung ein wenig nach oben. Hat er fertig geschaut, ist die Erregung wieder gesunken. Wenn dein Welpe sich selbstständig abwenden kann, dann ist seine Erregungslage also auf jeden Fall moderat. Das bedeutet, dass du mit dem Abwenden auch diese Erregungslage mit verstärkst. Sprichst du deinen Hund an, wenn er noch sehr aufgeregt ist, er reagiert darauf und du belohnst ihn, belohnst du auch gleichzeitig die hohe Erregungslage mit. Sprich, dein Hund wird langfristig gesehen schneller und länger in hoher Erregungslage unterwegs sein, als wenn du gut darauf achtest, bevorzugt dann zu belohnen, wenn dein Hund erwünschtes Verhalten selbstständig und in relativ entspannter Stimmung zeigt.

Video 23 –
Co-Regulation:
Maxi und die Kühe

3. Du gibst deinem Welpen die Möglichkeit zur Selbstbestimmung und förderst so ganz nebenbei seine Impulskontrolle und Selbstwirksamkeit. Drei wichtige Faktoren für einen gelassenen und resilienten Hund.

Nimm Anteil, wenn dein Welpe sich etwas anschaut! Geh zu ihm in die Hocke, sprich in ruhigem Tonfall mit ihm und biete ihm Körperkontakt, falls er das möchte, aber lenk ihn nicht ab. Wenn dein Welpe sich über irgendetwas sehr aufregt, sorgst du durch Co-Regulation und soziale Unterstützung dafür, dass er sich wieder beruhigen kann. Im Zweifelsfall nimmst du ihn auf den Arm, bietest ihm Schutz zwischen deinen Beinen oder lässt ihn in seinen Wagen hüpfen.

Fressbares liegen lassen

Dass Welpen alles mit der Schnauze erkunden, kann draußen ziemlich anstrengend werden, wenn du dich in einer Umgebung bewegst, in der viel Dreck auf dem Boden liegt, den dein Welpe nicht nehmen soll. Da wir belohnungsbasiert trainieren, ist es deshalb wichtig, dass du dir für den Anfang ein Umfeld suchst, indem du deinem Welpen nicht alle paar Meter etwas aus der Schnauze nehmen musst. Sonst ist vorprogrammiert, dass ihr ein Thema damit bekommen werdet. In den allermeisten Fällen ist es aber ja so, dass das, was da rumliegt, aus unserer Sicht einfach eklig, aber nicht wirklich gefährlich ist. Deshalb gibt es keinen Grund, hektisch zu deinem Welpen zu rennen und ihm beispielsweise ein Taschentuch entwinden zu wollen, das er gefunden hat. Eklig, ja, gefährlich, nein. Entsprechend gilt draußen genau das Gleiche wie drinnen: Du freust dich mit „Oooooh, was hast du denn da Tolles!" riesig darüber, dass dein Welpe etwas gefunden hat, gehst zu ihm und forderst ihn mit ausgestreckter Hand und „Zeig's mir!" auf, es auszuspucken. Meistens funktioniert das problemlos. Wenn es nicht funktioniert, kommt deine Geheimwaffe zum Einsatz: Zieh die Superbelohnungen aus der Tasche und halte sie deinem Welpen vor die Nase. Ich kenne keinen Welpen, der dann nicht ausspuckt, was er gerade in der Schnauze hat. Lock ihn mit der Superbelohnung ein bisschen weg von dem, was er gerade ausgespuckt hat, sodass er es sich nicht gleich wieder schnappen kann, wenn er die „Bestechung" angenommen und gefressen hat. Sonst kommt ihr in eine sehr dumme und kontraproduktive Schleife. Und jetzt nutzt du die Gelegenheit zum Üben des selbstständigen Abwendens: Dein Welpe darf den Gegenstand anschauen und du stellst durch das Festhalten der Leine sicher, dass er nicht drankommt. Dann wartest du einfach ab, bis dein Welpe sich abwendet, markerst dieses Verhalten mit „gut!" und gibst ihm dann eine normale Belohnung so, dass er weiter abgewandt von dem Ding ist. Du kannst das Leckerchen sogar ein bisschen wegrollen oder werfen, sodass dein Welpe es sich schnappen kann. Gerade das Werfen oder Rollen des Leckerchens auf den Boden ist dabei entscheidend! Alles, was von dir kommt, darf aufgehoben werden, alles, was nicht von dir kommt, bleibt liegen. Oft hört man, dass man dem Hund nie Futter auf den Boden werfen soll, weil er sonst alles aufsammeln würde, was er findet. Das Gegenteil ist der Fall! Hunde sind dafür gemacht, Fressbares auf dem Boden zu finden. Das tun sie seit Tausenden von Jahren! Wir befriedigen entsprechend ein grundlegendes Bedürfnis, das alle Hunde teilen und lenken es von Anfang an in geordnete Bahnen. Wir trainieren aktiv daran, Fundstücke anzuzeigen, liegen zu lassen und einfach daran vorbeizugehen. Und der passende Verstärker ist, stattdessen etwas Erlaubtes vom Boden aufheben zu dürfen.

Video 24 – Fressbares liegen lassen

Mit dem Fundstück kannst du mehrmals Hinschauen → Wegschauen üben und so das Abwenden in kurzer Folge mehrmals verstärken. Nach fünf bis zehn Wiederholungen sagst du nach dem Abwenden „Weiter!" und lockst deinen Welpen entweder mit einem Leckerchen in der Hand an dem Fundstück vorbei oder du rollst es so daran vorbei, dass dein Welpe es sicher verfolgt und nicht doch noch einen Abstecher macht. Diese Übung baust du mit der Zeit immer weiter aus. Die Wiederholungen von Hinschauen → Wegschauen werden immer weniger häufig, je leichter es deinem Welpen fällt, das Signal „Weiter!“ kommt entsprechend immer früher. Aber immer erst nachdem dein Welpe sich selbstständig abgewendet hat. Der Ablauf im Überblick:

Hund schaut zum Fundstück, gesichert mit der Leine → Hund wendet sich ab → „Gut!“ → Belohnung weg vom Fundstück (→ mehrere Wiederholungen Hinschauen → Wegschauen) → Signal „Weiter!“ → mit Futter am Fundstück vorbei lotsen

Nutze jede Übungsgelegenheit, die sich euch sowieso bietet. Es ist nicht notwendig, extra Übungen zu machen, indem du eine Strecke präparierst (da ist dein Geruch an den Sachen, die du auslegst) oder präparieren lässt. Der Alltag bietet euch genügend Möglichkeiten zum Üben, da kannst du dir sicher sein. Und falls du dich jetzt fragst: „Und wann lasse ich das Leckerchen weg, um meinen Welpen an dem Fundstück vorbeizulotsen?“ Gar nicht. Das kommt später, wenn dein Welpe ein Junghund ist und auch da erst einmal nur sporadisch. Dinge, vor allem fressbare Dinge, draußen liegen zu lassen ist ein so so so wichtiges Verhalten, das muss eine massive Verstärkungsgeschichte bekommen. Es geht ja schließlich um nichts weniger als das Leben deines Hundes! Wenn das problemlos klappt, musst du dir nämlich niemals Sorgen machen, dass dein Hund Opfer eines Giftköders wird.

Auszug aus dem Tagebuch

Gestern beim Gassi hat Hermine etwas sehr Schmackhaftes entdeckt. Pferdeäpfel! Pferdeäpfel sind super, weil man an denen (zumindest bei den meisten Hunderassen, Hunde mit MDR1-Gendefekt [13] sind die große Ausnahme) sehr gefahrlos trainieren kann.

Ich lasse die Maus erst mal erkunden und markere und belohne dann einfach alles, was gut ist.

Video 25 – Hermine und die Pferdeäpfel

13 Hunde die unter diesem Gendefekt leiden, zeigen eine gesteigerte Empfindlichkeit gegenüber bestimmten Arzneimitteln (z. B. bestimmte Antiparasitika, Zytostatika oder Beruhigungsmittel wie Acepromacin). Bei diesen Hunden kann die Aufnahme dieser Stoffe zu schweren Hirn- und Nervenschäden bis hin zum Tod führen. Am häufigsten betroffen sind Kurz- und Langhaar-Collies, langhaarige Whippets, aber auch Australian Shepherds und Shelties (Shetland Sheepdog). Weitere Rassen sind ebenfalls betroffen, wenn auch weniger stark. Ob der Gendefekt vorliegt, kann durch einen entsprechenden Gentest festgestellt werden und ist aus meiner Sicht für die betroffenen Rassen obligatorisch, weil z. B. bei Narkoseeinleitungen in jedem Fall darauf geachtet werden muss.

Vor allem Abwenden und dann später auch das nicht mehr dran gehen. Die zweite Sequenz ist auf dem gleichen Spaziergang, am Ende der Strecke. Schaut euch den Fortschritt an! Es geht *so* schnell.

Heute haben wir wieder welche gefunden. Sie ist hin, hat geschnuppert und sich dann dran erinnert, was passiert, wenn sie sie nicht nimmt: Es gibt Leberwurst! So üben wir das an allen Dingen, die sie findet. Das sorgt für Sicherheit, auch vor allem in Bezug auf Giftköder.

Kontakt zu (fremden) Menschen

Wenn du dich mit deinem Welpen in der freien Wildbahn bewegst, dann bleibt es nicht aus, dass Menschen auf euch aufmerksam werden, dich ansprechen und vielleicht auch deinen Welpen streicheln wollen. Auch wenn du dem Ganzen vielleicht nichts abgewinnen kannst, für deinen Welpen sind solche Situationen großartige Lerngelegenheiten.

Er kann die Erfahrung machen, dass fremde Menschen nichts sind, worüber man sich Sorgen machen muss und wie man sich in unserer Welt „anständig" benimmt. Entsprechend solltest du deinen Welpen wieder mit der Drei-Meter-Leine sichern, damit er niemanden anspringt. Im Kontakt zu (fremden) Menschen kannst du jedes Verhalten mit „gut!" markern, das du dir auch später von deinem Junghund und erwachsenen Hund wünschst: Alle vier Pfoten auf dem Boden lassen, abwenden vom Menschen, weggehen, zu dir kommen. Die Belohnung gibt es dabei immer bei dir, denn damit wird für deinen Welpen noch klarer, dass es sich lohnt, sich dir zuzuwenden.

Ich vermeide es, Welpen von anderen Menschen füttern zu lassen. Einerseits soll mein Hund gar nicht erst lernen, dass Menschen, die wir draußen treffen, eine Quelle für Nahrung darstellen, die es sich auszukundschaften lohnt. Andererseits geraten schüchterne Welpen so oft in einen Konflikt, der dann wiederum eine Konfliktreaktion (fiddle, fight, flight, freeze) auslösen kann. Sie möchten gerne das Leckerchen haben, fühlen sich bei der Annäherung aber eigentlich nicht wohl und müssen auch damit rechnen, dass der Mensch sie anfasst, während sie sich das Leckerchen schnappen. Das muss nicht sein und deshalb ist es besser, die Belohnung kommt in diesen Situationen immer von dir und sie geht auch immer weg von dem Menschen.

Orientierung an dir und Rückruf

Mit all dem, was du bisher gelesen hast, sorgst du schon sehr gut dafür, dass dein Welpe sich an dir orientiert. Wann immer er sich dir zuwendet, solltest du ihm Aufmerksamkeit schenken. Du kannst dazu dein Markersignal „gut!" und Leckerchen benutzen, aber das ist natürlich bei Weitem nicht das einzig Wahre. Ehrliche Freude, freundlich schauen, deinem Welpen liebe Worte sagen, in die Hocke gehen, ihn in Empfang nehmen, ein kleines Spiel mit ihm starten oder herumalbern – es gibt so viele Möglichkeiten, wie du deinem Welpen zeigen kannst, dass du ihn gern bei dir hast. Er wird auf diese Verhaltensweisen reagieren und sich gerne an dir orientieren. Dass du ihm immer Schutz bietest, wenn er ihn braucht, dass du verlässlich für ihn da bist, tut sein Übriges, damit sich eine sichere Bindung zwischen euch entwickeln kann. Du wirst zum sicheren Hafen für deinen Hund, von dem aus er sich traut, Erkundungsverhalten zu zeigen und zu dem er immer wieder gerne zurückkommt.

Da die meisten Welpen einen vergleichsweise kleinen Radius haben, ist die Welpenzeit auch unbedingt die Zeit, in der du ein Rückrufsignal aufbaust.

Gutes, belohnungsbasiertes Rückruftraining findet dann statt, wenn

- dein Welpe sich in einem Radius aufhält, den du gut findest; ideal sind fünf bis fünfzehn Meter
- er sowieso schon mit einem Öhrchen bei dir ist
- er Lust hat, etwas mit dir zu machen
- du ihn dadurch nicht beim Erkunden störst oder unterbrichst
- er mit moderatem Erregungslevel in gemütlichem Tempo unterwegs ist
- er sowieso freudig auf dich zuläuft oder zurennt.

Beim Rückruf arbeite ich mit zwei Signalen: Eines für das Umkehren zu dir bzw. das Abwenden von der Umwelt und ein zweites, das für deinen Welpen die Bedeutung bekommen soll „Lauf auf mich zu, so schnell du nur kannst und lass alles andere links liegen!". Ich nutze dafür von Beginn an eine Pfeife, weil ich möchte, dass du dir darüber bewusst bist, dass du gerade etwas sehr Wichtiges trainierst.

Wenn du für deinen Rückruf deine Stimme benutzt, dann ist es wahrscheinlich, dass du das relativ unbewusst tust und auch dann nach deinem Hund rufst, wenn die oben aufgeführten Punkte nicht zutreffen. Also wenn ein Welpe weiter weg ist, wenn er besonders beschäftigt mit irgendetwas ist, er sehr aufgeregt ist oder gerade von dir weg läuft. Wenn du deinen Welpen jetzt rufst ist es a) fraglich, ob er überhaupt kommt, sprich, er lernt nicht auf das Signal zu reagieren und b), wenn er kommt, dann lernt er, dass genau die Verhaltensweisen, die er gerade gezeigt hat, es sind, die sich lohnen. Er wird also künftig weiter von dir weggehen, er wird sich intensiver mit der Umwelt auseinandersetzen, im Ganzen aufgeregter sein und öfter von dir weglaufen. Du erziehst deinen Hund auf diese Weise dazu, sich genau gegenteilig zu dem zu verhalten, was du eigentlich haben möchtest. Das ist einer der größten Fallstricke im belohnungsbasierten Training! Du bekommst, was du belohnst und da sich im belohnungsbasierten Training jedes Signal für den Hund rentiert und der Rückruf im Besonderen, weil wir den gerne seiner Wichtigkeit entsprechend sehr hochwertig belohnen, musst du dir darüber im Klaren sein, was du da tust!

Ich nutze für das Abwenden und Umkehren einen langgezogenen Pfiff. Die ersten zwei, drei Male steht der Welpe dabei in meiner unmittelbaren Nähe. Deshalb ist es wichtig, so in die Pfeife zu pusten, dass dein Welpe sich nicht erschreckt und ihm das Trommelfell platzt. Also bitte nicht volles Rohr reinblasen, sondern mit Bedacht. Dein Welpe wird auf das Geräusch reagieren (sofern er nicht taub ist) und du musst nichts weiter tun, als dich riesig zu freuen und ihm eine tolle Super-Belohnung zu geben. Das können besonders tolle Leckerchen sein und bitte auf jeden Fall nicht nur eins, sondern vier, fünf Stück nacheinander. Das kann der mit Leberwurstquark gefüllte Jack Potter sein oder du startest ein Spiel mit deinem Welpen. Es ist völlig egal, was es ist, dein Welpe muss es toll finden! Ich kombiniere meistens mehrere Sachen: Erste juble ich, dann streue ich mehrere kleine Leckerchen, die der Welpe vom Boden aufsammeln darf und danach gibt es noch eine Schleckbelohnung aus dem Jack Potter.

Den Umkehrpfiff kannst du bei euren Draußen-Aufenthalten mehrfach üben, aber denk an die Kriterien:

- Dein Welpe ist fünf bis maximal fünfzehn Meter von dir entfernt.
- Er schaut dich nicht an, ist aber nicht in irgendetwas vertieft.
- Er ist entspannt und steht entweder oder er bewegt sich locker und in moderatem Tempo.

Video 26 – Rückruftraining

Der Ablauf sieht folgendermaßen aus:

Langer Umkehrpfiff „Tüüüüüüüüüüüt!" → Welpe wendet sich dir zu → (Markersignal „Gut!") Freuen & Jubeln → Super-Belohnung

Das Markersignal ist bei diesem Aufbau nicht unbedingt notwendig, weil du sofort beginnst dich zu freuen und zu jubeln, wenn dein Welpe auf dich reagiert. Danach oder währenddessen greifst du in die Tasche und holst die Belohnungen heraus, die du deinem Welpen geben möchtest.

Je nachdem, wie weit dein Welpe von dir weg ist, kannst du direkt das zweite Signal, dahintersetzen, das deinem Welpen sagt „So schnell wie möglich ohne Umwege zu mir!". Das ist sinnvoll, wenn dein Welpe ein paar Meter laufen muss, um zu dir zu gelangen. Ich nutze dazu kurze Pfiffe hintereinander in Dreierblöcken:

Tüt-tüt-tüt – tüt-tüt-tüt – tüt-tüt-tüt. Dieses Signal kannst du ab sofort immer geben, wenn dein Welpe eh schon auf dich zuläuft. Und wenn du den Umkehrpfiff gemacht hast, dann ist es wahrscheinlich, dass dein Welpe sofort damit anfängt, zu dir zu laufen.

Die ganze Kette sieht dann so aus:

Langer Umkehrpfiff „Tüüüüüüüüüüüüt!" → Welpe wendet sich dir zu, läuft los → Anfeuerungspfiffe tüt-tüt-tüt – tüt-tüt-tüt – tüt-tüt-tüt bis er bei dir ankommt → (Markersignal „Gut!") Freuen & Jubeln → Super-Belohnung

Die Anfeuerungspfiffe kannst du auch unabhängig vom Umorientierungssignal üben: Immer dann, wenn dein Welpe sowieso auf dich zuläuft.

Die Pfiffe solltest du regelmäßig üben, vier bis fünf Mal die Woche sollte es mindestens sein. Je weniger Ablenkung beim Üben herrscht und je zuverlässiger und schneller dein Welpe darauf reagieren kann, umso besser ist dein Training. Mach bitte nicht den Fehler, an „steigender Ablenkung" trainieren zu wollen. Du machst es deinem Welpen damit immer schwerer, er braucht immer mehr Impulskontrolle, um sich von etwas abzuwenden, was ihn interessiert und du nimmst ihm die Zeit, die er braucht, sich mit Umweltreizen auseinanderzusetzen, um diese als ungefährlich oder nicht relevant einzustufen. All das ist komplett kontraproduktiv. Wenn du wie beschrieben übst und pro Woche mehrmals den Umkehrpfiff machst und ebenso oft daran denkst, die kurzen Pfiffe zu geben, wenn dein Welpe sowieso auf dich zuläuft, dann wird dein Hund später auch dann auf dein Rückrufsignal reagieren, wenn es wirklich nötig ist.

Leinenführigkeit

Ich habe es weiter vorne im Kapitel „Eingewöhnungsphase" schon erklärt, dass du dich um das Training der Leinenführigkeit bei deinem Welpen nicht wirklich kümmern musst. Alles, was wir tun, zielt darauf ab, dass aus ihm ein gelassener Hund werden wird, und deshalb wirst du niemals das Problem bekommen, dass er wie bekloppt in der Leine hängt und dich hinter sich herschleift. Und selbst wenn das situationsbezogen einmal passieren sollte, dann ist es kein Problem mit der Leinenführigkeit, sondern ein Problem mit der Aufregung. Und dann setzt du natürlich nicht bei der Leinenführigkeit an, sondern an der Ursache dafür, dass dein Hund gerade so aufgeregt ist.

Es spricht natürlich nichts dagegen, dass du deinen Welpen auch an der Leine für erwünschtes Verhalten belohnst. Aber du wirst merken, dass sich das mit dem Welpen schwieriger gestaltet als gedacht. Du sollst mit deinem Welpen ja noch nicht spazieren gehen, ihr sollt erkunden. Ein Welpe läuft einfach nicht wie ein Junghund oder ein erwachsener Hund durch die Gegend. Genauso wenig, wie sich ein Dreijähriger bewegt wie ein Teenager oder ein Erwachsener.

Leinenführigkeit bedeutet, dass die Leine locker ist und dass der Hund sich selbst korrigiert, also wieder langsamer wird, sobald er ans Leinenende gerät und Spannung auf die Leine kommt. Bei einem Welpen sollte das nie Priorität haben, weil das Erkunden und Neugierverhalten viel wichtiger ist und Welpen sich normalerweise noch gar nicht darüber bewusst sind, dass sie sich wegen der Leine unserem Tempo anpassen sollen. Sie empfinden die Leine höchstens als etwas Störendes, als eine Einschränkung und versuchen sich dieser zu entledigen, indem sie beispielsweise hineinbeißen, wenn sie auf Spannung geht. Entsprechend ist es viel sinnvoller, mit dem Welpen erst einmal zu üben, mit dieser Einschränkung zurechtzukommen. Und da du belohnungsbasiert trainieren möchtest, lässt du es gar nicht erst so weit kommen. Lauf deinem Welpen einfach nach, wohin er möchte. Wenn du ihn stoppen musst, dann sagst du ihm „Warte!", stoppst ihn mit der Leine und gibst ihm sofort ein Leckerchen. So lernt er die Einschränkung zu akzeptieren und du kannst verhindern, dass er sich ärgert. Irgendwann wirst du deinen Welpen nach dem „Warte!" gar nicht mehr mit der Leine stoppen müssen, weil er in Erwartung eines Leckerchens schon von alleine stehen bleiben wird. Das wiederum kannst du dann mit deinem „Gut!" markern und ihn belohnen. So baust du dir völlig nebenbei ein Stopp-Signal auf.

Um die Leinenführigkeit kannst du dich später kümmern, wenn dein Welpe kein Welpe mehr ist, sondern ein Junghund, für den die Welt nicht mehr ganz so spannend ist und der sich schon deutlich koordinierter in ihr bewegt, als dein Hundekind das kann. Wenn es denn überhaupt notwendig wird, an der Leinenführigkeit überhaupt zu trainieren, denn du schaffst ja bereits die besten Voraussetzungen für einen entspannten und gelassenen Hund.

Zum Schluss

Die Welpenzeit ist kurz. Kaum vier, fünf Monate auf der Welt und schon ist der süße, tapsige Welpe kein Welpe mehr, sondern ein Junghund, dessen Radius größer wird und dessen Entwicklungen neue Herausforderungen für ihn und uns als Bezugsperson mit sich bringen. Wenn du deinen Welpen früh bekommst, dann handelt es sich insgesamt also um maximal acht bis zehn Wochen, in der dein Welpe wirklich ein Welpe ist. Und diese Zeit gilt es zu nutzen. Nicht für möglichst viel „Sozialisierung“, wie man es in den letzten zehn, fünfzehn Jahren betrieben hat. Mehr ist nicht besser. Im Gegenteil: Schäden sind bei einem Welpen schnell angerichtet, manche davon – wie ein auf Alarm gepoltes Nervensystem – sind nicht mehr vollständig zu beheben, wenn sie erst einmal angerichtet sind. Und auch wenn durch späteres Training viel erreicht werden kann, vorbeugen ist immer besser als heilen, denn auch nach einer „Heilung“ bleiben oft Narben zurück.

Was Welpen brauchen, sind unzählige gute Bindungserfahrungen mit ihren Menschen. Sie brauchen jemanden, der sich einfühlsam und liebevoll der Begleitung dieses kleinen, schutzbedürftigen Wesens annimmt, ohne durch dessen Erwartungshaltung und Ansprüche unter Druck gesetzt zu werden. Entwicklung braucht Zeit. Der Aufbau von Vertrauen und einer sicheren Bindung braucht ebenfalls Zeit. Und es liegt in deiner Hand, wie du diese Zeit mit deinem Welpen verbringen willst. Darauf zu vertrauen, dass weniger mehr ist, das ist die Basis für einen Hund, der später gelassen durchs Leben geht und sich im Zweifelsfall vertrauensvoll an dich wendet und sich an dir orientiert.

Ich wünsche dir und deinem Welpen wunderschöne erste Wochen für einen guten Start in den Rest eures gemeinsamen Lebens.

Sie sind nur einmal klein. Genieß die Zeit mit deinem Welpen.

Über die Autorin

Maria Rehberger arbeitet seit 2006 als Hundetrainerin und Verhaltensberaterin, ist Autorin mehrerer Fachbücher rund um den Hund, Fachkraft für Stressmanagement, Trauerbegleiterin für Menschen, die ein Haustier verloren haben, Psychologische Beraterin und Personal Coach. Sie ist Expertin für die Arbeit mit Menschen, deren Hunde Problemverhalten zeigen. Ihr Schwerpunkt liegt dabei auf Hundebegegnungen, vor allem auch dem erfolgreichen Bewältigen von Direktkontakten. Bindungs- und bedürfnisorientierter Umgang und belohnungsbasiertes Training sind die Grundlage ihres Tuns. Ihre langjährige Erfahrung gibt sie seit einigen Jahren sowohl online als auch bei Präsenzveranstaltungen an Berufskolleginnen weiter. Mit ihrem Partner und ihren beiden Parson Russell Terriern Hermine (geboren 2020) und Maxi (geboren 2024) lebt sie in der Nähe von München.

Serviceteil:

Buchtipps:

Emotionen bei Hunden sehen lernen, Krauß und Maue
Blutabnahme beim Hund, Johnen

Wachstumskurven und tierärztliche Ernährungsberatung:

www.pfotenwerkstatt.de
www.napfcheck.de
www.futtermedicus.de

Naturkauartikel:

www.kausnack.de

Bezugsquelle Doppel-X-Geschirr:

www.alinaspfotentraeume.de

Leinen nach Wunsch, Doggone Good-Leckerchentaschen, ACME- und Munkees-Hundepfeifen und mehr:

www.hundeschulen.com

Jack Potter, Halstücher & Ölmischungen und vieles mehr:

Shop - Easy Dogs (easy-dogs.net)

Geräusche zum Download:

Download-Produkte - Jamosi

INDEX

E

F

G

H

I

S

T

U

V

Das könnte Sie auch interessieren:

Chrissi Schranz

Nur Mut!

Starthilfe für ängstliche Welpen

Nicht alle Welpen sind von Natur aus neugierig, frech und verspielt: Manche sind unsicher und so ängstlich, dass sie zu „Problemhunden“ zu werden drohen. Nach einem Ausflug in die Entwicklungsphasen des Welpen, die Gesetze des Lernens und das Erkennen der Körpersprache folgt ein durchdachtes Frühförderungsprogramm, mit dem Stressresistenz und Selbstvertrauen gestärkt werden, ohne den Welpen zu überfordern. Aus vielen Bausteinen positiver Erfahrungen in unterschiedlichsten Situationen und einem Gerüst aus strukturiertem Alltag entsteht schließlich ein stabiles Fundament für ein künftiges angstfreies Hundeleben.
Mit Extrakapiteln zu Ernährung, rezeptfreien Hilfsmitteln, psychopharmakologischer Unterstützung und geeigneten Hundesportarten für Angsthasen.

Hardcover, 296 Seiten, farbig
ISBN 978-3-95464-130-7

Katja Krauß & Gabi Maue

Emotionen bei Hunden sehen lernen

Eine Blickschule

Hunde-Körpersprache einmal anders: Dieser einzigartige, in vielen Jahren des Beobachtens entstandene Bildband konzentriert sich weniger auf die wissenschaftlich detaillierte Beschreibung von Ausdrucksverhalten als vielmehr auf eine echte Blickschulung für Hundehalter und -trainer: Wie kann denn ein unsicherer, ängstlicher, neugieriger oder aggressiver Hund aussehen? Wie unterscheidet sich die Mimik bei schlapp- oder stehohrigen, lang- oder kurzhaarigen Hunden und wie lerne ich, die gezeigten Äußerungen im Kontext der Situation richtig zu deuten?
Nachdem zunächst die einzelnen „kommunizierenden" Körperteile des Hundes und deren Signale unter die Lupe genommen werden, schließt sich ein ausführlicher Teil zu den einzelnen Grundemotionen an, beleuchtet das Thema also von der anderen Seite aus. So ergibt sich ein umfassendes Gesamtbild, das hilft, Hunde künftig besser „lesen" zu können.

Hardcover, 624 Seiten, über 1300 Abbildungen, farbig
ISBN 978-3-95464-302-8

Lernen Sie, hinzusehen und Hunde besser zu verstehen!

„Ohne Übertreibung kann man von einem monumentalen Werk sprechen." (Linda Tellington-Jones)

Jana Rätke

Warum macht der das?

Der Welpen-Dolmetscher

Warum setzt der Welpe sich immer nur hin und will nicht weitergehen, wenn wir mit ihm das Haus verlassen möchten? Warum dreht er ausgerechnet abends, wenn wir gemütlich fernsehen möchten, total auf? Warum zwickt er uns immer in die Waden? Warum um alles in der Welt macht der das?

Aus diesen und weiteren immer wiederkehrenden Klassikern der Welpen-Fragen hat Hundetrainerin Jana Rätke diese praktische Übersetzungshilfe bei typischen Missverständnissen zwischen kleinen Hunden und großen Menschen geschrieben: Einen Welpen-Dolmetscher. Denn um nichts anderes geht es – um Kommunikationsprobleme, nicht etwa um unnormales oder problematisches Verhalten.

Nur Mut, Ihr Welpe ist nicht verrückt, und Sie werden es mit dieser kleinen Übersetzungshilfe bald schaffen, ihn zu verstehen und alle Stolpersteine gekonnt zu meistern!

Hardcover, 152 Seiten, farbig
ISBN 978-3-95464-242-7